PowerPoint 在行政办公中的应用

李 箐 金卫臣 等编著

电子工业出版社

Publishing House of Electronics Industry

北京·BEIJING

内 容 简 介

本书从全新的角度全面介绍了政府机关、企事业单位等行政办公人员在制作演示文稿时遇到的实际问题的解决方法，具有很强的实用性和可操作性。包括了幻灯片编辑、制作公司简介、制作公司主页、新职员职前培训、制作会议简报、制作交互式相册、项目分析报告、旅游线路推广、生产计划报告、房地产开发策划书和年终销售简报等内容。

全书充分考虑了文秘办公人员的实际需要，采用"案例分析→案例制作→案例总结"的写作顺序，力求做到"解剖麻雀"，使读者做到举一反三。案例分析——知识点和设计思路，案例制作——PowerPoint实际应用的实现，案例总结——本章知识点的回顾，并且在案例制作中增加了大量的小知识，对相关知识点进行拓展，以增强全书的深度。

本书既适合制作工作报告的管理人员、部门领导、行政秘书使用，也适合进行产品推广和技术宣传的市场营销人员和进行企业规划的企划人员使用。

图书在版编目（CIP）数据

PowerPoint 在行政办公中的应用 / 李箐等编著.—北京：电子工业出版社，2008.1

ISBN 978-7-121-05609-3

I. P… II.李… III.图形软件，PowerPoint IV.TP391.41

中国版本图书馆 CIP 数据核字（2007）第 193837 号

策划编辑： 祁玉芹
责任编辑： 何　丛
印　　刷： 北京市天竺颖华印刷厂
装　　订： 三河市金马印装有限公司
出版发行： 电子工业出版社
　　　　　 北京市海淀区万寿路 173 信箱　邮编：100036
开　　本： 787×1092　1/16　印张：29.5　字数：755 千字
印　　次： 2008 年 1 月第 1 次印刷
印　　数： 5000 册　　　　定价：48.00 元

凡所购买电子工业出版社图书有缺损问题，请向购买书店调换。若书店售缺，请与本社发行部联系，联系及邮购电话：(010) 88254888。

质量投诉请发邮件至 zlts@phei.com.cn，盗版侵权举报请发邮件至 dbqq@phei.com.cn。

服务热线：(010) 88258888。

前 言

随着企业信息化的不断发展，电脑办公软件已经成为日常办公中不可或缺的工具。Microsoft 公司推出的 PowerPoint 2007 中文版凭借强大的演示和放映功能，在办公、商业、营销等方面具有不可替代的作用。如今，PowerPoint 的基本应用已经不再是困扰办公人员的难题了，更高的工作效率、更好的工作质量才是他们的追求。为此，我们编写了《PowerPoint 在行政办公中的应用》一书，以满足政府机关、企事业单位实现高效、快速、优质的现代化管理需求。

在以往的 PowerPoint 案例讲解书籍中，对案例的选择和适用性要求不高，只是笼统地针对软件个别功能来制作相应的幻灯片，这种主次颠倒的讲解方式，让读者在学习的过程中很难了解该案例的实际意义。而在本书中，我们只讲解目前商业活动中行政办公类幻灯片的制作。在讲解幻灯片操作步骤的过程中，更多的是向读者传授与行政办公相关的知识。本书中所有案例都是经过精心筛选的，对不同的行政办公内容选择不同的案例。如介绍公司内容的幻灯片、制作公司简介的幻灯片、公司主页的幻灯片；而各类行政报告等内容则可制作项目进度报告、生产计划报告等等诸如此类的案例。

全书非常系统、深入地讲解了使用 PowerPoint 制作办公类幻灯片的步骤和方法。"案例分析→案例制作→案例总结"的写作思路，是本书的一大特色。

❖案例分析

在章节开头的案例分析部分中包括知识点和设计思路两个部分。知识点是对本章案例中用到 PowerPoint 功能与知识的提炼和分析，以便使读者在学习该案例时看得轻松，学得快捷；设计思路则介绍了本案例的设计思想和实现流程，使读者对本案例有一个整体上的把握。

❖案例制作

每章精选一个案例，深入浅出地介绍该案例的相关知识、操作方法和实现过程。由于注重了案例经典性，因此读者可以稍加变化，将书中的实例应用到实际工作中去，避免了泛泛的空谈，突出了实用至上的原则。

在每个演示文稿案例的制作过程中，除去一个步骤一幅图片的讲解方式之外，还在文中穿插了相应的小知识体例，对相关知识点进行拓展，以增强全书的深度，满足不同阶层用户的阅读需求。

对于晦涩难懂的操作步骤，本书采用了图解说明的方式，降低了操作难度，增强了文章的可读性，即使您对 PowerPoint 一无所知，也可以轻松上手。

❖案例总结

在每章的结尾部分都有本章的案例总结，帮助读者巩固所学内容。

此外，本书还附带了多媒体教学光盘，附送了大量的图片和字库，读者可以轻松应用到实际工作中去。

为方便读者学习本书，本书实例中用到的素材放在下面的网址：www.tqxbook.com。读者可直接从网上下载使用。

本书由李箐、金卫臣等编著，李海宁、陈志成、田俊乐、李寅、刘国增、王鸣侃、赵卫东、刘淑梅、杨伏龙、李文俊、王淑江、土春海等也参与了部分章节的编写工作。感谢广大读者的支持，我们将努力为您写出更多更优秀的电脑图书。

编著者
2007 年 12 月

目录

CONTENTS

第 1 章　幻灯片的编辑 ……………………………………………………………1

1.1　PowerPoint 2007 的新特性 …………………………………………………… 1
1.2　幻灯片创建 …………………………………………………………………… 5
　　1.2.1　初识幻灯片 …………………………………………………………… 5
　　1.2.2　新建幻灯片 …………………………………………………………… 7
1.3　幻灯片内容输入和编辑 ……………………………………………………… 9
　　1.3.1　提纲 …………………………………………………………………… 9
　　1.3.2　幻灯片内容输入 ……………………………………………………… 9
　　1.3.3　幻灯片移动、添加和删除 ……………………………………………25
　　1.3.4　应用幻灯片母版设置所有幻灯片样式 ………………………………26
1.4　幻灯片动态设置和控制 ………………………………………………………33
　　1.4.1　创建动画效果 …………………………………………………………34
　　1.4.2　设置动画参数 …………………………………………………………36
　　1.4.3　创建动作路径 …………………………………………………………39
　　1.4.4　动画效果的更改以及删除 ……………………………………………44
　　1.4.5　幻灯片切换 ……………………………………………………………46
1.5　幻灯片的保存、打包导出和打印 ……………………………………………47
　　1.5.1　幻灯片的保存 …………………………………………………………47
　　1.5.2　幻灯片的打包导出 ……………………………………………………48
　　1.5.3　幻灯片的打印输出 ……………………………………………………51
1.6　幻灯片放映 ……………………………………………………………………52
　　1.6.1　幻灯片放映 ……………………………………………………………52
　　1.6.2　放映控制 ………………………………………………………………53
　　1.6.3　自定义放映 ……………………………………………………………54

第2章　制作公司简介 57

　2.1　案例分析 57
　　2.1.1　知识点 57
　　2.1.2　设计思路 58
　2.2　案例制作 58
　　2.2.1　创建公司首页 58
　　2.2.2　加入主要内容 63
　　2.2.3　设置动画 87
　　2.2.4　设置切换效果 94
　2.3　实例总结 96

第3章　制作公司网页 97

　3.1　案例分析 97
　　3.1.1　知识点 97
　　3.1.2　设计思路 98
　3.2　案例制作 98
　　3.2.1　首页的创建 98
　　3.2.2　制作其他页面 108
　　3.2.3　制作产品展示链接页面 125
　　3.2.4　在母版中设置超链接 131
　　3.2.5　将页面转换为网页文件 134
　3.3　实例总结 136

第4章　新职员职前培训演示文稿 137

　4.1　案例分析 137
　　4.1.1　知识点 137
　　4.1.2　设计思路 138
　4.2　案例制作 138
　　4.2.1　制作幻灯片母版 138
　　4.2.2　制作标题母版 146
　　4.2.3　制作幻灯片标题页面 149
　　4.2.4　创建培训内容演示文稿 151
　　4.2.5　设置文稿中的字体 154

4.2.6　使用圆角矩形和连接符 155

4.2.7　创建发展前景幻灯片 162

4.2.8　制作员工福利待遇文稿 165

4.2.9　设置规章制度和构成文稿 169

4.2.10　设置结束文稿 172

4.2.11　添加自定义动画 173

4.3　案例总结 176

第5章　制作会议简报 177

5.1　案例分析 177

5.1.1　知识点 177

5.1.2　设计思路 178

5.2　案例制作 178

5.2.1　制作幻灯片母版 178

5.2.2　制作会议简报首页 182

5.2.3　设置会议内容概要页面文档 184

5.2.4　创建会议日程安排页面 187

5.2.5　制作会议管理制度页面 197

5.2.6　创建会议制定目标页面 200

5.2.7　设置结束页 204

5.2.8　添加自定义动画 207

5.3　实例总结 210

第6章　制作交互式相册 211

6.1　案例分析 211

6.1.1　知识点 211

6.1.2　设计思路 211

6.2　案例制作 212

6.2.1　自定义模板 212

6.2.2　相册框架的创建 224

6.2.3　创建产品相册索引页 227

6.2.4　产品介绍页面的制作 232

6.2.5　产品展示页面的制作 242

6.2.6　在页面之间创建超链接 244

6.3　实例总结 248

第 7 章　项目分析报告 249

7.1　案例分析 249

7.1.1　知识点 249

7.1.2　设计思路 250

7.2　案例制作 250

7.2.1　设置母版和标题幻灯片 250

7.2.2　创建项目系统概念页面 259

7.2.3　制作项目系统特点页面 264

7.2.4　设置项目系统用途页面 269

7.2.5　创建系统上线后的蓝图页面 277

7.2.6　制作项目进度页面 283

7.2.7　结束页的制作 292

7.2.8　设置自定义动画 293

7.3　实例总结 294

第 8 章　旅游线路推广 295

8.1　案例分析 295

8.1.1　知识点 295

8.1.2　设计思路 296

8.2　案例制作 296

8.2.1　制作幻灯片母版 296

8.2.2　制作旅行社概况 302

8.2.3　设置旅游线路推广 309

8.2.4　创建各条旅游线路 316

8.2.5　结束页制作 335

8.2.6　创建超链接 336

8.3　实例总结 338

第 9 章　生产计划报告 339

9.1　案例分析 339

9.1.1　知识点 339

9.1.2　设计思路 340

9.2　案例制作 340

　　9.2.1　创作幻灯片母版 340

　　9.2.2　创建标题幻灯片 348

　　9.2.3　制作生产范围幻灯片 356

　　9.2.4　设计有三维效果的幻灯片 361

　　9.2.5　制作有棱锥图的幻灯片 365

　　9.2.6　创建表格绘制幻灯片 373

　　9.2.7　插入图表创建幻灯片 376

9.3　实例总结 384

第 10 章　房地产开发策划书 385

10.1　案例分析 385

　　10.1.1　知识点 385

　　10.1.2　设计思路 386

10.2　案例制作 386

　　10.2.1　设置母版并添加动画 386

　　10.2.2　创建标题母版并添加动画 393

　　10.2.3　制作策划出发点幻灯片 398

　　10.2.4　制作项目优势幻灯片 402

　　10.2.5　创作客户定位幻灯片 407

　　10.2.6　制作项目推广策略幻灯片 411

　　10.2.7　设置推广费用预算幻灯片 416

　　10.2.8　制作动画效果 423

10.3　实例总结 424

第 11 章　年终销售简报 425

11.1　案例分析 425

　　11.1.1　知识点 425

　　11.1.2　设计思路 426

11.2　案例制作 426

　　11.2.1　设置母版和标题母版幻灯片 426

　　11.2.2　创建年度销售统计幻灯片 434

　　11.2.3　同竞争对手的销售对比幻灯片 439

　　11.2.4　制作主要的销售车型幻灯片 441

11.2.5　设置分公司销售业绩幻灯片 447

11.2.6　创建销量表幻灯片 454

11.2.7　影响销售因素幻灯片 460

11.3　实例总结 462

第1章 幻灯片的编辑

PowerPoint 是 Microsoft Office 办公套件中的优秀组件之一，它可以创建出包括图片、文本、图表、声音、影片等多种元素在内的幻灯片，通过手动或自动播放这些幻灯片，就可以得到图、文、声、视并茂的动态演示文稿。在日常行政办公中，用 PowerPoint 制作出的演示文稿特别适合于会议、演讲、产品展示等场合播放，有了 PowerPoint 制作出的演示文稿相配合，不仅使自己的发言更加生动，也便于听众了解报告中的各种信息。

1.1 PowerPoint 2007 的新特性

PowerPoint 主要用于设计制作广告宣传、产品演示的电子版幻灯片，制作的演示文稿可以通过计算机屏幕或者投影机播放。随着办公自动化的普及，PowerPoint 的应用越来越广泛。

与之前版本的 PowerPoint 相比，PowerPoint 2007 新增了许多特性，比如快速样式以及图库、实时预览、自定义幻灯片布局、高质量的 SmartArt 图像等。在视觉效果上 PowerPoint 2007 也做了比较大的改进，全新的 Ribbon 界面使用户可以更轻松地访问命令和选项，如图 1-1 所示为 PowerPoint 2007 主界面。

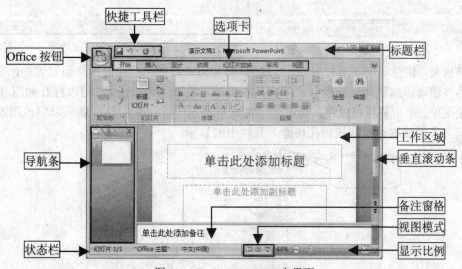

图 1-1　PowerPoint 2007 主界面

1. 标题栏

位于窗口最上方的长条是 PowerPoint 的标题栏，它包含了 Office 按钮、快捷工具栏、控制按钮三个按钮。

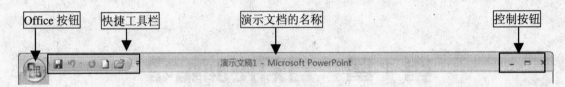

图 1-2　标题栏

单击 Office 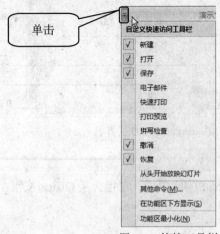 按钮，可以打开如图 1-3 所示的下拉菜单，其中包含 PowerPoint 中最常用的一些基本的功能，比如新建、打开、保存、打印、退出等，单击下拉菜单中的"PowerPoint 选项" PowerPoint 选项(I) 按钮，可以打开如图 1-4 所示的"PowerPoint 选项"对话框，这里其实就是 PowerPoint 的控制中心，其作用类似于用鼠标右键单击 PowerPoint 2003 菜单栏空白处所产生的右键菜单中的"自定义"功能。

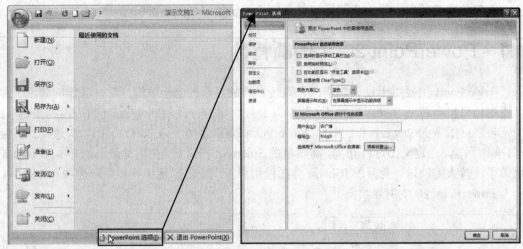

图 1-3　Office 按钮下拉菜单　　　　　　　　　图 1-4　PowerPoint 选项

顾名思义，快速访问工具栏 就是为了方便用户快捷操作而设置的，单击工具栏中的按钮可以实现相应的操作。单击其右侧的黑色下三角按钮，可以打开如图 1-5 所示的下拉菜单，单击某项可以将其选中 √ 新建 或取消选中 新建 ，这样就可以将该项添加到快速访问工具栏或取消对应按钮在快速工具栏中的显示。

图 1-5　快捷工具栏

除了上述两点变化之外，PowerPoint 2007 标题栏与之前版本的标题栏相同，也显示了当前打开文档的名称，并且包含了最小化、最大化（还原）和关闭等三个控制按钮。

2. 选项卡

Office 2007 将旧版本 Office 的菜单栏和工具栏一并抛弃，取而代之的是全新的被称为 "Ribbon" 的固定式工具栏，具体到 PowerPoint 就表现为视图、插入、幻灯片放映等下拉菜单都被相应的选项卡所代替，这样用户更容易使用软件带来的新功能。如图 1-6 所示为 PowerPoint 2007 的选项卡，默认包括开始、插入、设计、动画、幻灯片放映、审阅、视图等七个（可以在 "PowerPoint 选项" 对话框中自定义选项卡），PowerPoint 默认打开的是 "开始"选项卡（呈反白显示），下方显示了与 "开始"关系最密切的一系列命令集合，比如剪贴板、幻灯片、字体、段落、绘图、编辑等几个功能区。

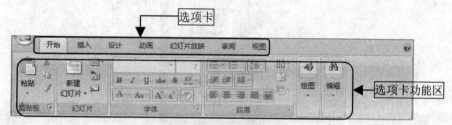

图 1-6　选项卡

 小知识

某些命令集仅与编辑特定类型的对象有关。例如，除非选中图片，否则在选项卡中不会显示 "格式—图片工具"（如图 1-7 所示）这样的上下文选项卡，其中包含了编辑图片的命令。仅仅在需要时，上下文选项卡才会显示，从而使用户更易于查找、使用当前操作所需的命令。

图 1-7　上下文选项卡

3. 导航条

顾名思义，导航条的作用就是使用户清楚地知道当前所处的位置，并且通过导航条可以方便地切换到其他幻灯片，如图 1-8 所示。

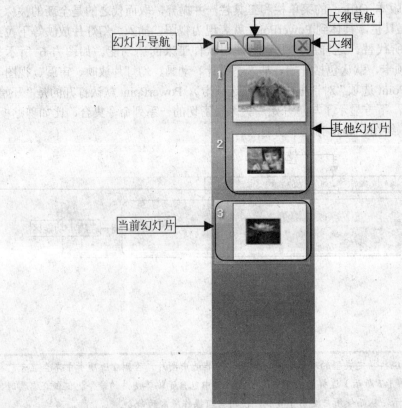

图 1-8　导航条

导航条包括幻灯片和大纲两种导航方式：在幻灯片导航中，可以查看每张幻灯片中的文本外观，可以在单张幻灯片中添加图形、影片和声音；大纲导航则清楚反映出了整个演示文档的结构，非常方便调整幻灯片在文稿中的位置顺序、改变演示文稿中内容的层次关系。当演示文稿中的幻灯片超过两张时，在垂直滚动条上会显示"上一张幻灯片"和"下一张幻灯片"按钮，单击该按钮也可以在幻灯片之间切换，如图 1-9 所示。

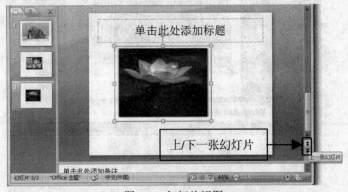

图 1-9　幻灯片视图

小知识

在 PowerPoint 中，演示文档和幻灯片这两个概念还是有些差别的，利用 PowerPoint 做出来的东西叫做演示文档，它是一个文件；而演示文稿中的每一页就叫幻灯片，每张幻灯片都是演示文档中既相互独立又相互联系的内容。

1.2 幻灯片创建

PowerPoint 2007 是演示文稿制作软件，主要用来制作幻灯片，并可以将设计的幻灯片在电脑屏幕上显示出来。由此可见，制作幻灯片是 PowerPoint 最主要的功能，本节讲述创建幻灯片的具体方法。

1.2.1 初识幻灯片

在行政办公中，使用 PowerPoint 2007 可以创建各种类型的幻灯片文档，在创建幻灯片文档之前，下面我们就通过一个实例的操作演示来对 PowerPoint 2007 所创建的幻灯片知识点进行初步的认识和了解，其具体的操作步骤如下。

步骤 ① 将本书配套光盘放入计算机的光驱中，选择路径为"光盘\第 1 章"文件夹下的"广告创意策略.pptx"演示文稿文件，双击鼠标将其打开，如图 1-10 所示。

步骤 ② 系统会自动启动 PowerPoint 2007 并将此广告策划案的演示文档打开，如图 1-11 所示。

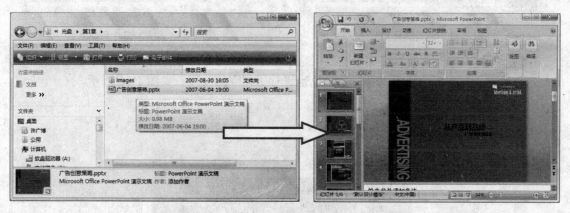

图 1-10 选择文件	图 1-11 演示文档

步骤 ③ 在幻灯片的第一页文档中，"从产品到品牌"和"广告创意策略案"的文本内容主要是通过文本框的插入和编辑来完成的，可以参考本章第 1.3 节的内容进行操作，如图 1-12 所示。

步骤 ④ 在左侧的幻灯片导航窗格中单击选择第二页文档，如图 1-13 所示。在本页文档中除了对文本进行操作外，三个圆环的绘制是通过插入自选图形来完成的，可以参照本书 3.2.1 的介绍。

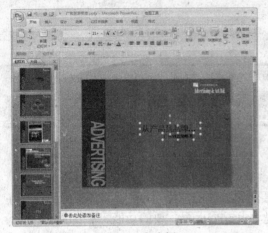

图 1-12　文本框

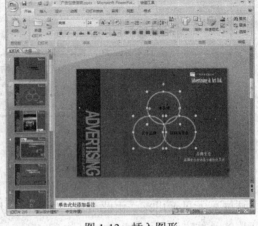

图 1-13　插入图形

步骤⑤ 分别选择第三页和第四页的幻灯片文档，在这两页的文档中主要是通过插入图片和文本完成的，详细的操作请参考本章第 1.3 节的内容进行操作，如图 1-14 和图 1-15 所示。

图 1-14　插入图片和文本

图 1-15　插入图片和文本

步骤⑥ 在第五页的幻灯片中主要也是应用了插入自选图形并对其进行编辑完成的，除此之外，对于文本框的线条以及背景颜色也进行了相应的设置，如图 1-16 所示。

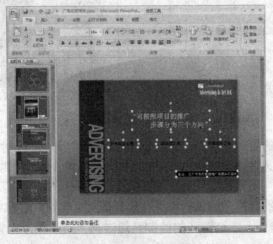

图 1-16　插入自选图形

步骤 7 单击标题栏的"视图"按钮，再单击其中的"幻灯片母版"按钮即可进入幻灯片母版视图从而对幻灯片母版进行编辑，如图 1-17 所示，其具体的操作方法请参考本章 1.3 节。

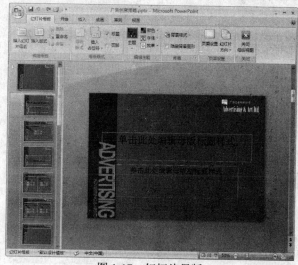

图 1-17　幻灯片母版

通过对本实例的演示，相信大家一定对幻灯片有了一个初步的认识，下面就对创建幻灯片的各个知识点进行讲解。

1.2.2　新建幻灯片

PowerPoint 2007 可以通过多种方式来创建幻灯片，每种创建方式都有自己的特点，因此根据不同的使用环境，我们通过相应的方式创建幻灯片，可以提高工作效率。

1.　新建幻灯片

在启动 PowerPoint 2007 后，程序默认显示的是一个标题幻灯片，如图 1-18 所示。除此之外，在 PowerPoint 2007 的"开始"选项卡的"幻灯片"功能区中单击"新建幻灯片" 按钮或者按组合键 Ctrl+M，也可以创建新的标题和内容幻灯片。

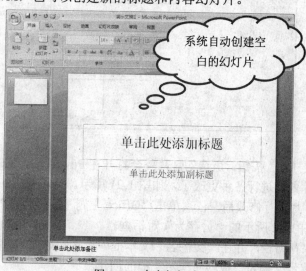

图 1-18　空白幻灯片

单击"新建幻灯片"旁边的下三角按钮，即可打开"Office 主题"下拉列表，在该列表中可以选择创建空白演示文档的版式，比如空白、标题和内容等，如图 1-19 所示。

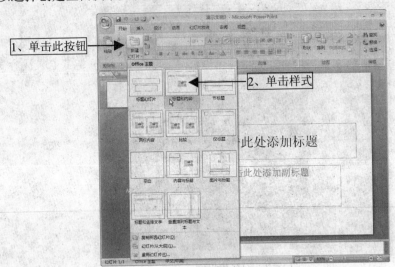

图 1-19　新建幻灯片

2.　根据现有幻灯片创建

PowerPoint 2007 还可以以现有的幻灯片为模板创建其他内容的幻灯片，这样的操作仅仅是修改原演示文稿中的具体内容，类似版式设计、配色方案、动态效果及插入的其他通用对象等都不必修改，从而可以节省大量的时间。根据现有幻灯片创建新幻灯片，其操作步骤如下。

步骤 ❶ 启动 PowerPoint 2007，单击快速访问工具栏的"打开" 按钮，显示如图 1-20 所示的"打开"对话框。在"查找范围"下拉列表中选择现有幻灯片的路径。

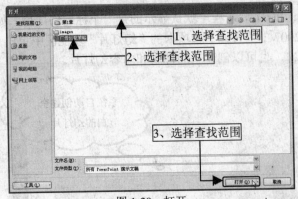

图 1-20　打开

步骤 ❷ 单击"打开"按钮，所选幻灯片就会打开在 PowerPoint 2007 主窗口中，这样就可以对其中的幻灯片内容进行各种更改了，如图 1-21 所示。

步骤 ❸ 对幻灯片进行修改后，依次单击"Office 主题→另存为→PowerPoint 演示文稿"按钮，即可打开如图 1-22 所示的"另存为"对话框。

步骤 ❹ 选择保存路径，并在"文件名"文本框中设置幻灯片的名称，单击"保存"按钮，即可完成以该演示文稿为模板的新演示文稿的创建。

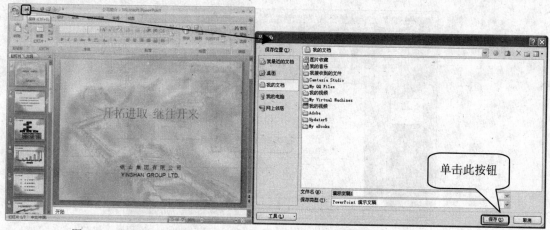

图 1-21　打开演示文稿　　　　　　　图 1-22　"另存为"对话框

1.3　幻灯片内容输入和编辑

　　幻灯片的内容输入和编辑是制作演示文稿的重要环节，直接关系到幻灯片的成功与否。在 PowerPoint 2007 中除了可以插入文本外，也可以设置版式、字体、风格颜色等内容。有时为了达到动态的效果，还可以插入图像、媒体剪辑、声音、动作按钮等内容。

1.3.1　提纲

　　在使用 PowerPoint 创建幻灯片之前，应该先起草一个大概的提纲。提纲是制作幻灯片的必要准备，从提纲本身来讲，它是幻灯片制作者构思谋篇的具体体现。而所谓构思谋篇，就是组织设计幻灯片的文档结构。PowerPoint 的提纲的编写可以通过以下几个步骤。

- 拟定幻灯片标题。
- 对各个页面的主题以及内容进行概括。
- 分别对每个幻灯片页面的主要内容（包括文本、图片）等素材的结构进行规划。
- 按照所起草的提纲再对各个页面进行制作。

1.3.2　幻灯片内容输入

　　幻灯片的内容输入包括文本框、特殊符号、图像、媒体剪辑、声音、动作按钮等对象的插入，下面将分别介绍。

1.　插入文本

　　文本是幻灯片中的一个重要元素，适当数量的文本能够让观众提纲挈领地把握演示的重点。在 PowerPoint 2007 中，文本的插入是在文本框中完成的，所以要插入文本，必须先插入文本框。

　　（1）　直接输入文本

　　如果是在标题幻灯片中，那么将鼠标光标定位到文本框之中，再直接键入文本即可，如图 1-23 所示。

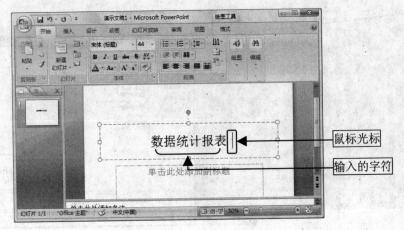

图 1-23　添加文本

　　输入文本之后，在"开始"选项卡的"字体"和"段落"功能区，可以设置字体格式，比如字体、字号、颜色、字符间距、对齐格式等内容，切换到"格式"选项卡，可以设置更多的字体信息，比如形状样式、艺术字样式、排列等内容，这些设置与 Word 中的操作并无差别，此处不再赘述，如图 1-24 和图 1-25 所示。

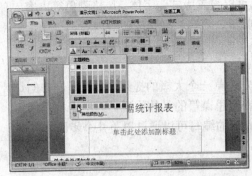

图 1-24　设置格式之一

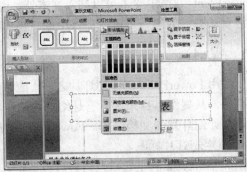

图 1-25　设置格式之二

　　（2）插入文本框

　　如果没有文本框，也可以通过如下方式添加文本。

　　步骤① 切换到"插入"选项卡，单击"文本"功能区"文本框"按钮旁的下三角按钮，从下拉菜单中选择"横排文本框"（或"竖排文本框"）菜单项，如图 1-26 所示。

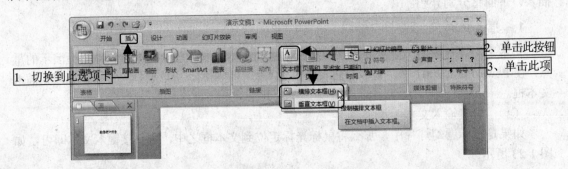

图 1-26　插入文本框

步骤② 此时鼠标指针呈↓状，拖动鼠标指针即可显示一个与拖动轨迹相符的文本框，如图 1-27 所示。

步骤③ 插入的文本框，如图 1-28 所示。

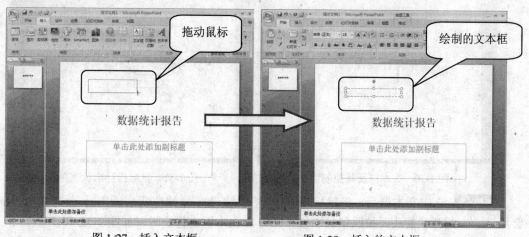

图 1-27　插入文本框　　　　　　　　　　图 1-28　插入的文本框

（3）复制文本框

如果需要添加文本框，可以将鼠标指针指向文本框，当鼠标指针变成✛状时，按 Ctrl 键，此时鼠标指针会变成↖状，按住 Ctrl 键不放拖动鼠标，即可复制该文本框，如图 1-29 所示。

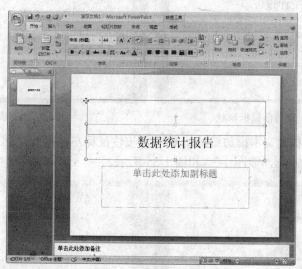

图 1-29　复制文本框

（4）调整文本框

在文本框中可以直接输入文本，也可以复制文本到文本框中，文本输入完毕之后，可以根据文本的内容调整文本框的大小，具体操作步骤如下。

步骤① 单击鼠标选中要调整大小的文本框，如图 1-30 所示文本框被选中之后会出现八个控制点。

步骤② 将鼠标指针指向任意控制点，当鼠标指针变为↕、↔或↗形状时，按下鼠标左键不放，拖动鼠标即可调整文本框大小，待文本框大小满意后，释放鼠标左键即可。↕和↔

分别表示调整文本框在垂直或水平方向上的大小；↙则是按比例同时调整文本框垂直和水平大小，如图 1-31 所示。

图 1-30　文本框及其控制点

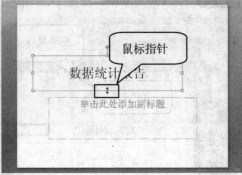

图 1-31　鼠标指针形状改变

步骤 ❸　选中文本框后，将鼠标指针移至上端控制点（绿色实心圆点），此时控制点周围会出现一个圆弧状箭头，按照鼠标左键，即可对文本框进行旋转，如图 1-32 和图 1-33 所示。

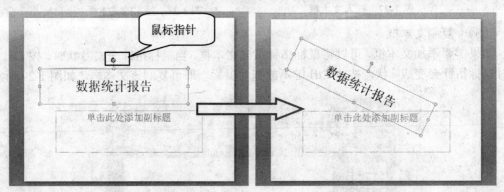

图 1-32　旋转前鼠标形状　　　　　　　　　　　图 1-33　旋转后

步骤 ❹　将鼠标移至文本框边缘成 状时，按住鼠标左键拖放，到达合适位置后松开鼠标左键，即可移动文本框，如图 1-34 和图 1-35 所示。

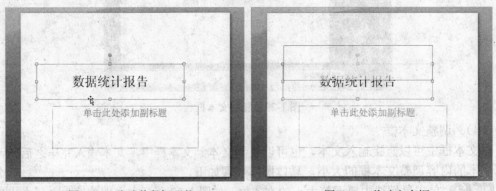

图 1-34　移动前鼠标形状　　　　　　　　　　　图 1-35　移动文本框

演示文稿的对象是观众，所以一定要限制文本的数量，数量繁多的文本会令观众厌倦，幻灯片的作用在于支持解说者的叙述，而不是使解说者成为多余的人，因此优秀的幻灯片甚至可能根本没有文本。

（5）修改文本框边线

如果需要修改文本框的边框线样式，可以执行如下操作。

步骤 ❶ 选中欲修改边框的文本框，然后单击鼠标右键，从弹出的快捷菜单中选择"设置形状格式"菜单项（如图1-36所示），打开如图1-37所示的"设置形状格式"对话框。

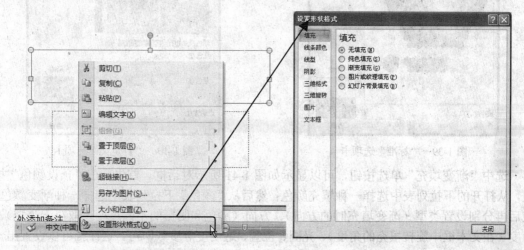

图1-36 右键菜单　　　　　　　　　　图1-37 设置形状格式

步骤 ❷ 填充是设置文本框中的颜色。选中"纯色填充"单选按钮，单击"颜色" 按钮，打开颜色的下拉列表，单击某个带颜色的小方块（标准色是单色，具有集中、强烈的视觉效果、方便传播，容易记忆；主题是两种以上的色彩搭配，能够增强色彩的韵律和美感），文本框就会被这种颜色填充，如图1-38所示。

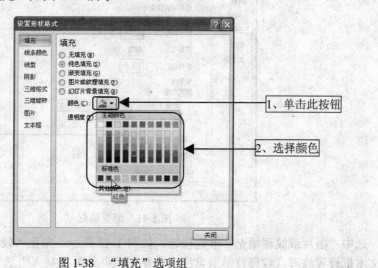

图1-38 "填充"选项组

如果"主题颜色"和"标准色"中没有合适的颜色，那么单击"其他颜色"，弹出如图1-39所示的"颜色"对话框，从中选取需要的颜色即可。如果还没有中意的，那么就切换到"自定义"选项卡，通过调整RGB三原色或者颜色的色相、饱和度和亮度，混合出自己的颜色，如图1-40所示。

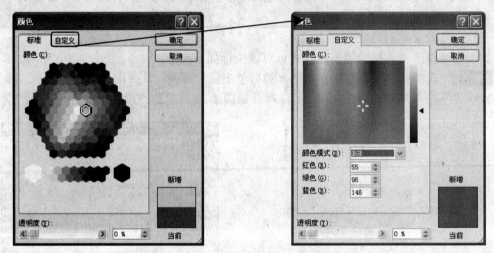

图1-39 "标准"选项卡 　　　　　　　　　　图1-40 "自定义"选项卡

选中"渐变填充"单选按钮，可以显示如图1-41所示对话框。首先单击"预设颜色"按钮，从打开的下拉列表中选择一种填充颜色；然后从"颜色"下拉列表中选择一种渐变颜色；最后再分别设置类型（渐变填充时的方向）、方向（颜色和阴影的不同过度，取决于类型）、角度（在文本框中旋转填充的角度）、光圈、位置、透明度等参数即可。这样就可以设置出一个富有质感的文本框。

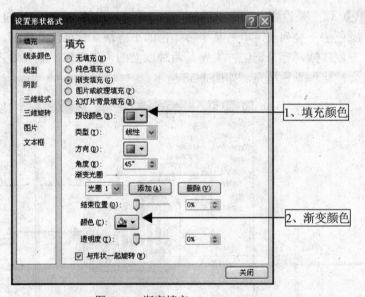

图1-41 渐变填充

选中"图片或纹理填充"单选按钮，如图1-42所示。单击"纹理" 按钮，可以为选中文本框设置纹理（纹理就是通常所说的贴图或花纹）；"插入"选项区包含"文件"、"剪贴

14

板"和"剪贴画"三部分内容，分别向文本框中插入图片、剪贴板中的内容（从其他其他程序中粘贴图形、图片等）、剪贴画（剪贴画不是真正的画，而是用各种材料剪贴而成）；最后设置填充图片或纹理的方向、透明度等其他参数即可。

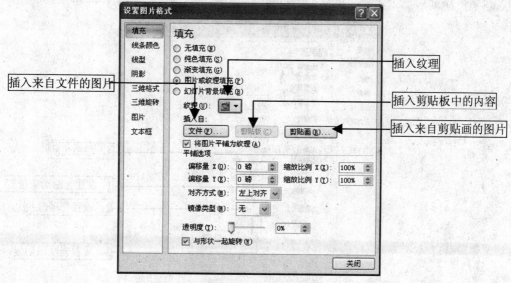

图 1-42　图片或纹理填充

步骤 3　在左侧列表框中单击"线条颜色"，即可设置边框的颜色，如图 1-43 所示。"无线条"顾名思义就是文本框没有边框了，选中"实线"单选按钮，单击"颜色" 按钮，从下拉列表中选择一种颜色，然后拖动"透明度"的滑块调节透明度。

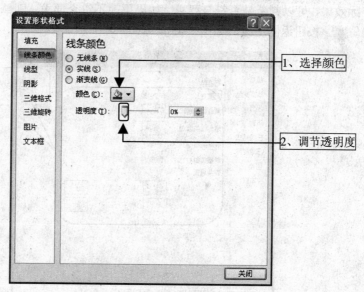

图 1-43　线条颜色

选中"渐变线"单选按钮，可以为边框设置渐变的颜色，其设置方法与填充的设置相同，请参照前文的相关介绍。渐变光圈用于创建非线性渐变，包含位置、颜色、透明度三个值。例如要创建一个由红色到绿色再到蓝色的渐变，则需要分别为每种颜色添加一个光圈。首先，拖动"结束位置"滑块设置光圈的结束位置，当然，也可以直接在微调框中键入第一个光圈占整个线条长度的百分比（1%~100%）值；单击"颜色"下拉按钮，从下拉列表中选择第一个渐变光圈的颜色；然后，拖动"透明度"滑块调节第一个光圈的透明度；最后，单击"添加"按钮，添加第一个光圈，重复上述步骤添加全部光圈即可，如图1-44所示。

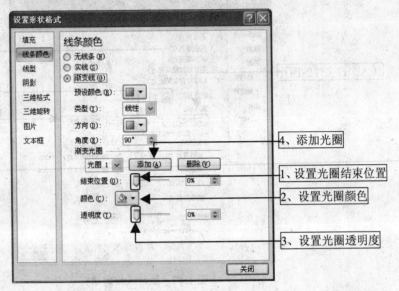

图1-44　渐变线

步骤 **4** 切换到"线型"选项卡，可以设置文本框边线的宽度、类型等等一些信息。这些设置都很简单，更改文本框中的选项后，所做更改会立即应用到文本框当中，通过预览文本框的实际效果，可以判断是否符合要求。如果更改不符合要求，则单击"快速访问工具栏"的"撤消" 按钮返回更改，如图1-45所示。

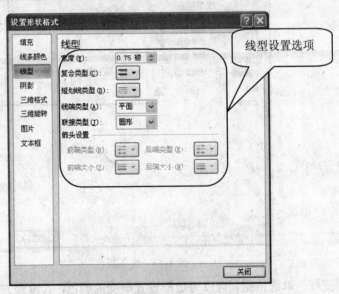

图1-45　设置线型

步骤 **5** "阴影"选项卡，用于更改阴影的颜色、效果或偏移。预置，选择内置的阴影效果；颜色，选择阴影的颜色；透明度，指定可以看透阴影的程度；大小，相对于原始对象大小的阴影大小；虚化，阴影上虚化的半径；角度，指定绘制阴影的角度；距离，设置在阴影的"角度"中绘制阴影的距离，如图 1-46 所示。

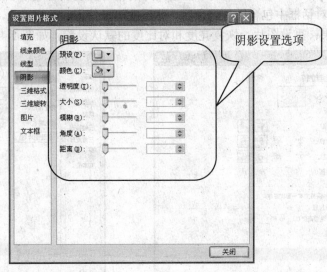

图 1-46　阴影

步骤 6　"三维格式"选项卡，共包括棱台、深度、轮廓线、表面效果等四个设置项目。棱台是形状上边框和下边框的三维效果，通过为形状边缘添加高亮区来形成边缘凸起的外观；深度是形状与其表面之间的距离；轮廓线是应用于形状凸起边框；表面效果通过更改材料和照明来调节形状外观。如果照明类型有比较强的主光源或基本色调光源，可利用此项控制三维场景哪一侧接受最亮的照明，如图 1-47 所示。

图 1-47　三维格式

步骤 7　"三维旋转"选项卡，可以更改文本框的方向和透视。"预设" □·按钮，可以从下拉列表中选择内置的旋转或透视效果，所做更改会立即应用到对象；旋转下，X 是水平轴、Y 是垂直轴、Z 是深度的第三维（允许形状放置在比其他形状更高或更低的位置）；透视说明了形状的透视缩短程序（随深度增大和缩小）；文本，保持文本的平面状态，防止在旋转形状的同时形状内的文本也随之旋转；对象位置，距地面高度，如图1-48所示。

步骤 ⑧ "图片"选项卡，用于调整图片的相对亮度或者最暗和最亮区域之间的差异（对比度）。只有对话框中包含图片对象时，此项才可以使用。重新着色，使图片具有幻灯片所具有的风格效果；重设图片，恢复亮度和对比度的默认设置，如图1-49所示。

图1-48　"三维旋转"选项组　　　　图1-49　"图片"选项组

步骤 ⑨ "文本框"选项卡，如图1-50所示。文字版式包括两个选项：垂直对齐方式，指定文本框中文字的垂直位置；文字方向，指定文本框中文字的方向。自动调整包括三个选项：不自动调整，关闭对大小的自动调整；溢出时缩排文字，使文字大小减小以适合形状；根据文字调整形状大小，在垂直方向增加形状的大小以便文字适合形状。页边距是文字与文本框外边框之间的距离，直接输入数字或单击微调按钮均可。分栏包括数字和间距两个选项：数字，指定形状中文字的列数；间距，指定形状中文字列之间的间距。

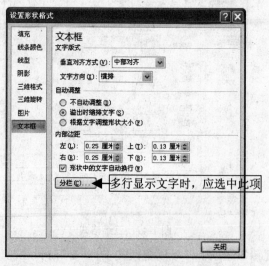

图1-50　文本框

2. 在文本框中输入符号

在文本输入的过程中，难免会出现一些键盘中无法输入的字符和符号。此时可以切换到"插入"选项卡，在"特殊符号"功能区单击"符号" ▼符号▼ 按钮，再从弹出的下拉菜单中选择"更多"菜单项（如图 1-51 所示），打开如图 1-52 所示的"插入特殊符号"对话框。

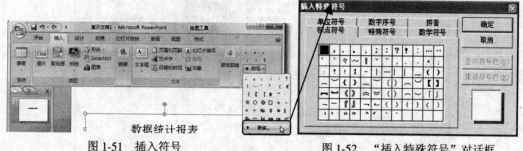

图 1-51　插入符号　　　　　　　　图 1-52　"插入特殊符号"对话框

"插入特殊符号"对话框中包含"标点符号"、"特殊符号"、"数学符号"、"单位符号"、"数字序号"和"拼音"等六个类别，先根据类别寻找到所需要的特殊符号，选定后再单击 确定 按钮即可。

3. 插入图片

创建幻灯片时，仅仅有文本内容是不够的，一个好的幻灯片除了文本外，还应该是图文并茂，在页面中恰到好处地使用图像能使幻灯片的表现更加生动、形象和美观。在幻灯片中插入图片，其具体的操作步骤如下。

步骤 ❶ 启动 PowerPoint 2007，切换到"插入"选项卡，然后在"插图"功能区单击"图片"按钮，打开如图 1-53 所示的"插入图片"对话框。

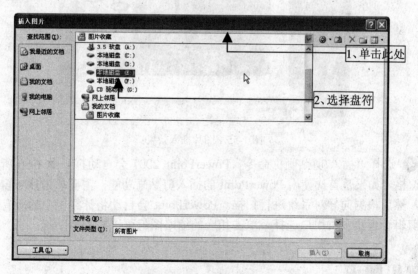

图 1-53　选择图片路径

步骤 ❷ 在"查找范围"下拉列表中选择需要插入图片的路径，然后选择相应的图片，在对话框右侧可以对所选择的图片进行预览，如图 1-54 所示。

图 1-54　选择图片

步骤 ③ 单击 [插入(S)] 按钮即可在幻灯片中插入所选图片，如图 1-55 所示。

在幻灯片文稿中所插入的图片

图 1-55　图片插入效果

步骤 ④ 选择"插入/剪贴画"命令，PowerPoint 2007 会自动打开图 1-56 所示的"剪贴画"任务窗格，如果是首次使用 PowerPoint 的插入剪贴画功能，需要单击任务窗格中的"搜索"按钮，然后根据向导对系统进行扫描。PowerPoint 会自动将计算机中的所有可用图像文件添加到剪辑管理器中供用户选择，单击相应的缩略图就可以插入剪贴画。

小知识

　　选择所插入的图片，拖动其四周或者四角的控制点，可更改图片的大小；拖动绿色的控制点，可对图片进行旋转操作；选中所插入的图片，在标题栏会自动出现一个"图片工具"按钮，单击该按钮，可对图片进行对比度、亮度、样式等的设置。

图 1-56　插入剪贴画

4. 插入影片

在幻灯片的制作中，根据需要，有时会插入一些视频文件，如产品宣传、领导的重要讲话等，从而提高幻灯片的观赏性。在幻灯片文稿中插入影片，其具体的操作步骤如下。

步骤 1 启动 PowerPoint 2007，切换到"插入"选项卡，在"媒体剪辑"功能区单击"影片"旁边的下三角按钮，选择"文件中的影片"菜单项，如图 1-57 所示。

步骤 2 打开"插入文件"对话框，选择需要在幻灯片中插入的影片文件，如图 1-58 所示。

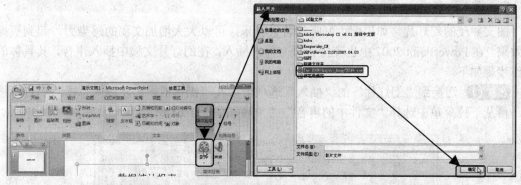

图 1-57　插入影片　　　　　　　　　　　　　　图 1-58　选择影片

步骤 3 单击 确定 按钮，打开如图 1-59 所示的对话框。单击 自动(A) 按钮选择自动播放影片或者单击 在单击时(C) 按钮选择单击时播放影片，单击 显示帮助(E) >> 按钮，将会显示插入影片的帮助文件。

图 1-59　幻灯片播放方式

步骤 ④ 选择完毕影片的播放方式后，影片即被插入幻灯片文稿中，如图 1-60 所示。

图 1-60　插入的影片

　　文稿中所插入的影片通过拖动其四周或者四角的控制点，即可改变影片的大小；在文稿中直接双击影片或者单击鼠标右键，在弹出的菜单中选择"预览"即可播放影片。

5. 插入声音

　　图文并茂的幻灯片，如果配上好听的背景音乐，可以大大增加文稿的感染力，起到更好的效果。在 PowerPoint 2007 中也支持音频文件的插入，在幻灯片文稿中插入声音，其具体的操作步骤如下。

步骤 ❶ 切换到"幻灯片"的"插入"选项卡，在"媒体剪辑"功能区单击"声音"按钮，再从下拉菜单中选择"文件中的声音"菜单项，如图 1-61 所示。

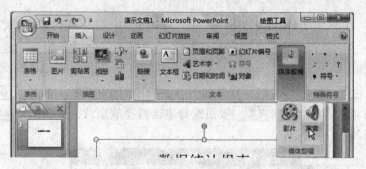

图 1-61　插入声音

步骤 ❷ 在"插入文件"对话框的"插入范围"中选择声音文件的保存路径，然后在下方的列表框中找到欲插入的声音，如图 1-62 所示。

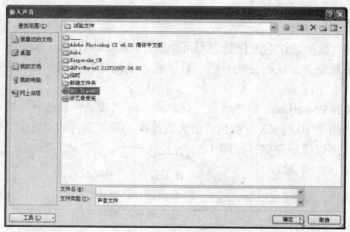

图 1-62　选择声音

步骤 ③ 单击 ［确定］ 按钮，打开如图 1-63 所示的对话框，单击 ［自动(A)］ 按钮选择自动播放声音或者单击 ［在单击时(C)］ 按钮选择单击时播放声音。

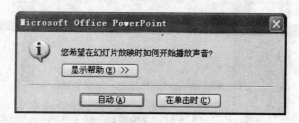

图 1-63　声音播放方式

步骤 ④ 选择完声音的播放方式后，声音文件即被插入幻灯片文稿中，可以通过拖动喇叭图标四周或者四角的控制点，改变其图片的大小，直接双击该小喇叭标志或者单击功能区中的预览按钮即可播放声音文件，顾名思义"幻灯片放映音量"就是播放幻灯片时声音的大小，有高、中、低和静音四种选择，如图 1-64 所示。

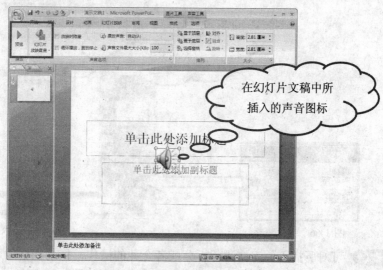

图 1-64　声音插入完成

6. 插入表格

在行政办公中，数据统计的工作是必不可少的，使用 PowerPoint 2007 中的表格功能，可以对多组的数据进行划分，从而使观看者一目了然。在幻灯片文稿中插入表格，其具体的操作步骤如下。

步骤 ① 切换到 PowerPoint 的"插入"选项卡，在"表格"功能区单击"表格"按钮，如果表格范围在适用于 10 列×8 行以内，那么直接拖动鼠标选择表格即可，拖动鼠标所做的选择会及时在正文区域显示预览，如图 1-65 所示。

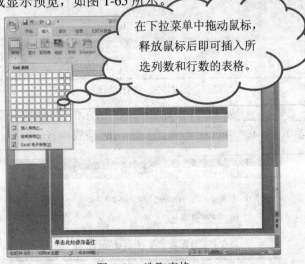

图 1-65　选取表格

步骤 ② 如果表格范围超出了 10×8，那么在"表格"下拉列表中单击"插入表格"菜单项，即可显示如图 1-66 所示对话框，可以设置所插入表格相应的"行数"和"列数"。

步骤 ③ 在对话框中单击 确定 按钮即可在文档中插入表格，如图 1-67 所示。

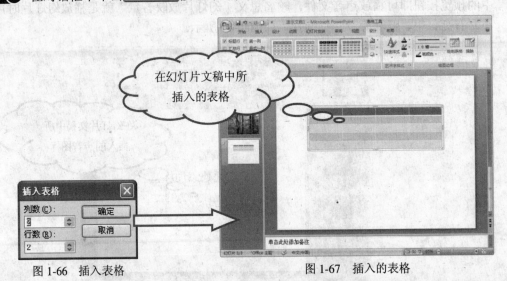

图 1-66　插入表格　　　　　　　图 1-67　插入的表格

步骤 ④ 可对所插入的表格进行拆分或者合并的操作，拖动表格线可调整行、列的宽度和高度，拖动四角或四边的控制点可以整体缩放表格，如图 1-68 所示。

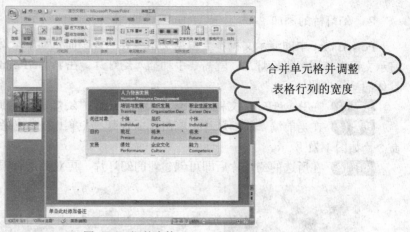

图 1-68　调整表格

1.3.3　幻灯片移动、添加和删除

对幻灯片的"移动"、"复制/粘贴"和"删除"等编辑操作都可以在 PowerPoint 窗口左侧的"大纲"和"幻灯片"导航面板中进行相应的操作。如果左侧的导航面板不可见，可以在"视图"选项卡中单击"普通视图"按钮，或者单击 PowerPoint 状态栏上的普通视图回按钮使其可见。

1．幻灯片的移动

移动幻灯片也就是更改各幻灯片之间的顺序，从而改变最终的播放顺序。要移动幻灯片，其具体的操作步骤如下。

步骤① 启动 PowerPoint 2007，打开"大纲"或者"幻灯片"导航面板，选择一个需要移动的幻灯片，如图 1-69 所示。

步骤② 在导航面板中拖动所选择的幻灯片上下移动到需要的位置，即可移动该幻灯片，如图 1-70 所示。

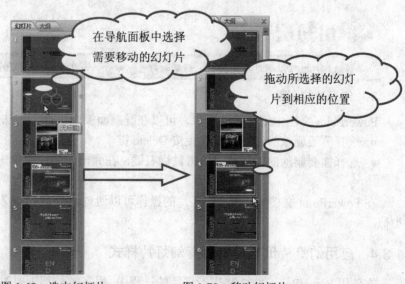

图 1-69　选中幻灯片　　　　图 1-70　移动幻灯片

2. 幻灯片的添加

PowerPoint 中的演示文稿不会根据文本内容的多少而自动增减幻灯片，因此如果需要在演示文稿中使用多张幻灯片，就需要手动插入幻灯片。在 PowerPoint 中手动添加幻灯片，其具体的操作步骤如下。

步骤 ❶ 在 PowerPoint 文档中打开"大纲"或者"幻灯片"导航面板。

步骤 ❷ 在当前编辑的幻灯片上单击鼠标右键，从弹出的快捷菜单中选择"新建幻灯片"命令，如图 1-71 所示。

步骤 ❸ 在所选的幻灯片后即可创建新的幻灯片，再对其进行编辑，如图 1-72 所示。

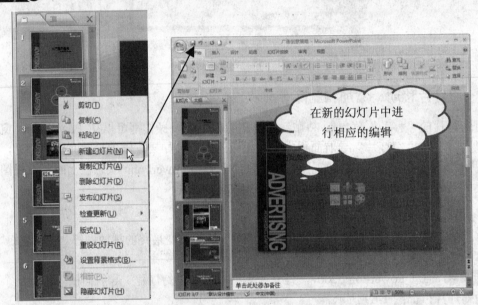

图 1-71 新幻灯片　　　　　　　　图 1-72 编辑新幻灯片

新幻灯片也可以通过功能区的"新建幻灯片"命令，或者按组合键 Ctrl+M 进行添加。

3. 幻灯片的删除

PowerPoint 文档中幻灯片的删除，可以在导航面板中进行，方法如下。

- 选择需要删除的幻灯片，直接按 Delete 键。
- 选择需要删除的幻灯片，单击鼠标右键，在弹出的快捷菜单中选择"删除幻灯片"命令。

在 PowerPoint 文档中，删除幻灯片的操作可以通过组合键 Ctrl+Z 撤消，与 按钮的功能类似。

1.3.4 应用幻灯片母版设置所有幻灯片样式

在使用 PowerPoint 2007 制作幻灯片的过程中，很多时候都需要对各个幻灯片的风格进行统一。此时就可以同编辑幻灯片母版的方法，一次性地完成整个幻灯片的样式设置工作。

1. 母版所包含的信息

母版是 PowerPoint 中的一种特殊的幻灯片，用于控制演示文稿中各幻灯片的某些共有的格式（如文本格式、背景格式）或对象。母版中一般包含如下的信息。

- 文本占位符和对象占位符，包含它们的大小、位置。
- 标题文本及其他各级文本的字符格式和段落格式。
- 幻灯片的背景填充效果。
- 出现在每张幻灯片上的文本框或图形、图片对象。

由于幻灯片中的母版用于统一整个演示文稿格式，所以只需要对母版进行修改，即可完成对多张幻灯片的外观进行改变。

小知识

占位符是一种带边框的方框（比如文本框），所有幻灯片版式中都包含占位符。在这些方框内可以放置标题及正文，或者放置 SmartArt 图形、图表、表格和图片之类的对象。

2. 模版的编辑

以母板为基础能够创建版式、主题相似的文档，因为模板存储的设计信息将应用于整个演示文稿，从而将所有幻灯片上的内容设置成一致的格式。创建模版的流程为创建一个或多个母版，添加版式，然后应用主题。

步骤 ❶ 切换到 PowerPoint 的"视图"选项卡，在"演示文稿视图"功能区单击"幻灯片母版"按钮（如图 1-73 所示），即可切换到如图 1-74 所示的对话框。

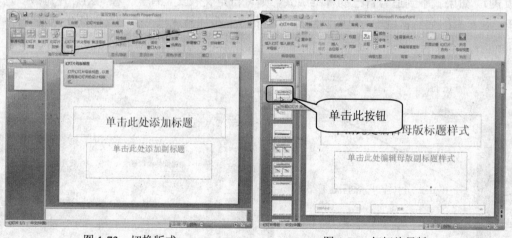

图 1-73 切换版式　　　　　　图 1-74 幻灯片母版

小知识

幻灯片的母版类型包括幻灯片母版、标题母版两种。幻灯片母版用来定义整个演示文稿的幻灯片页面格式，对幻灯片母版的任何更改，都将影响到基于这一母版的所有幻灯片格式。标题母版从幻灯片母版中继承所有的文本属性。如果在幻灯片母版中修改了文本的字体、字号或样式，这些变化都会反映到标题幻灯片中。

步骤 ❷ 每个幻灯片母版都包含一个或多个标准或自定义的版式集。要使用 PowerPoint 2007 内置的标准版式，可在导航条的大纲模式下选中欲添加版式的幻灯片，然后在"开始"选项卡中单击"版式"按钮，再从下拉列表中选择一种版式，如图 1-75 所示。

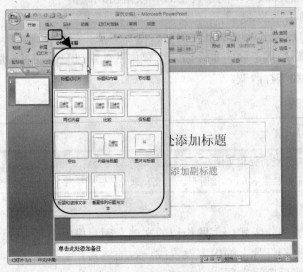

图 1-75 应用版式

每个模板都包含一个幻灯片母版，该幻灯片母版必须至少具有一种版式（也可以包含多种版式）。如果找不到适合自己的标准版式，则可自定义版式。首先，在"幻灯片母版"选项卡中，在左侧的导航窗格中，单击幻灯片母版下方要添加新版式的位置，如图 1-76 和图 1-77 所示。

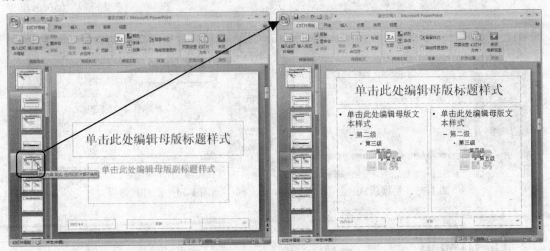

图 1-76 切换位置前　　　　　　　　　　图 1-77 切换位置后

然后，在"编辑母版"功能区中，单击"插入版式"按钮，如图 1-78 和图 1-79 所示。

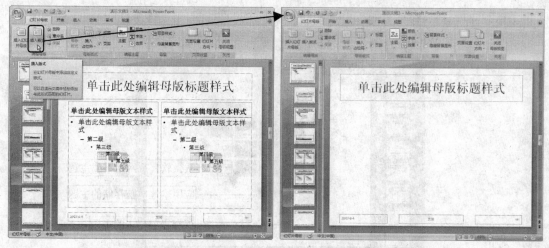

<table>
<tr><td>图 1-78　插入版式前</td><td>图 1-79　插入版式后</td></tr>
</table>

最后，在"母版版式"功能区中，单击"插入占位符"旁的下拉箭头，从下拉列表中选择一种占位符，拖动鼠标绘制即可添加占位符。若要删除不需要的默认占位符，单击该占位符的边框，然后按下 Delete 键即可，如图 1-80 所示。

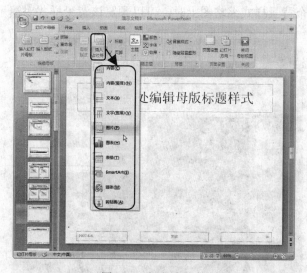

图 1-80　添加占位符

步骤 ❸　在右侧的导航条中单击"幻灯片母版"按钮，切换到幻灯片母版编辑页面，此时就可以使用编辑普通幻灯片的方法对母版进行编辑了。在"编辑主题"功能区，单击"主题"按钮，从打开的下拉列表中选择一种主题即可。通过应用主题，可以轻松快速地设置整个幻灯片的格式，一个主题就是一组格式选项、一组主题颜色、一组主题字体（包括标题和正文）和一组主题效果（包括线条和填充效果），如图 1-81 所示。

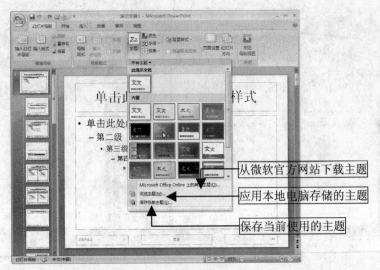

图 1-81　应用主题

步骤 4 如果对当前"主题"的颜色搭配不满意,可以在"背景样式"功能区单击"背景样式"按钮,从打开的下拉列表中选择一种背景样式。背景在"背景样式"库中显示为缩略图,将指针置于某个背景样式缩略图上时,可以预览该背景样式对演示文稿的影响,如图1-82 所示。

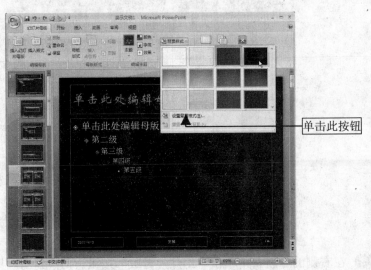

图 1-82　背景样式

背景样式是由"主题"中的主题颜色和背景亮度共同组成的变体。当更改文档主题时,背景样式会随之更新以反映新的主题颜色和背景。如果只需要更改演示文稿的背景,则应选择其他背景样式。更改文档主题时,更改的不止是背景,同时会更改颜色、标题和正文字体、线条和填充样式,以及主题效果的集合。

如果对"背景样式"库中自带的背景仍不满意，那么可单击"设置背景格式"菜单项，打开如图 1-83 所示的"设置背景格式"对话框。可以设置颜色的填充甚至插入图片等，以满足更高要求的背景需要。

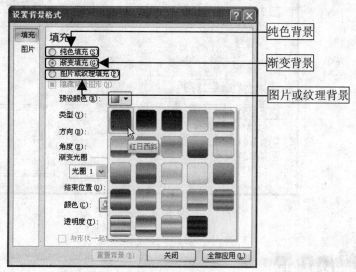

图 1-83　设置背景格式

步骤 ⑤ 切换到"插入"选项卡，单击幻灯片的任意位置，然后在"文本"功能区，单击"页眉和页脚"按钮（如图 1-84 所示），弹出如图 1-85 所示的"页眉和页脚"对话框。在"页眉和页脚"对话框的"幻灯片"选项卡中，选中"页脚"复选框，然后在其下的文本框中输入欲在幻灯片底部显示的文本。如果只需要在当前幻灯片上显示页脚，单击"应用"按钮即可；如果要在全部幻灯片上显示页脚，则需要单击"全部应用"按钮。

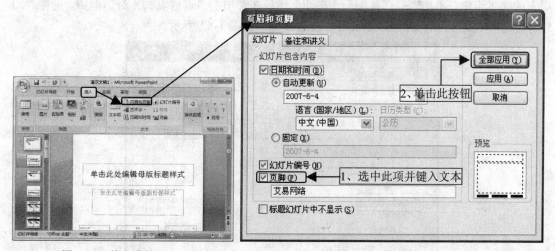

图 1-84　单击此按钮　　　　　　　　　图 1-85　页眉和页脚

切换到"备注和讲义"选项卡，选中"页眉"和"页脚"复选框，然后在每个备注页或讲义页的顶部中央（页眉）或底部中央（页脚）显示文本。"预览"显示了幻灯片、讲义或者备注中页眉和页脚将出现的位置，如图 1-86 所示。

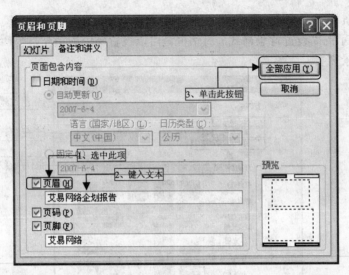

图 1-86 备注和讲义

 **小知识**

不仅可以插入页脚，还可以插入日期和时间、编号等，页眉和页脚是插在占位符中的，当然也可以像调整普通文本框一样，调整占位符大小、位置、更改占位符内文字的字体、字号、颜色、大小写或间距。

步骤 6 在幻灯片上，单击要向其中添加幻灯片编号的占位符或文本框，在"插入"选项卡的文本组中，单击"幻灯片编号"按钮。然后在弹出的"页眉页脚"对话框中，选中"幻灯片编号"复选框，单击"全部应用"按钮即可，如图 1-87 所示。

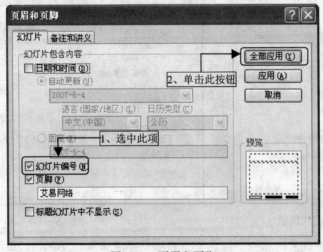

图 1-87 页眉和页脚

 小知识

如果单击"幻灯片编号"后出现"页眉和页脚"对话框，则表示该幻灯片不包含占位符或文本框。在不包含占位符的幻灯片中插入编号，可以向页脚添加幻灯片编号或日期和时间，具体操作方法可参照第五步的相关操作。

步骤 7 单击快捷工具栏中的"保存"按钮，即可弹出如图 1-88 所示的"另存为"对话框。打开"保存位置"下拉列表选择保存路径，然后在"文件名"文本框中键入该母版的名称或者保留默认的文件名，再从"保存类型"下拉列表中选择"PowerPoint"列表项，最后单击"保存"按钮。

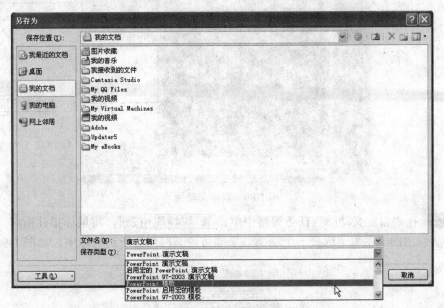

图 1-88　保存

最后需要说明几点：创建模板就是创建一个.potx 文件，该文件记录了对幻灯片母版、版式和主题组合所做的任何自定义修改；幻灯片母版包含了字型、占位符大小或位置、背景设计和配色方案等；版式包含幻灯片上标题和副标题文本、列表、图片、表格、图表、自选图形和视频等元素的排列方式；主题是一组统一的设计元素，使用颜色、字体和图形设置文档的外观；编辑普通幻灯片的编辑方法，同样适用于母版编辑。

1.4 幻灯片动态设置和控制

PowerPoint 演示文稿的最大特色之一就是演示放映的生动性，通过为图像、文本、图示、图表等幻灯片对象添加特殊的视觉或者声音效果，不仅可以增加演示文稿的趣味性，还可以突出重点、控制信息流。

1.4.1 创建动画效果

设置动画效果包括设置进入效果、强调效果、退出效果以及设置动作路径几个方面，其设置方法基本相同，在此以进入效果为例予以介绍。进入效果是指幻灯片放映过程中对象进入放映界面的动画效果，设置的操作步骤如下。

步骤 ① 在幻灯片中选择需要设置进入效果的对象，然后切换到"动画"选项卡，在"动画"功能区中单击"自定义动画"按钮，打开如图 1-89 所示的"自定义动画"任务窗格。

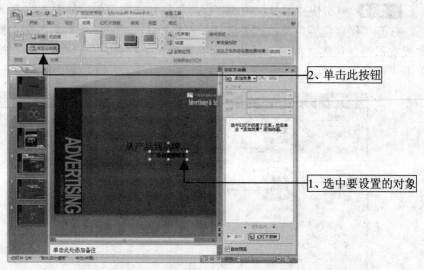

图 1-89 自定义动画

步骤 ② 在"自定义动画"任务窗格中单击 ☆ 添加效果 ▾ 按钮，将鼠标指针指向"进入"菜单项，从弹出的子菜单中选择一个动画效果即可使其应用到所选对象中，如图 1-90 所示。

图 1-90 选择动画效果

步骤 ③ 如果需要选择其他效果，则需要选择"其他效果"命令，以进入如图 1-91 所示的"添加进入效果"对话框。

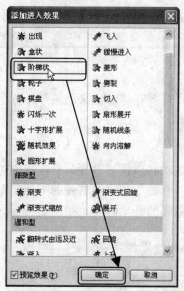

图 1-91　"添加进入效果"对话框

步骤④ 单击 [确定] 按钮即可为所选的对象添加进入效果，此时的自定义动画任务窗格如图 1-92 所示。

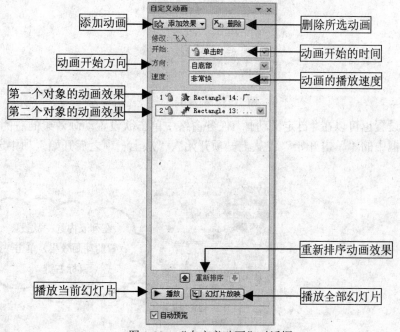

图 1-92　"自定义动画"对话框

在"添加进入效果"对话框中，如果选中"预览效果"复选框，则选择进入效果时在幻灯片中即可预览该对象的动画效果；如果不满意可以继续选择其他的动画效果并进行预览。退出和强调动画的

设置方法与此相同，只不过强调动画不会包含"方向"设置参数，而是代之以字体、字号、字型等对象。

1.4.2 设置动画参数

在创建完动画的效果后，还需要在"自定义动画"任务窗格中设置相应的动画参数，如开始、方向、速度和效果等内容。

1. 开始

开始触发器是动画事件，该动画事件被设置为只在指定对象被单击时进行播放。在"自定义动画"任务窗格中，单击"开始"列表框右侧的下拉按钮，在弹出的列表框中即可设置动画的触发事件，也就是动画效果的开始时间，如图1-93所示。

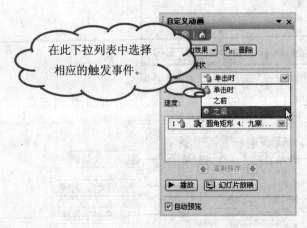

图 1-93　触发事件

触发器的设置也可以在"自定义动画"任务窗格中单击欲设置动画效果的右侧下拉按钮，在弹出的列表框中的"单击开始"、"从上一项开始"、"从上一项之后开始"项中选择，如图1-94所示。

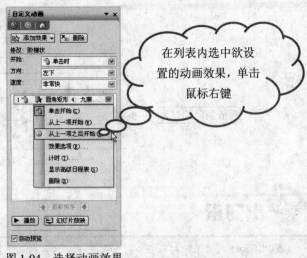

图 1-94　选择动画效果

下拉列表中各参数的说明分别如下。

● 单击时：选择此项，在幻灯片放映时单击鼠标时动画事件开始。
● 之前：即"从上一项开始"，在动画播放的列表中前一个项目开始的同时开始此动画的播放，也就是一次单击执行两个动画效果。
● 之后：即"从上一项之后开始"，在动画播放的列表中前一个项目完成播放后立即开始此动画的播放。

2. 方向

对于一些动画效果，还可以修改相应的"方向"属性，以百叶窗动画效果为例，单击"自定义动画"任务窗格"方向"右侧的下拉按钮，在弹出的下拉列表中可以选择"水平"或者"垂直"的方向，如图1-95所示。

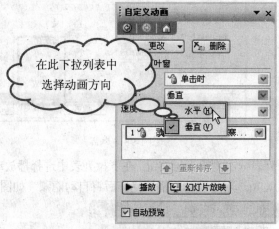

图1-95　设置动画方向

3. 速度

"速度"是用于设置所创建动画的播放速度，单击"自定义动画"任务窗格"速度"右侧的下拉按钮，在弹出的下拉列表中可以选择由慢到快的五种速度，如图1-96所示。

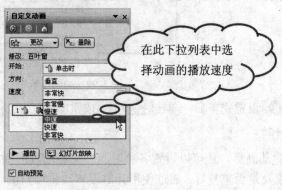

图1-96　设置速度

4. 效果选项

通过效果可以对动画播放时的声音、动画播放完毕后的效果进行设置，其具体的操作步骤如下。

步骤 1 在"自定义动画"任务窗格中选择所要设置的动画，然后单击其右侧的下拉按钮，在弹出的下拉菜单中选择"效果选项"，如图 1-97 所示。

步骤 2 在默认打开的"效果"选项卡中，从"声音"下拉列表中选择动画播放时所需要的声音，然后单击 按钮即可调整音量的大小，如图 1-98 所示。

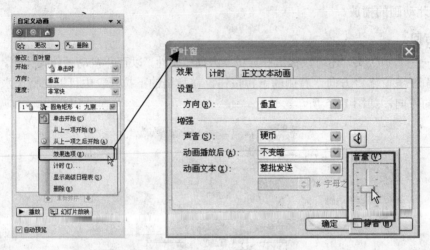

图 1-97　效果选项　　　　　　　　　　图 1-98　声音

步骤 3 单击"动画播放后"列表框右侧的下拉按钮，在下拉列表中选择播放动画以后的效果，例如选择"播放动画后隐藏"则所选对象在动画播放完毕后将自动隐藏，如图 1-99 所示。

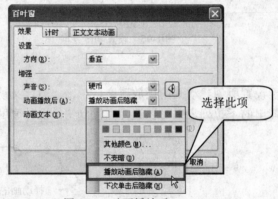

图 1-99　动画播放后

步骤 4 设置完毕后，单击 确定 按钮即可。

5. 计时

在创建动画后，还可以设置各种时间项控制动画的播放，比如动画的开始时间、触发时间、速度以及是否重复等。通过使用计时设置动画项目的时间效果，其具体的操作步骤如下。

步骤 1 在"自定义动画"任务窗格中选择所要设置的动画，然后单击其右侧的下拉按钮，在弹出的下拉菜单中选择"计时"，如图 1-100 所示。

步骤 2 在弹出的对话框中默认打开"计时"选项卡，单击"开始"列表框右侧的下拉按钮，从弹出的列表中选择设置动画的触发事件，如图 1-101 所示。

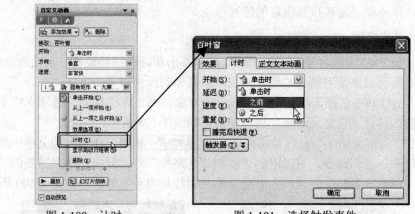

图 1-100 计时   图 1-101 选择触发事件

步骤③ 在"延迟"文本框中可以直接输入动画延迟的时间，或者单击 按钮增加时间（以 0.5 s 为单位调节），如图 1-102 所示。

步骤④ 单击"速度"下拉列表框右侧的下拉按钮，在下拉列表中可以选择动画的播放速度，如图 1-103 所示。

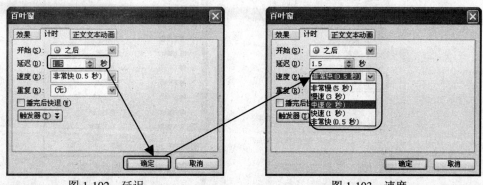

图 1-102 延迟   图 1-103 速度

步骤⑤ 单击"重复"下拉列表框右侧的下拉按钮，在下拉列表中可以设置动画播放的重复次数或者方式，如图 1-104 所示，设置完毕后单击 确定 按钮即可。

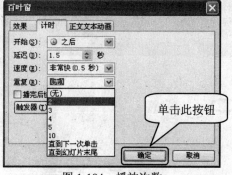

图 1-104 播放次数

1.4.3 创建动作路径

在 PowerPoint 中，自定义动画的创建除了"进入"、"强调"、"退出"等效果之外，还可以为对象设置动作路径，使其按照制定的路径移动。

1. 预设的动作路径

在 PowerPoint 2007 中包含了如直线、曲线、基本图形和特殊图形等各种预设的动作路径。要在幻灯片中对所选对象使用预设的动作路径，其具体的操作步骤如下。

步骤1 在幻灯片中选择需要设置进入效果的对象，然后在"动画"选项卡中单击"自定义动画"按钮，打开"自定义动画"任务窗格，如图 1-105 所示。

步骤2 在"自定义动画"任务窗格中单击 添加效果 按钮，在弹出的菜单中选择"动作路径→其他动作路径"命令，在弹出的"添加动作路径"对话框中，选择需要的动作路径即可，同时选中"预览效果"复选框，以便能够在幻灯片中预览效果，如图 1-106 所示。

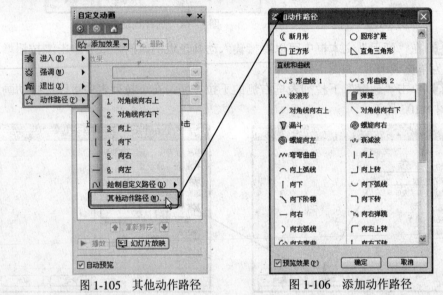

图 1-105　其他动作路径　　　　　　图 1-106　添加动作路径

步骤3 单击 确定 按钮返回幻灯片中，选中的对象上就会出现所选择的动作路径，其中绿色三角形标志是路径的开始点，红色三角形标志是结束点，如图 1-107 所示。

绿色三角形标志路径的开始点

红色三角形标志路径的结束点

图 1-107　动作路径

步骤 ④ 单击该动作路径，在绿色三角形标志附近会出现方向控制点（如图 1-108 所示），使用鼠标拖动控制点则会改变路径的方向，如图 1-109 所示。

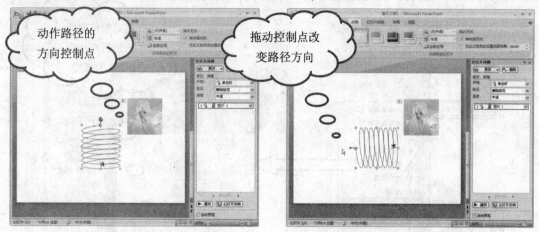

图 1-108　方向控制点　　　　　　　　　图 1-109　改变路径方向

步骤 ⑤ 单击该动作路径，其路径的周围会出现尺寸控制点，将光标放置于控制点之上，当鼠标光标变为双向的箭头形状时拖动鼠标即可改变动作路径，如图 1-110 所示。

步骤 ⑥ 拖动路径至合适的位置后释放鼠标即可，在"自定义动画"任务窗格中可以设置调整动画的开始时间、方向以及速度，单击 ▶ 播放 按钮则可以预览设置后的动作路径，如图 1-111 所示。

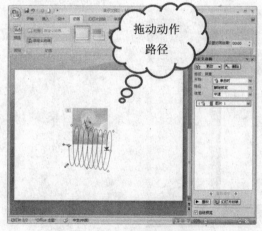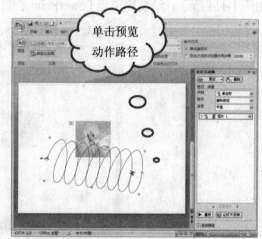

图 1-110　改变路径范围　　　　　　　　　图 1-111　路径已改变

2. 自定义动作路径

自定义动作路径是通过绘制直线、曲线、任意多边形或者自由曲线来定义路径。要自定义动作路径，其具体的操作步骤如下。

步骤 ① 在"自定义动画"任务窗格中单击 添加效果 按钮，在弹出的菜单中选择"动作路径→绘制自定义路径"命令，在其子菜单中可以看到自定义动作路径的类型，包括"直线"、"曲线"、"任意多边形"和"自由曲线"，如图 1-112 所示。

步骤 ② 以曲线路径为例。选择"曲线"命令，在幻灯片中要预置曲线起始点的位置处单击鼠标左键，然后移动光标到第二点的位置处，单击鼠标再拖动鼠标确定曲线的弧度，然后继续拖动鼠标在设置第三点的位置单击，如图 1-113 所示。

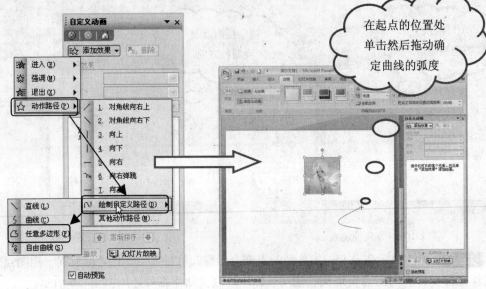

图 1-112　选择路径类型　　　　　　　图 1-113　绘制路径

步骤 ③ 同样的方法，设置曲线其他各点的位置，双击鼠标左键即可完成曲线的绘制，如图 1-114 所示。绘制完毕后 PowerPoint 会自动按照绘制的路径进行动画预览。

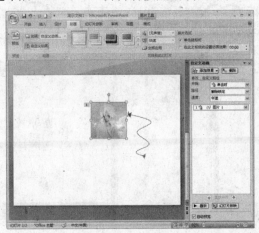

图 1-114　完成绘制

如果在"绘制自定义路径"子菜单中选择"直线"命令，在幻灯片中预置的起始点处单击鼠标拖动至结束点，释放鼠标即可绘制直线路径；在"绘制自定义路径"子菜单中选择"任意多边形"命令，然后在幻灯片中预置多边形的各顶点处依次单击鼠标即可绘制各边为直线的多边形路径，或者按住鼠标拖动路径也可以绘制多边形路径；选择"自由曲线"命令，在幻灯片中预置的起始点处单击鼠标拖动，即可像画笔一样绘制曲线或者直线路径，释放鼠标即可结束绘制。

3. 动作路径的编辑

对于所创建的动作路径，有时还需要进行相应的修改和编辑以达到期望的效果。对已经创建的路径进行编辑，其具体的操作步骤如下。

步骤 ① 使用右键单击已经创建的动作路径，在弹出的菜单中选择"编辑顶点"命令，如图 1-115 所示。

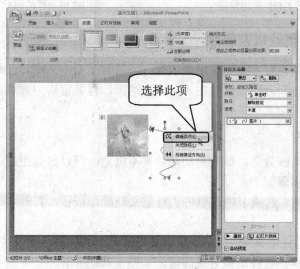

图 1-115　编辑顶点

步骤 ② 此时，在动作路径中每个顶点处都出现了一个控制点，将光标移动到需要调整的控制点处，按住鼠标拖动控制点调整至需要的形状，如图 1-116 所示。

步骤 ③ 释放鼠标左键，即可看到该路径的形状已经改变，在路径外的任意一处单击鼠标即可退出编辑顶点状态，如图 1-117 所示。

图 1-116　拖动控制点

图 1-117　编辑完成

使用右键单击已经创建的动作路径时，如果路径没有闭合，则弹出的菜单中会有"关闭路径"命令，如图 1-118 所示，选择此命令将开放的路径变为封闭路径；如果是封闭的路径，则弹出的菜单中会有"开放路径"命令，如图 1-119 所示选择，此命令将封闭的路径变为开放路径；如果在弹出的菜单中选择"反转路径方向"命令，则路径的起始点和结束点会进行调换。

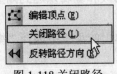

图 1-118 关闭路径

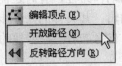

图 1-119　开放路径

1.4.4　动画效果的更改以及删除

为幻灯片中的对象设置了动画效果后，有时还需要改变一下动画效果执行的先后次序，或者对动画效果进行重新设置。这些在"自定义动画"任务窗格中都可以直接进行操作，下面将分别进行介绍。

1.　动画效果更改

对于已经创建的动画效果，如果对动画效果不满意，可以进行更改。更改已创建的动画效果，其具体的操作步骤如下。

步骤❶ 在"动画"选项卡中，单击"自定义动画"按钮，打开"自定义动画"任务窗格。

步骤❷ 在"自定义动画"任务窗格中选择想要更改的动画效果，然后单击 ☆ 更改 ▾ 按钮，在弹出的菜单中重新选择动画效果即可，如图 1-120 所示。

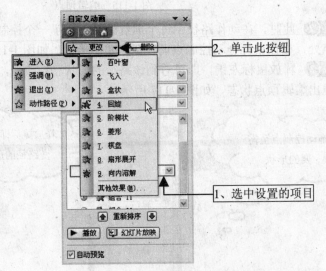

图 1-120　选择动画效果

2.　动画排序

如果幻灯片中一个对象有多个动画效果，或者多个对象都拥有各自的动画效果，那么就应该对这些动画效果进行排列，从而使动画的播放符合需要的次序。进行动画的排序，其具体的操作步骤如下。

步骤❶ 在"自定义动画"任务窗格中选择需要改变其播放次序的动画效果，如图 1-121 所示。

步骤② 在任务窗格中单击重新排序左侧的 ↑ 按钮，则所选择动画的效果次序提前一位，如图 1-122 所示。

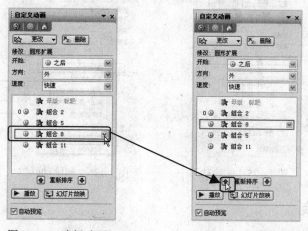

图 1-121 选择动画　　　　　图 1-122 提前排序

步骤③ 重复单击 ↑ 按钮可使该动画最多提前至第一个执行，如果要滞后动画对象的播放，则直接单击"重新排序"右侧的 ↓ 按钮即可，如图 1-123 和图 1-124 所示。

图 1-123 最前位置

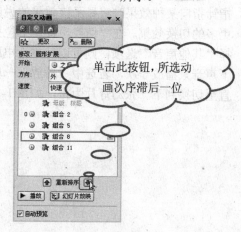

单击此按钮，所选动画次序滞后一位

图 1-124 滞后一位

3. 删除动画

如果幻灯片中的动画效果创建有误，则可以对动画效果进行删除操作。要删除动画效果，其具体的操作步骤如下。

步骤① 在"自定义动画"任务窗格中选择需要删除的动画效果。

步骤② 在任务窗格中直接单击 删除 按钮，如图 1-125 所示；或者单击动画效果右侧的下拉按钮 ，在弹出的菜单中选择"删除"命令即可删除动画，如图 1-126 所示。

图 1-125　删除动画一　　　图 1-126　删除动画二

1.4.5　幻灯片切换

　　幻灯片切换是指在相邻的两张幻灯片之间添加一些动态的过渡效果,从而进一步地增加幻灯片放映时的观赏性。设置幻灯片切换的操作步骤如下。

　　步骤❶　在"动画"选项卡的"切换到此幻灯片"功能区,选择一种切换效果(将鼠标指针指向某种效果时将显示该效果的说明信息)。单击列表框右侧的下三角按钮·,可以选择更多的切换效果。在"切换声音"下拉列表中可以设置切换动画效果时播放的声音,如果选择"其他声音"选项,则可以从本地电脑中查找要播放的声音文件(.wav 文件)。默认情况下声音只播放一次,若选中"播放下一段声音之前一直循环"复选框,则声音会连续播放,直至切换到下一张幻灯片为止,如图 1-127 和图 1-128 所示。

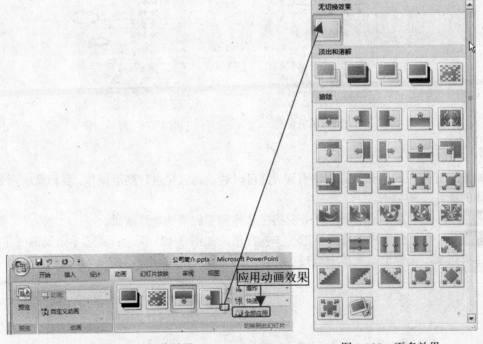

图 1-127　切换效果　　　　　图 1-128　更多效果

步骤 ❷ 在"切换声音"下拉列表中可以设置切换动画效果时播放的声音，如果选择"其他声音"选项则可以从本地电脑中查找要播放的声音文件（.wav 文件）。默认情况下声音只播放一次，若选中"播放下一段声音之前一直循环"复选框，则声音会连续播放，直至切换到下一张幻灯片为止，如图 1-129 所示。

步骤 ❸ 在"幻灯片切换"任务窗格的"速度"下拉列表中可以设置动画效果的播放速度，如图 1-130 所示。

图 1-129　选择声音

图 1-130　播放速度

 小知识

在"自定义动画"任务窗格中，建议选中"自动预览"复选框，这样选择一种效果后可立即看到切换效果的预览画面。但如果计算机性能配置不高时，可清除"自动预览"复选框，从而节约系统资源。

1.5　幻灯片的保存、打包导出和打印

在完成了幻灯片的编辑后，需要对其进行保存，有时根据要求还需要进行打包导出和对文稿进行打印，本节主要介绍幻灯片的保存、打包导出和打印的方法。

1.5.1　幻灯片的保存

新创建的演示文稿被暂时保存在内存中，为了保留执行结果，必须将演示文稿保存到磁盘中。即使是已经被保存到磁盘中的演示文稿，也可以通过"另存为"命令重新保存。

在幻灯片文档中单击快捷工具栏中的"保存"按钮或者按下组合键 Ctrl+S，即可打开如图 1-131 所示的"另存为"对话框。在"保存位置"下拉列表中选择文件保存的路径，在"文件名"文本框中输入幻灯片文稿的名称，在"保存类型"下拉列表中选择演示文稿保存的格式，单击 保存(S) 按钮即可保存幻灯片。

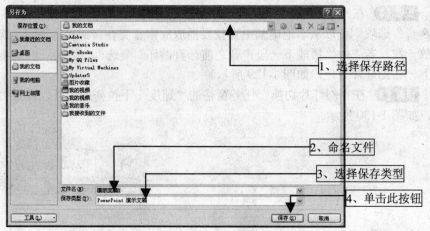

图 1-131 "另存为"对话框

还可以通过如下方式保存文件：单击 PowerPoint 的 Office 按钮，将鼠标指向下拉列表中的"另存为"菜单项，然后在级联菜单中选择保存的文本样式即可，如图 1-32 所示。

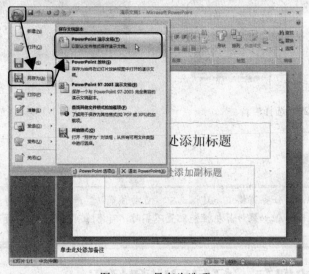

图 1-132 另存为选项

 小知识

保存新建的幻灯片文稿，或者使用"另存为"操作时，可以在保存文件对话框的"保存类型"下拉列表中选择各种各样的其他文件类型，这样除了可以保存为标准的幻灯片外，还可以直接将幻灯片保存为不同格式的图像文件，也可以保存为标准的 html 网页。

1.5.2 幻灯片的打包导出

在一台计算机上创建的幻灯片，可能需要在其他的计算机上放映，而如果恰好该计算机没有安装 PowerPoint 的话，是不是就不能放映了呢？答案是否定的。将制作好的幻灯片，打包成 CD，或者打包成一个带有幻灯片查看器的独立文件夹，这样就可以在没有安装

PowerPoint 的环境下放映。打包导出的操作步骤如下。

步骤① 在幻灯片文档中单击"Office 按钮" ,然后将鼠标指针指向"发布"菜单项,再单击级联菜单中的"CD 数据包"菜单项,即可打开如图 1-133 所示的"打包成 CD"对话框。

图 1-133 打包成 CD

步骤② 在对话框中单击 添加文件(A)... 按钮,即可打开"添加文件"对话框,如图 1-134 所示。从对话框中选择相应的文件,单击 添加(A) 按钮即可添加其他的放映文件。

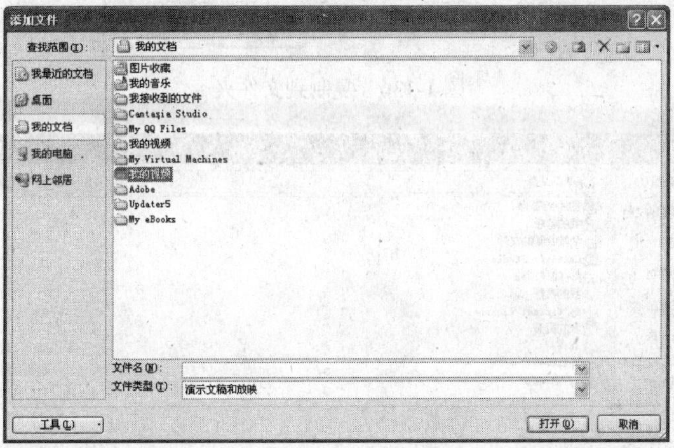

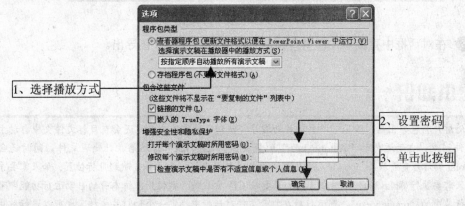

图 1-134 添加文件

步骤③ 在对话框中单击 选项(O)... 按钮,打开如图 1-135 所示的"选项"对话框。从对话框中可以设置演示文稿在 PowerPoint 播放器的播放方式,以及设置文件密码等功能,设置完毕后,单击 确定 按钮,返回"打包成 CD"对话框。

图 1-135 "选项"对话框

步骤 ④ 单击 复制到文件夹(F)... 按钮打开"复制到文件夹"对话框，在"文件夹名称"文本框中输入文件夹的名称，单击 浏览(B)... 按钮（如图 1-136 所示）打开"选择位置"对话框选择文件夹保存的位置，如图 1-137 所示，然后单击 选择(E) 按钮返回"复制到文件夹"对话框。

图 1-136　复制到文件夹

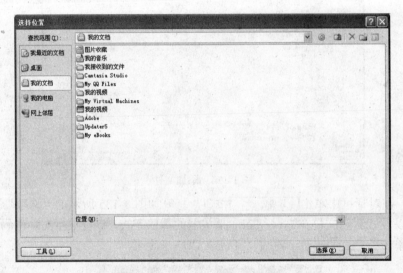

图 1-137　"选择位置"对话框

步骤 ⑤ 在对话框中直接单击 确定 按钮即可将幻灯片打包导出。

1.5.3　幻灯片的打印输出

在幻灯片中一般有较多的图像，丰富的背景颜色和图案，所以幻灯片的打印与普通文档的打印有些不同，打印时往往会显得不太清晰，特别是黑白方式打印更是如此；另外，幻灯片的张数比较多，而每张的内容又不多，一页纸打印一张幻灯片未免有点浪费。这些问题需要用一定的技巧来解决。使用幻灯片的打印输出，具体的操作步骤如下。

步骤 1 单击"Office 按钮" ，将鼠标指针指向"打印"菜单项，然后再单击级联菜单中的"打印预览"菜单项，即可切换到"打印预览"对话框，如图 1-38 所示。

图 1-138　打印预览

步骤 2 在"打印内容"下拉列表中，可以选择每页 1~9 张的幻灯片打印方式，以及是否打印备注页或大纲视图的内容，如图 1-139 所示。

图 1-139　打印内容

步骤 3 单击 选项(O)▼ 按钮，在下拉菜单中依次选择"颜色→灰度"命令，再在级联子菜单中选择一种配色模式，如图 1-140 所示。

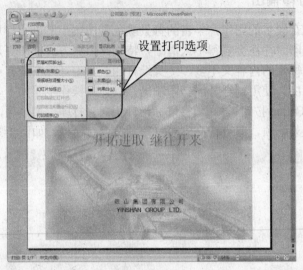

图 1-140　颜色

步骤④　单击"打印" 打印(P)… 按钮，即可打印幻灯片文档。

在"颜色/灰度"子菜单下的"颜色"、"灰度"、"纯黑白"各项的含义说明分别如下。

（1）颜色：即带有各种颜色的幻灯片，可保持设计幻灯片时的颜色效果，一般适合于彩色打印。

（2）灰度：即带有很多过渡等级的灰度效果，特别适合于黑白激光打印机输出。

（3）纯黑白：只含有黑白两种颜色。对比强烈，轮廓分明，优点是进行黑白打印时可以拥有很清晰的线条，同时可以节省墨水或墨粉。

1.6　幻灯片放映

在 PowerPoint 中将幻灯片编辑完毕，并且做好各项放映设置后，就可开始放映幻灯片。在幻灯片的放映过程中需进行换页等各种控制，也可使用鼠标作绘图笔进行标注。

1.6.1　幻灯片放映

在 PowerPoint 2007 中幻灯片的放映可以通过以下几种方法。

- 切换到"幻灯片放映"选项卡，在"开始放映幻灯片"功能区单击"从头开始"按钮，可以从第一张幻灯片开始播放幻灯片。
- 在"幻灯片放映"选项卡中，单击"从当前幻灯片开始"按钮，可以从当前位置开始播放幻灯片。
- 按组合键 Shift+F5 从当前幻灯片开始放映幻灯片；按 F5 键从第一张幻灯片处放映幻灯片。

1.6.2　放映控制

在放映幻灯片时，除了可以在幻灯片动作设置中指定一些自动播放的动作外，还可以通过键盘、菜单等方法进行放映控制。

1．按钮放映控制

开始放映幻灯片后，屏幕左下角会显示播放控制的按钮，如图 1-141 所示。

图 1-141　播放控制

各个按钮的说明分别如下。

- ：单击此按钮返回上一张幻灯片。
- ：单击此按钮，可弹出如图 1-142 所示的菜单，用于设置标记笔的类型和墨迹的颜色。

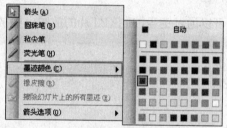

图 1-142　标记笔设置

- ：单击此按钮，可弹出如图 1-143 所示的菜单，可以跳转到任意一张幻灯片中，或者结束放映。
- ：单击此按钮返回下一张幻灯片。

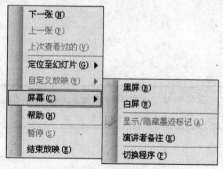

图 1-143　跳转幻灯片

设置完标记笔后，可以在幻灯片需要提醒或强调的内容上随意拖动添加手绘标记，在播放幻灯片的同时更加方便了人工辅助讲解。

2. 右键菜单放映控制

开始放映幻灯片后，单击鼠标右键可弹出如图 1-144 所示的快捷菜单，选择相应的命令可跳转到任意一张幻灯片中，也可以设置标记笔的类型，或者结束放映。

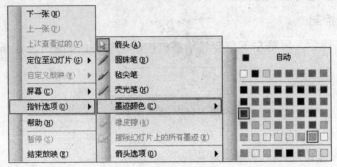

图 1-144　右键菜单控制

3. 键盘放映控制

开始放映幻灯片后，也可以通过键盘控制幻灯片的放映，播放下一张幻灯片的操作方法如下。

- 按下 Space（空格）键。
- 按下 Enter（回车）键。
- 按下 ↓ 键。
- 按下 → 键。
- 按下 Page Down 键。

播放上一张幻灯片的操作方法如下：

- 按下 ← 键。
- 按下 ↑ 键。
- 按下 Page Up 键。

如果使用的是滚轮鼠标，在放映幻灯片时前后滚动鼠标滚轮，也可以快速切换到上一张或下一张幻灯片。

1.6.3　自定义放映

一般来讲，一套幻灯片一般包含有许多张幻灯片。在幻灯片放映时，有时不希望将所有幻灯片一一播放，而是有选择性地只放映其中的部分幻灯片；或者是需要打乱原有顺序，而是按照新的顺序播放。这就需要使用自定义放映，它可以更改默认的幻灯片前后放映次序，也可以选择性地设置放映幻灯片。

步骤 ❶ 在"幻灯片放映"选项卡中，单击"自定义幻灯片放映"按钮，再单击"自定义放映"命令，打开"自定义放映"对话框，如图 1-145 所示。

图 1-145　自定义幻灯片放映

步骤 ② 在对话框中单击 新建(N)... 按钮，打开"自定义放映"对话框，如图 1-146 所示。

图 1-146　自定义放映

步骤 ③ 在对话框的"幻灯片放映名称"文本框中输入一个定义放映的名称，然后在"在演示文稿中的幻灯片"列表框中选择需要放映的幻灯片，单击 添加(A) >> 按钮添加到右侧的"在自定义放映中的幻灯片"列表框中，如图 1-147 所示。

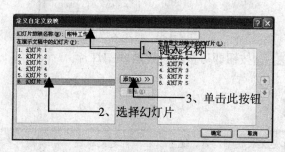

图 1-147　定义自定义放映之二

步骤 ④ 在"在自定义放映中的幻灯片"列表框中单击需要设置放映顺序的幻灯片，单击 ↑ 按钮向上移动顺序，单击 ↓ 按钮向下移动顺序，如图 1-148 所示。

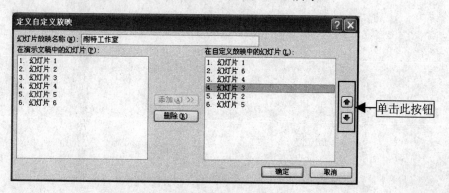

图 1-148　定义自定义放映

步骤 5 单击 删除(R) 按钮可以将多余添加的幻灯片从右侧的"在自定义放映中的幻灯片"列表框中删除，如图 1-149 所示。

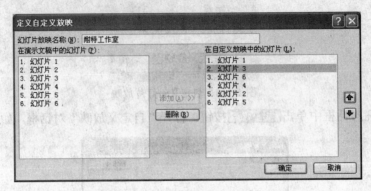

图 1-149　删除幻灯片

步骤 6 设置完毕后单击 确定 按钮返回"自定义放映"对话框，如图 1-150 所示。

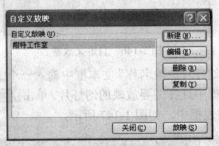

图 1-150　自定义放映

步骤 7 单击 放映(S) 按钮即可按照设置放映幻灯片。

　　如果对设置的自定义放映不满意，还可以在"自定义放映"对话框中单击"编辑"按钮，打开"定义自定义放映"对话框进行重新编辑，或者直接单击"删除"按钮删除自定义放映。

第 2 章　制作公司简介

在商品经济稳步发展的今天，同行业之间的竞争也日益激烈。为了在众多同类的公司中能够脱颖而出，让客户能够了解并认可自己的公司，首先应该需要一份美观大方、并且富有特色的公司简介。本章通过使用 PowerPoint 2007 创建幻灯片的演示文稿创建一份公司简介。

2.1　案例分析

公司简介的目的是使幻灯片的观看者对本公司有一个初步的了解，其中包括公司的概况、组织结构、企业文化等内容。本实例按照艾易有限责任公司通过 PowerPoint 2007 创建一个幻灯片演示文稿，采用巍峨群山为背景风格的模板，从而显现企业的一种文化气魄，其各幻灯片文档的效果如图 2-1 所示。

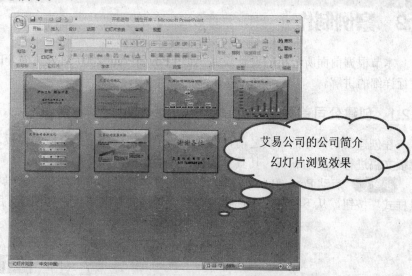

图 2-1　公司简介

2.1.1　知识点

本实例通过插入文本框介绍了公司的概况，插入图示说明了公司的组织结构，使用图表表现了公司近六年的业绩和产量，并通过图文并茂的方式讲述了公司的企业文化和发展目标。在本实例中主要用到了以下的几个知识点。

- 通过编辑文本对公司概况进行简要的说明。
- 对文本进行项目符号和编号的操作使用创建统一的文本格式。
- 通过插入图示创建公司的组织结构图。
- 通过插入图表创建近几年公司的经营业绩。
- 插入图片对企业文化幻灯片页面进行美化。

● 为了突出文本的重要性对文本框的边框进行设置。

重点应该了解组织结构图的插入和具体的设置方法，以及图表的插入和编辑方法。

2.1.2 设计思路

公司简介可以根据所介绍的对象不同，所制作的风格和方法也会有所不同。本实例所制作的幻灯片主要是针对公司客户，其目的是通过幻灯片的播放，使客户对公司的整体情况有一定的了解，所以幻灯片的制作需要生动而直观、简单而大方，即要突出公司的特点和优势，又要体现合作的态度。

在制作过程中，如果只是一些文字性的说明，会显得枯燥乏味而毫无生气。相反，如果在幻灯片文稿中添加一些相应的图片，做到图文并茂，则会便于客户深入了解公司的兴趣。通过PowerPoint 2007 中的插入图片和动画效果等功能就可以简便地制作更加符合要求的幻灯片。

本实例的设计思路是：公司简介首页→公司概况（包括输入文本以及项目符号和编号设置）→公司组织结构（包括图示的插入和设置）→公司经营业绩（包括图表的插入和设置）→公司企业文化（包括图片的插入）→公司发展目标（包括图片的插入和文本框的设置）→结束→幻灯片动画的创建→设置切换效果→设置放映方式。

2.2 案例制作

本节根据前面所分析的设计思路，使用 PowerPoint 2007 对公司简介的幻灯片的制作步骤进行详细的讲解。

2.2.1 创建公司首页

在创建公司简介的首页之前，需要对演示文稿选择一个合适的模板，然后再对所选择的模板文稿进行相应的编辑，其具体的操作步骤如下。

步骤 ❶ 启动 PowerPoint 2007，切换到"设计"选项卡，在"背景"功能区中单击"背景样式"按钮，从下拉列表中选择"设置背景格式"菜单项，如图 2-2 所示。

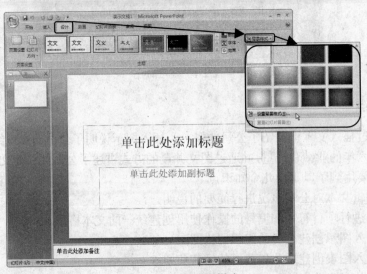

图 2-2 设置背景样式

步骤② 在弹出的"设置背景格式"对话框中，选择"图片或纹理填充"单选按钮，单击"文件"按钮，打开"插入图片"对话框，从中选择欲作为背景的山峦图片，如图 2-3 和 2-4 所示。

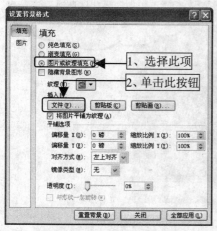
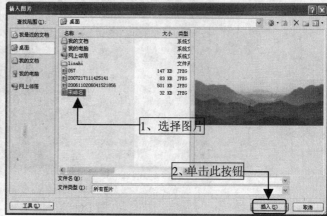

图 2-3　设置背景格式　　　　　　　　　　图 2-4　插入图片

步骤③ 单击"确定"按钮，返回"设置背景格式"对话框，此时幻灯片中已经应用了新背景，根据背景图片在文档中的预览情况，调整图片的偏移量和透明度，如图 2-5 所示。

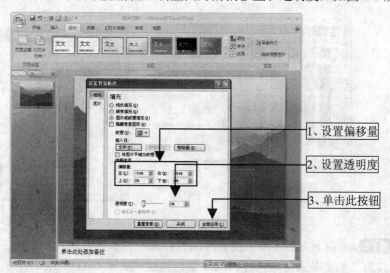

图 2-5　应用背景

 **小知识**

　　如果单击"关闭"按钮，则所做设置的背景格式仅应用于当前幻灯片；若单击"全部应用"按钮，则背景格式会应用于整个演示文稿。

步骤④ 在幻灯片中单击"单击此处添加标题"文本框，在文本框中输入文本"开拓进取　继往开来"，并设置字体为"华文新魏"，字号为"48"，如图 2-6 所示。

图 2-6　输入文本

步骤 5　选中所输入的文本，在"开始"选项卡的"字体"功能区中单击"字体颜色" ▲· 按钮，在弹出的下拉菜单中选择"其他颜色"命令（如图 2-7 所示），打开"颜色"对话框。选择一种字体颜色，如图 2-8 所示，然后单击 确定 按钮。

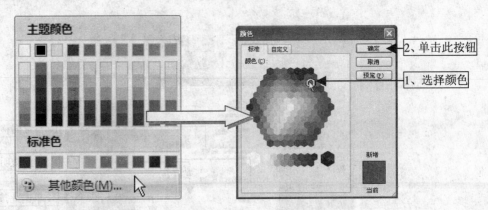

图 2-7　其他颜色　　　　　　　　　　图 2-8　选择颜色

步骤 6　单击下方的"单击此处添加副标题"文本框，输入文本"艾易科技有限公司"，设置字体为"华文中宋"，然后按 Enter 键，再输入文本"AIYI TECHNOLOGY LTD."，设置字体为"MS Mincho"，并设置字号为"20"，其效果如图 2-9 所示。

步骤 7　在"开始"选项卡，单击"新建幻灯片"按钮，从打开的"Office 主题"下拉列表中选择"标题和内容"菜单项，或者按组合键 Ctrl+M，打开如图 2-10 所示的幻灯片文档。

步骤 8　单击幻灯片文档的"单击此处添加标题"文本框，输入文本"艾易公司概况"，设置字体为"楷体"，加粗，字号为"44"，字体颜色为绿色，并单击"左对齐" ≡ 按钮设置文本为左对齐，如图 2-11 所示。

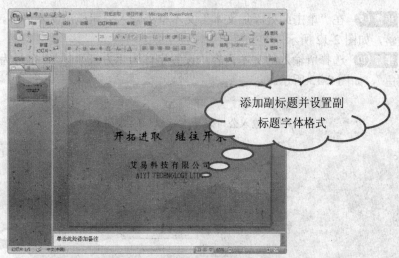

图 2-9　编辑副标题

图 2-10　新建幻灯片

图 2-11　格式化文本

步骤 9 在"单击此处添加文本"文本框处输入公司概况文本内容，并按 Enter 键分隔各段落，如图 2-12 所示。

步骤 10 选择所输入的文本内容，设置字体为"方正姚体"，字号为"24"，字体颜色为"紫色"，如图 2-13 所示。

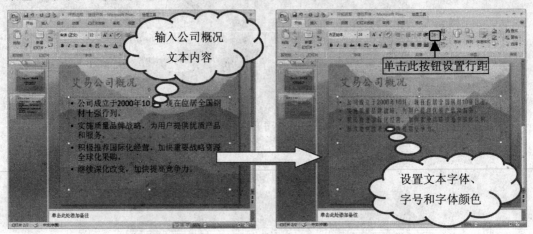

图 2-12 输入文本　　　　　　　　　　　　图 2-13 格式化文本

步骤 11 在"段落"功能区，单击"段落"　按钮，打开如图 2-14 所示的"段落"对话框。在对话框中设置"段前"和"段后"间距都为"0"，在"行距"下拉列表中选择"多倍行距"，"设置值"为 3，单击　确定　按钮完成设置。

步骤 12 在"段落"功能区，单击"项目符号"旁边的下三角按钮，从弹出的下拉菜单中选择"项目符号和编号"菜单项，打开"项目符号和编号"对话框。在"项目符号"选项卡中选择第二行第三列的项目符号，并在颜色下拉列表中设置颜色为"紫色"，如图 2-15 所示，设置完毕后单击　确定　按钮返回文档。

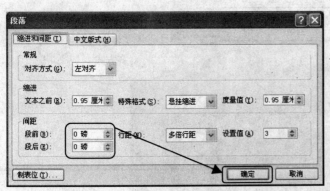

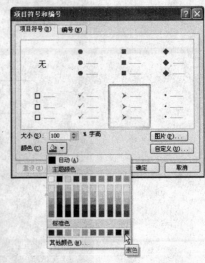

图 2-14 "段落"对话框　　　　　　　　　图 2-15 "项目符号和编号"对话框

"项目符号"是在文本前添加的起强调效果的点或符号。在"项目符号和编号"对话框中可以快速地将项目符号或编号添加到现有的行或文字中，在此处创建项目符号，可以使幻灯片文档具有更好的视觉效果。

步骤⑬ 设置完毕后，调整文本框的位置，公司简介页面效果如图 2-16 所示。

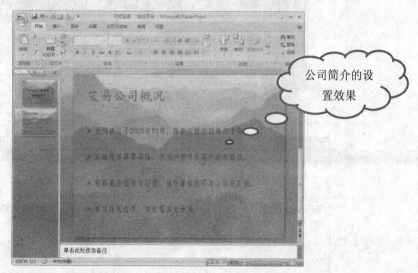

图 2-16   公司简介效果

2.2.2   加入主要内容

创建完毕首页和公司简介的内容后，本节就在幻灯片文档中创建公司介绍的细节内容进行介绍，包括公司组织结构、经营业绩、企业文化和发展目标等内容。

1. 创建组织结构幻灯片

添加"组织结构"幻灯片页面，其具体的操作步骤如下。

步骤❶ 在"开始"选项卡的"幻灯片"功能区中，单击"新建幻灯片"旁边的下拉按钮打开下拉菜单，选择"标题和内容"菜单项创建一个幻灯片文档。

步骤❷ 在新建的幻灯片文档中单击"单击此处添加标题"文本框，然后输入文本"艾易公司组织结构"，设置字体为"隶书"，字号为"48"，字体颜色为蓝色，并单击"左对齐"按钮设置文本为左对齐，如图 2-17 所示。

步骤❸ 选择"单击此处添加文本"文本框，按 Delete 键将其删除，然后切换到"插入"选项卡，在"插图"功能区单击"SmartArt"按钮，打开"选择 SmartArt 图形"对话框。在对话框左侧选中"层次结构"列表项，在右侧窗格选择"组织结构图"，单击 [确定] 按钮（如图 2-18 所示），在文档中插入组织结构图，如图 2-19 所示。

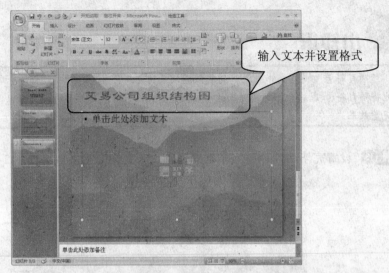

图 2-17　键入文本

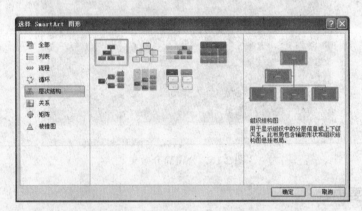

图 2-18 选择 SmartArt 图形

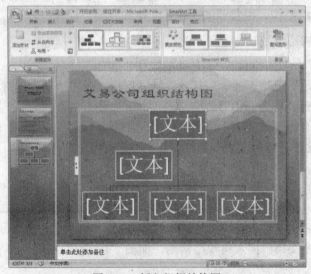

图 2-19　插入组织结构图

 小知识

> PowerPoint 中的组织结构图是由一系列的文本框和连接线条组成的，以图形化的方式表示企业、机构或者团体中的人员结构，从而能直观地显示组织成员之间各等级的层次关系。组织结构图并不局限于描述由人组成的结构关系，任何具有层次结构的对象都可以用组织结构图来表示。

步骤④ 选择组织结构图中第一层的"文本"文本框，输入文字"董事会"，如图 2-20 示。

图 2-20 键入第一层文本

步骤⑤ 选择组织结构图中第二层的"文本"，在其中输入文字"董事会秘书处"，如图 2-21 所示。如果董事会没有设立秘书处，那么可以选中该文本框，将其删除，如图 2-22 所示。

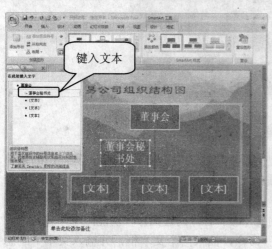

图 2-21 键入第二层文本

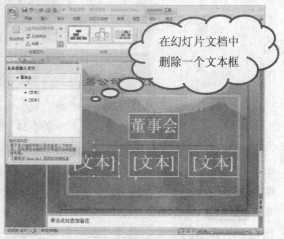

图 2-22 键入第三层文本

步骤⑥ 选择第三层的任意两个文本框，按 Delete 键将其删除，然后在剩余的一个"文

本"文本框中输入"总经理",如图 2-23 所示。

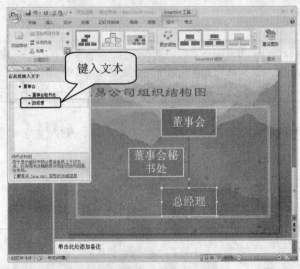

图 2-23　输入第三层文本

步骤 ⑦　选择文本为"总经理"的文本框,在"创建图形"工具栏中单击 ^{添加形状} 按钮,在弹出的菜单中选择"添加助理"命令插入一个助手的文本文本框,并输入文本"行政助理",如图 2-24 所示。

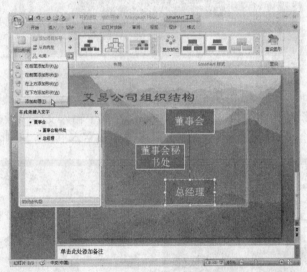

图 2-24　插入助理

步骤 ⑧　选中"总经理"文本框,在"创建图形"功能区中单击 ^{添加形状} 按钮,从弹出的菜单中选择"在下方添加形状"命令,插入一个下属的文本文本框,并输入文本"副总经理",如图 2-25 所示。

步骤 ⑨　选择第五层文本为"副总经理"的文本框,在"创建图形"功能区中单击 ^{添加形状} 按钮,从弹出的菜单中选择"在后面添加形状"命令,插入两个文本框,并输入文本"副总经理",如图 2-26 所示。

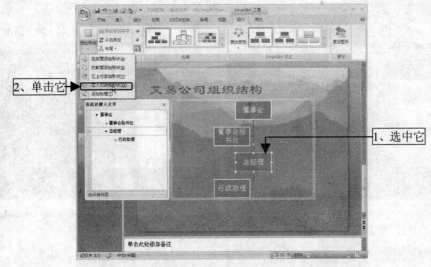

图 2-25　插入文本框

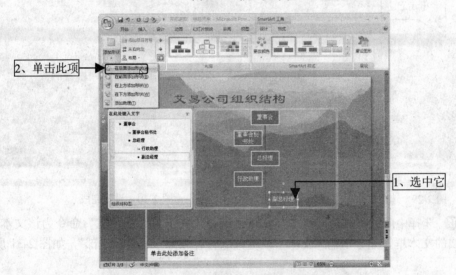

图 2-26　添加形状

小知识

如果选择第四层文本为"总经理"的文本框，那么应该执行"在下方添加形状"命令。

步骤⑩ 选中"总经理"文本框，然后再按住 Ctrl 键选中三个"副总经理"文本框，在"设计"选项卡中打开"布局"下拉列表，单击下拉菜单中的"标准"菜单项，如图 2-27 和图 2-28 所示。

步骤⑪ 选择左侧的"副总经理"文本框，执行"在下方添加形状"命令为该文本框插入三个下属的文本框，并分别输入文本"人力资源部"、"财务部"和"行政部"，如图 2-29 和图 2-30 所示。

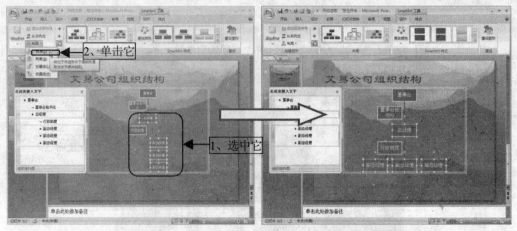

图 2-27　标准布局　　　　　　　　　　图 2-28　调整完毕

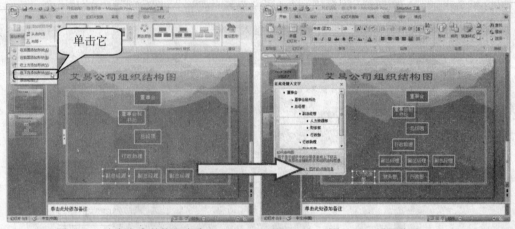

图 2-29　选中文本并执行命令　　　　　图 2-30　设置完成

步骤 ⑫ 选择中间的"副总经理"文本框，选择"在下方添加形状"命令为该文本框插入三个下属的文本框，并分别输入文本"业务部"、"客服部"和"配送部"，如图 2-31 所示。

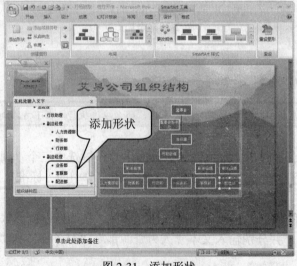

图 2-31　添加形状

步骤 13 选择右侧的"副总经理"文本框,选择"在下方添加形状"命令为该文本框插入三个下属的文本框,在三个文本框中分别输入文本"研发中心"、"企划部"和"生产部",如图 2-32 所示。

图 2-32 添加并设置形状

步骤 14 切换到"格式"选项卡,选择"董事会"文本框,然后按 Ctrl 键,再依次选择"总经理"和三个"副总经理"文本框,在"格式"工具栏的"文本填充"中将文本颜色设置为"白色",如图 2-33 所示。

步骤 15 在"形状样式"下打开"形状填充"下拉列表,设置"形状填充"颜色为绿色,如图 2-34 所示。

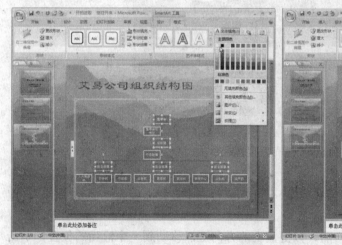

图 2-33 文本填充

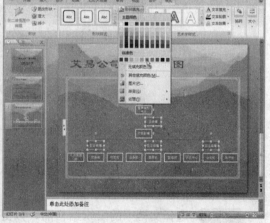

图 2-34 形状填充

步骤 16 依次选择"董事会秘书处"和"行政助理"文本框,在"格式"选项卡中将文本填充颜色设置为"白色",然后在"形状样式"下设置"形状填充"颜色为"紫色",设置效果如图 2-35 所示。

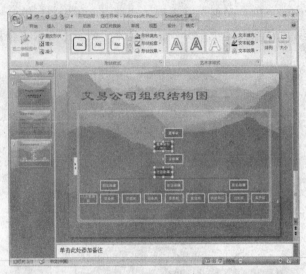

图 2-35　填充颜色

步骤 ⑰ 选中其余未设置的文本框，设置形状填充颜色为"深蓝色"，设置完毕填充效果的组织结构图如图 2-36 所示。

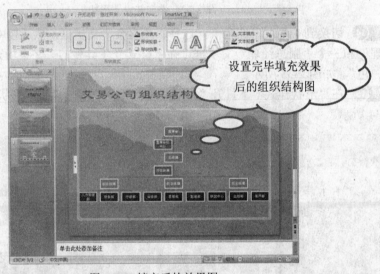

设置完毕填充效果
后的组织结构图

图 2-36　填充后的效果图

步骤 ⑱ 选中文档结构图中的任意一个文本框，单击"排列"下的"旋转"按钮，在下拉列表中选择"其他旋转选项"菜单项，在"尺寸和旋转"中设置高度为"15.81 厘米"，宽度为"21.86 厘米"，如图 2-37 和图 2-38 所示。

步骤 ⑲ 选择文档中的组织结构图，按键盘上的方向键，移动到一个恰当的位置，单击"位置"标签，切换到"位置"选项卡，在"幻灯片上的位置"中设置水平为"4.5 厘米"，垂直为"3.52 厘米"，量度依据都为"左上角"，如图 2-39 所示。单击 确定 按钮返回幻灯片文档中。

步骤 ⑳ 返回"开始"选项卡，在"字体"功能区中将字号设置为"12"，设置完毕后的组织结构最终效果如图 2-40 所示。

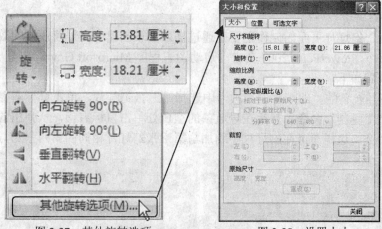

图 2-37　其他旋转选项

图 2-38　设置大小

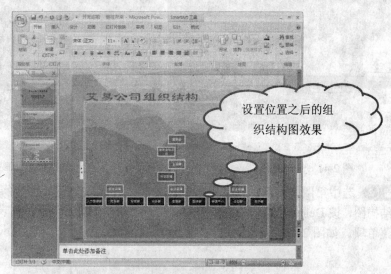

图 2-39　设置位置

设置位置之后的组织结构图效果

图 2-40　最终效果图

设置字体之后的组织结构图效果

2. 创建经营业绩幻灯片

"经营业绩"幻灯片页面的制作主要是通过插入图表创建公司经营业绩的数据表，通过"插入/图表"命令，PowerPoint 2007 会自动启动图表程序 Microsoft Graph，创建一个新图表。其具体的操作步骤如下。

步骤 ① 在导航条的"幻灯片"选项卡中选择第三张幻灯片，单击鼠标右键，在弹出的快捷菜单中选择"复制"命令，然后在导航条的空白处单击鼠标右键，从弹出的快捷菜单中选择"粘贴"命令，这样即可在幻灯片中增加与第三张幻灯片相同的第四张幻灯片。

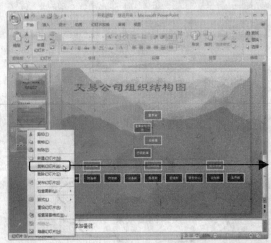 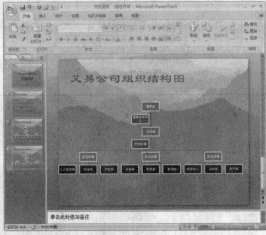

图 2-41　复制幻灯片　　　　　　　　　　　图 2-42　复制完成

步骤 ② 选中第四张幻灯片，将标题中的文本"组织结构"改为"经营业绩"；然后再选中组织结构图，按 Delete 键将其删除；最后，打开"新建幻灯片"下拉列表，单击其中的"仅标题"菜单项，如图 2-43 所示。

图 2-43　设置幻灯片格式

步骤 ③ 切换到"插入"选项卡，单击"插图"功能区的"图表"按钮，从弹出的"插入图表"对话框中依次选择"柱形图"→"簇状柱形图",插入如图 2-44 所示的图表。

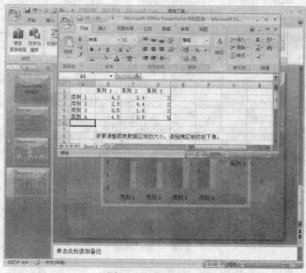

图 2-44 插入图表

步骤④ 在弹出的名为"Microsoft Office PowerPoint 中的图表"的 Excel 中,输入近六年公司产量的各项数据,如图 2-45 所示。

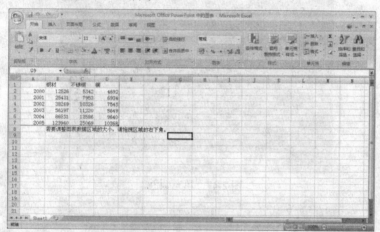

图 2-45 录入数据

　　除了可以在数据表中输入所需要的数据外,还可以从文本文件或 Lotus 文件之中导入数据,也可以导入或插入一个 Microsoft Excel 工作表或图表,或从另一程序粘贴所需要的数据。

步骤⑤ 在幻灯片文档中单击图表中的图表对象为"系列钢材"的蓝色柱形图,然后切换到图 2-46 所示的"格式"选项卡。

步骤⑥ 单击"填充颜色"按钮,从"标准色"之中选择"紫色",如图 2-47 所示。

步骤⑦ 单击"形状效果"按钮,将鼠标指针指向"棱台"菜单项,再选择其中的"柔圆"菜单项,设置完毕的效果如图 2-48 所示。

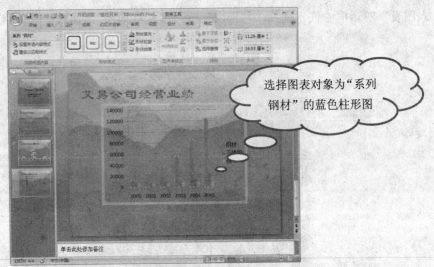

选择图表对象为"系列钢材"的蓝色柱形图

图 2-46　选中对象

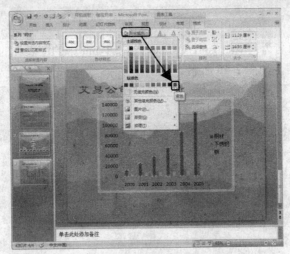

图 2-47　填充颜色

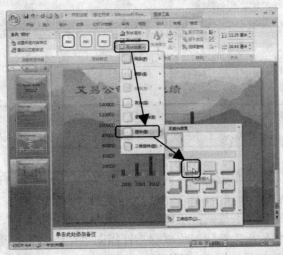

图 2-48　形状效果

74

步骤 8 在"当前所选内容"功能区，单击"设置所选内容格式"按钮，然后从弹出的"设置数据系列格式"对话框中，设置分类间距为"50%"，如图 2-49 和图 2-50 所示。

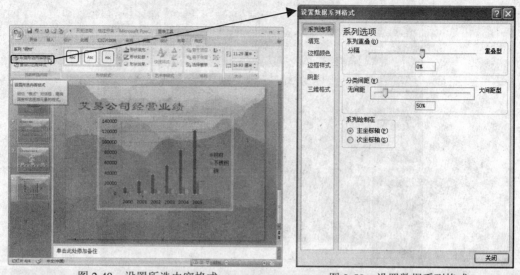

图 2-49 设置所选内容格式	图 2-50 设置数据系列格式

步骤 9 单击 [关闭] 按钮返回幻灯片文档，在"当前所选内容"功能区单击"形设置所选内容格式"按钮，弹出"设置数据系列格式"对话框。切换到"填充"选项卡，选择"渐变填充"单选按钮，在"预设颜色"中选择第二行最后一种样式；从"颜色"下拉列表中选择绿色按钮，然后单击"关闭"按钮退出设置。

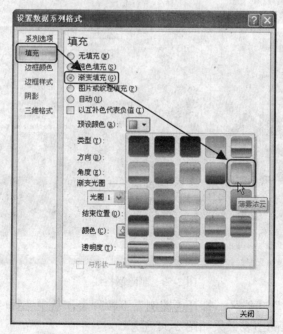

图 2-51 "设置数据系列格式"对话框

步骤 10 同样的方法单击图表中的图表对象为"系列铜"的橄榄色柱形图，打开"设置数据系列格式"对话框，然后打开"预设颜色"下拉列表，选择第四行第五列的样式，设置效果如图 2-52 所示。

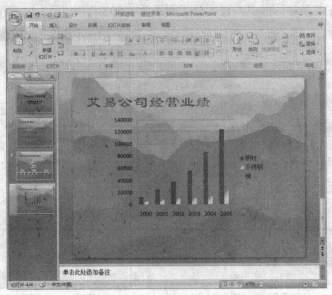

图 2-52　设置样式

步骤 ⑪ 选中图表，然后切换到"布局"选项卡，在"坐标轴"功能区单击"网格线"按钮，从下拉列表中依次选择"主要横网格线"→"无"菜单项，将图表中的网格线删除。

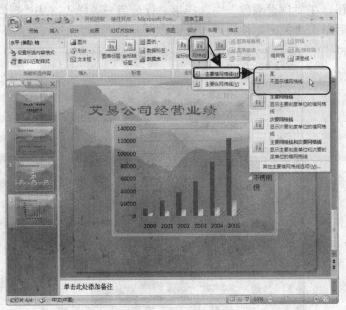

图 2-53　删除网格线

步骤 ⑫ 在"标签"功能区，打开"图例"下拉列表，从中选择"在底部显示图例"菜单项，设置完毕后插入的图表效果如图 2-54 所示。

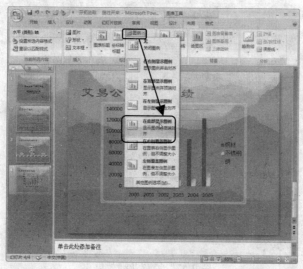

图 2-54　设置效果

步骤 13 选中图表，切换到"格式"选项卡（如图 2-55 所示），单击"大小和位置"按钮，打开如图 2-56 所示的"大小和位置"对话框。在"大小"选项卡，设置高度为"14 厘米"，宽度为"21 厘米"；在"位置"选项卡中，设置水平为"1.98 厘米"，垂直为"4.56 厘米"，度量值均为"左上角"。

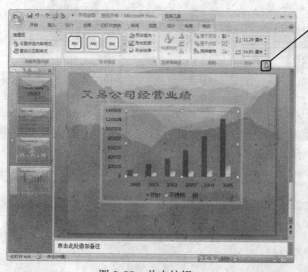

图 2-55　单击按钮

图 2-56　大小和位置

步骤 14 单击"关闭"按钮返回幻灯片文档，选择"图表区域"，设置字号为"12"，并设置为"加粗"显示，幻灯片文档最终编辑效果如图 2-57 所示。

在双击图表进入编辑图表状态时，选择不同的对象则会编辑出不同的效果，但图表中并不是很好辨认所选择的对象，此时可以在"格式"选项卡"当前所选内容"的"图表区"下拉列表中选择相应的对象，然后再进行编辑，如图 2-58 所示。

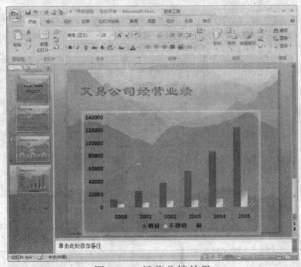

图 2-57　经营业绩效果

图 2-58　图表区下拉列表

3. 新建企业文化幻灯片

添加"企业文化"幻灯片页面,其具体的操作步骤如下。

步骤❶ 在导航条内"幻灯片"选项卡的空白处单击鼠标右键,在弹出的快捷菜单中选择"新幻灯片"菜单项,如图 2-59 所示。

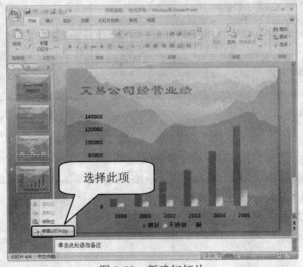

图 2-59　新建幻灯片

步骤 2 在"单击此处添加标题"处输入文本"艾易公司企业文化",设置字体为"华文新魏",字号为"44",字体颜色为深蓝色,并单击"左对齐" ≣ 按钮设置文本为左对齐,如图 2-60 所示。

图 2-60　设置字体

步骤 3 切换到"插入"选项卡,在"插图"功能区单击"图片"按钮,打开"插入图片"对话框。在"查找范围"下拉列表框中选择需要插入图片的路径,在列表框中选择要插入的图片,如图 2-61 所示。

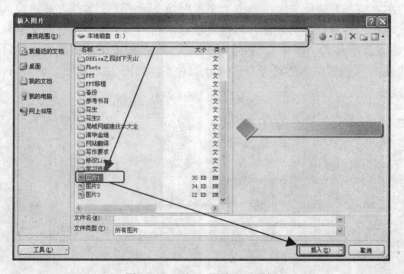

图 2-61　"插入图片"对话框

PowerPoint 2007 支持的插入图片类型有"Windows 增强型图元文件"、"Windows 图元文件"、"JPEG File Interchange Format"、"Portable Network Graphics"、"Windows 位图"、"Graphics Interchange Format"、

"压缩式 Windows 增强型图元文件"、"压缩式 Windows 图元文件"、"压缩式 Macintosh PICT"、"Tag 图像文件格式"、"Computer Graphics Metafile"、"Encapsulated PostScrip"、"Macintosh PICT"、"WordPerfect Graphics" 等类型。

步骤 4 单击 插入(S) 按钮将所选的图片插入到幻灯片中，其幻灯片效果如图 2-62 所示。

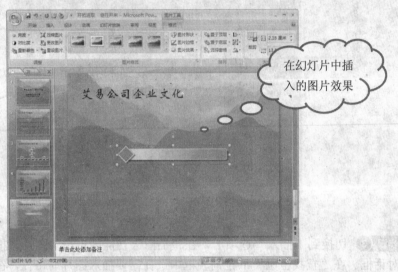

图 2-62　插入图片效果

步骤 5 在"插入"选项卡中，单击"文本"功能区的"文本框"按钮，从下拉列表中选择"横排文本框"命令，然后在图片内拖动鼠标，画出一个文本框。在文本框中输入文本"以人为本"，设置字体为"黑体"、字号为"24"，单击 B 按钮加粗显示，然后调整文本框的宽度，单击 按钮设置文本的对齐方式为分散对齐，如图 2-63 和图 2-64 所示。

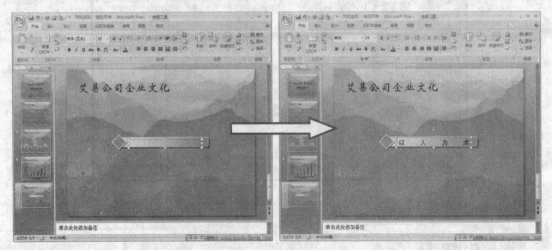

图 2-63　插入文本框　　　　　　　　　　　　图 2-64　设置文本

步骤 6 切换到"插入"选项卡，在"插图"功能区单击"图片"按钮，打开"插入图片"对话框。选择一幅相应的图片，然后单击 插入(S) 按钮插入到幻灯片中，如图 2-65

所示。

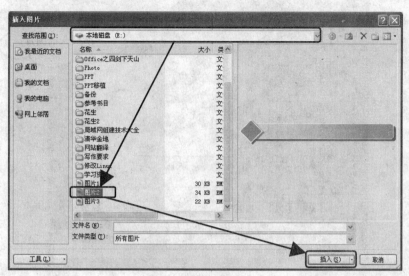

图 2-65 插入图片之二

步骤 7 单击"文本框"按钮，从下拉菜单中单击"横排文本框"菜单项，在幻灯片文档中插入一个文本框并输入文本"质量兴企"，最后设置字体为"黑体"、字号为"24"，单击 **B** 按钮加粗显示。然后调整文本框的宽度，单击▓按钮设置文本的对齐方式为分散对齐，如图 2-66 所示。

图 2-66 设置文本之二

步骤 8 单击所插入的一幅图片，按住 Ctrl 键再选择另一幅图片，单击鼠标右键，在弹出的快捷菜单中选择"复制"命令，然后再单击鼠标右键，在弹出的快捷菜单中选择"粘贴"命令，如图 2-67 所示。

图 2-67　粘贴图片

步骤 ⑨　调整所复制的图片位置，分别在其上方输入文本"全面开放"、"不断创新"并设置字体、字号、加粗显示和分散对齐，其效果如图 2-68 所示。

图 2-68　编辑完成

4. 创建发展目标幻灯片

添加"发展目标"幻灯片页面，其具体的操作步骤如下。

步骤 ①　在"开始"选项卡中，单击"新建幻灯片"按钮，从弹出的 Office 主题下拉菜单中选择"仅标题"菜单项，或者按组合键 Ctrl+M 新建标题幻灯片，如图 2-69 所示。

新建的仅标题版
式幻灯片

图 2-69　新建标题幻灯片

步骤 ❷　在"单击此处添加标题"处输入文本"艾易公司发展目标",设置字体为楷体,加粗,字号为"44",字体颜色为绿色,并单击"左对齐" 按钮设置文本为左对齐。

步骤 ❸　切换到"插入"选项卡,单击"文本"功能区的"文本框"按钮,从弹出的下拉菜单中选择"横排文本框",然后拖动鼠标画出一个文本框,输入相应的文本,并设置文本字体为"黑体",字号为"18",单击"左对齐" 按钮设置文本为左对齐,如图 2-70 所示。

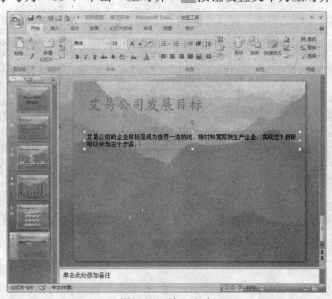

图 2-70　输入文本

步骤 ❹　在"插入"选项卡的"插图"功能区,单击"图片"按钮,即可打开"插入图片"对话框。在"查找范围"下拉列表框中选择需要插入图片的路径,在列表框中选择要插入的图片,单击 插入(S) 按钮插入图片。

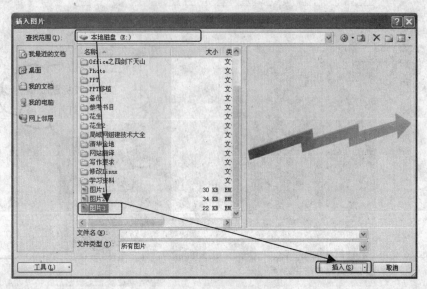

图 2-71 "插入图片"对话框

步骤⑤ 在"插入"选项卡中,单击"文本框"按钮,从下拉列表中选择"横排文本框"命令,在文档中拖动鼠标插入文本框,然后输入相应的文本,并设置文本字体为"幼圆",字号为"18",字体颜色为"深蓝色",如图 2-72 所示。

步骤⑥ 同样的方法再插入两个文本框,并分别输入相应的文本,设置文本的字体字号以及字体颜色同上,分别调整文本框的位置,其效果如图 2-73 所示。

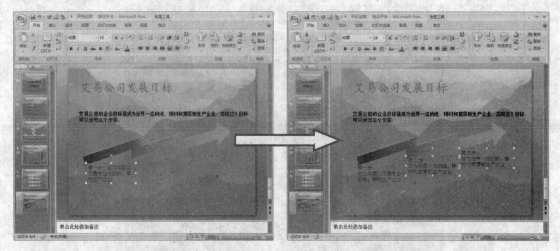

图 2-72 插入文本框   图 2-73 编辑文本框

步骤⑦ 按住 Ctrl 键分别选中所编辑的三个文本框,然后单击鼠标右键,从弹出的快捷菜单中选择"设置对象格式"菜单项,弹出"设置形状格式"对话框,如图 2-74 所示。

步骤⑧ 切换到"线条和颜色"选项卡,选中"实线"单选按钮,然后打开"颜色"下拉列表,从中选择"橙色",设置透明度 30%;再切换到"线型"选项卡,从"复合类型"下拉列表中选择"单线",并设置"宽度"为"1.5 磅",如图 2-75 所示。

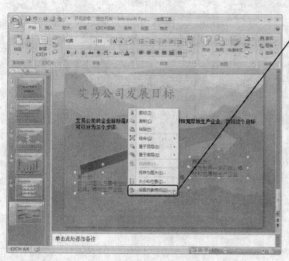

图 2-74　设置文本框颜色

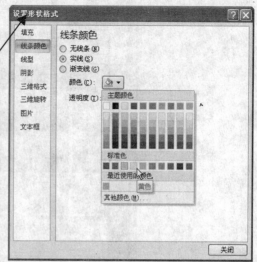

图 2-75　设置形状格式

步骤 9 单击 关闭 按钮设置完毕后返回文档中，其幻灯片效果如图 2-76 所示。

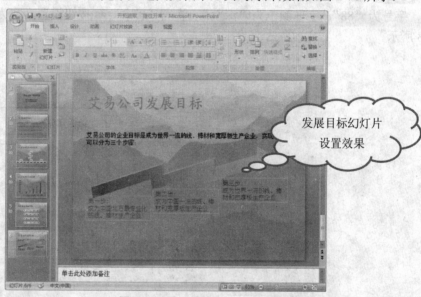

发展目标幻灯片
设置效果

图 2-76　设置效果

5. 创建结束幻灯片

下面介绍最后一张幻灯片文稿的创建，其具体的操作步骤如下。

步骤 1 选中当前的最后一张幻灯片，切换到"开始"选项卡，单击"新建幻灯片"按钮，从下拉列表中选择"标题幻灯片"文字版式，如图 2-77 所示。

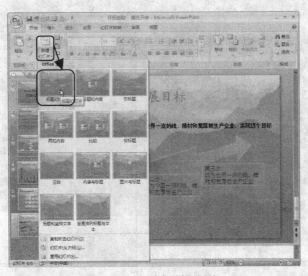

图 2-77　新建标题幻灯片

步骤 2　在"单击此处添加标题"文本框中输入文本"谢谢各位！"，设置文本字体为"楷体"，字号为"88"，字体颜色为"深蓝"，单击"居中" ▤ 按钮设置文本为居中对齐，如图 2-78 所示。

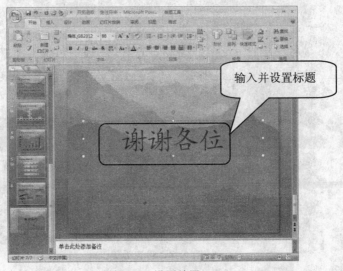

图 2-78　设置结尾

步骤 3　在幻灯片下方的"单击此处添加副标题"文本框中输入文本"艾易科技有限公司"，设置字体为"华文中宋"，字号为"36"，单击"分散对齐" ▤ 按钮设置文本为分散对齐。然后按 Enter 键，再输入文本"AIYI TECHNOLOGY LTD."，设置字体为"MS Mincho"，并设置字号为"32"，调整文本框的大小以及位置，如图 2-79 所示，幻灯片的主要内容添加完毕。

图 2-79　设置完毕

2.2.3　设置动画

动画效果的设置可以使幻灯片的表现更加生动，在设置动画效果后，幻灯片中的各个文档将按照所设置的动画效果逐个被显示出来。

步骤 ① 打开幻灯片文档，单击第一张幻灯片，切换到"动画"选项卡，单击"自定义动画"按钮，打开如图 2-80 所示的"自定义动画"任务窗格。

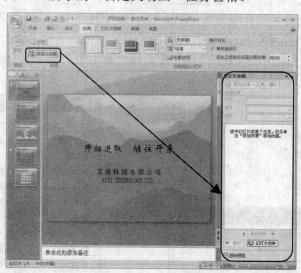

图 2-80　自定义动画

步骤 ② 在幻灯片文档中选中"开拓进取，继往开来"文本框，在"自定义动画"任务窗格中单击 添加效果 按钮，在弹出的菜单中依次选择"进入→盒状"命令，为该文本添加"盒状"动画效果，如图 2-81 所示。

步骤 ③ 在"自定义动画"任务窗格的"方向"下拉列表中选择"缩小"选项，在速度下拉列表中选择"中速"选项，然后单击 1 标题 1: 开拓进... 下拉按钮，在打开的下拉列表中选择"效果选项"命令，如图2-82所示。

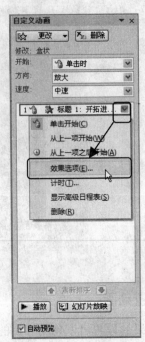

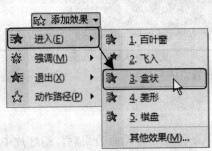

图2-81 添加效果

图2-82 效果选项

步骤 **4** 在"盒状"对话框的"效果"选项卡中，从"动画文本"下拉列表中选择"按字母"选项，如图2-83所示，单击 确定 按钮返回幻灯片中。

步骤 **5** 选择"艾易科技有限公司 AIYI TECHONOLOGY LTD."文本框，在"自定义动画"任务窗格中单击 添加效果 按钮，在弹出的菜单中依次选择"进入→其他效果"命令，打开如图2-84所示的"添加进入效果"对话框。在"基本型"选项组中选择"向内溶解"选项，然后单击 确定 按钮返回幻灯片中。

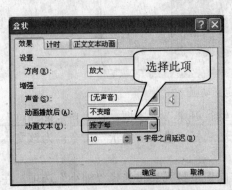

图2-83 "盒状"对话框

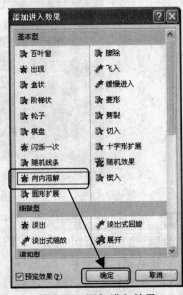

图2-84 添加进入效果

步骤 6 在"自定义动画"任务窗格的"开始"下拉列表中选择"之后",在"速度"下拉列表中选择"中速",然后单击  下拉按钮,在打开的下拉列表中选择"效果选项"命令,打开"效果选项"对话框。在"动画文本"下拉列表中选择"按字母"选项,单击 确定 按钮返回幻灯片中,此时的任务窗格如图 2-85 所示。

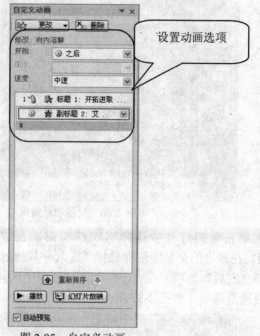

图 2-85 自定义动画

小知识

在"开始"下拉列表中选项决定了如何触发动画,包括以下几个选项。

（1）单击时:在播放完上一个动画后,单击鼠标开始播放下一个动画。

（2）之前:与前一个动画同步播放。

（3）之后:在播放完上一个动画后自动开始播放下一个动画。

步骤 7 选择第二张幻灯片中关于公司概况介绍文字的文本框,在"自定义动画"任务窗格中单击  按钮,从弹出的菜单中依次选择"进入→百叶窗"命令,在"开始"下拉列表中选择"之后"选项,在"速度"下拉列表中选择"中速"选项。单击 ✕ 按钮展开内容,依次为其他三个内容分别设置添加效果为"飞入"、"菱形"和"十字型扩展","方向"设置分别为"自左侧"、"放大"和"缩小","速度"都为"中速",如图 2-86 所示。

小知识

有时在一个幻灯片中设置了多个动画效果时,如果需要对播放动画的效果排列先后的顺序,可以在"自定义动画"任务窗格中通过单击"重新排序"的向上 ⬆ 按钮或者向下 ⬇ 按钮进行排序。

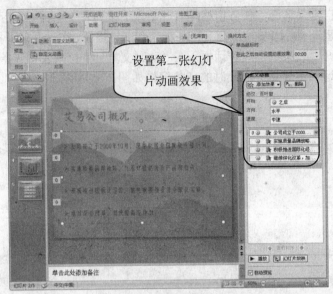

图 2-86　设置动画效果

步骤 8 在第三张幻灯片中选择组织结构图，在"自定义动画"任务窗格中单击 添加效果 按钮，在弹出的菜单中依次选择"进入→其他效果→随机线条"命令，在"开始"下拉列表中选择"之后"选项，在"方向"下拉列表中选择"垂直"选项，在"速度"下拉列表中选择"快速"选项，如图 2-87 所示。

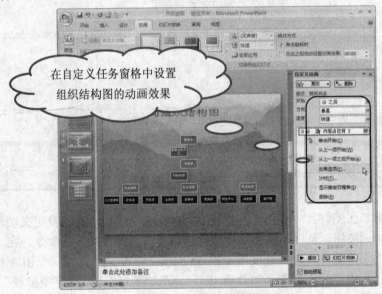

图 2-87　设置组织结构图动画

步骤 9 单击 内容占位符 3 按钮，在弹出的下拉菜单中选择"效果选项"命令，打开"随机线条"对话框。切换到"SmartArt 动画"选项卡，在"对图示分组"下拉列表中选择"逐个按分支"选项，如图 2-88 所示，单击 确定 按钮返回幻灯片中。

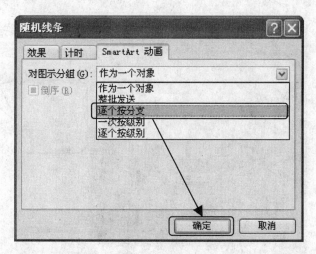

图 2-88　选择图示分组

步骤⑩　在第四张幻灯片中选择图表，在"自定义动画"任务窗格中单击 添加效果 ▼ 按钮，在弹出的菜单中依次选择"进入→棋盘"命令，在"开始"下拉列表中选择"之后"，在"方向"下拉列表中选择"跨越"选项，在"速度"下拉列表中选择"慢速"选项，如图 2-89 所示。

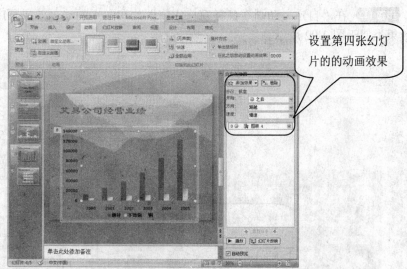

设置第四张幻灯片的的动画效果

图 2-89　设置图表动画

步骤⑪　在第五张幻灯片中，按住 Ctrl 键依次单击四张图片，在"自定义动画"任务窗格中单击 添加效果 ▼ 按钮，在弹出的菜单中依次选择"进入→阶梯状"命令，在"开始"下拉列表中选择"之后"，在"方向"下拉列表中选择"右下"选项，在"速度"下拉列表中选择"中速"选项，如图 2-90 所示。

小知识

如果对已经创建的动画进行修改，可以选择所修改的动画效果。在"自定义动画"任务窗格中单击 删除 按钮将动画删除，然后再单击 添加效果 ▼ 按钮，在弹出的菜单中选择相应的动画效果即可。

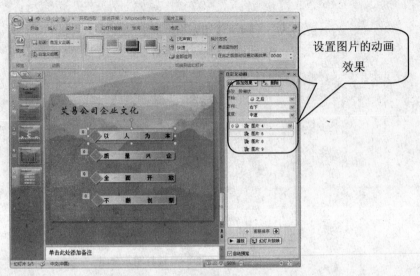

图 2-90 设置企业文化动画

步骤 ⑫ 按住 Ctrl 键依次单击四张图片上方的文本，设置动画"进入"效果为"淡出式缩放"，在"开始"下拉列表中选择"之后"，在"速度"下拉列表中选择"快速"选项，如图 2-91 所示。

步骤 ⑬ 在"自定义动画"任务窗格中将图片和文本的动画效果顺序进行排列，使其排列效果类似于图 2-92 所示。

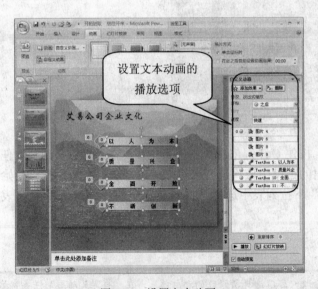

图 2-91　设置文本动画

图 2-92　排序动画效果

步骤 14 在第六张幻灯片中，设置各个文本框的动画效果都为"线形"，在"开始"下拉列表中选择"之后"选项，在"速度"下拉列表中选择"快速"选项；然后设置图片的动画效果为"升起"，在"开始"下拉列表中选择"之后"选项，在"速度"下拉列表中选择"中速"选项，然后调整动画的播放顺序，如图 2-93 所示。

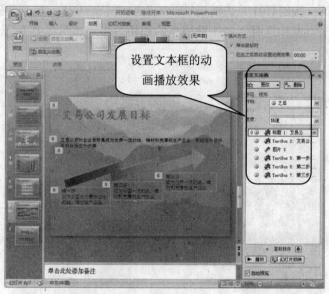

图 2-93　设置发展目标动画

步骤 15 在最后一张幻灯片中，设置"谢谢各位"文本的动画效果为"空翻"，在"开始"下拉列表中选择"之后"，在"速度"下拉列表中选择"中速"选项，如图 2-94 所示，动画效果设置完毕。

图 2-94　设置结尾幻灯片动画

2.2.4 设置切换效果

切换效果可以设置多种不同的特殊效果将幻灯片显示在屏幕上，本实例切换效果设置具体操作步骤如下。

步骤 ① 选择第一张幻灯片并切换到"动画"选项卡，在"切换到此幻灯片"功能区打开切换效果下拉列表，从中选择"向下擦出"的切换效果，如图 2-95 所示。

图 2-95　切换效果

步骤 ② 打开"切换声音"下拉列表，从中选择"爆炸"列表项。如果保留默认的"无声音"选项，那么在切换幻灯片时将没有声音；如果欲在切换幻灯片之前一直播放声音，那么可以选中"播放下一段声音之前一直循环"选项，如图 2-96 所示。

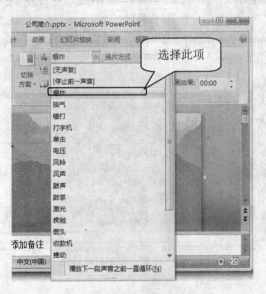

图 2-96　切换声音

步骤 3 打开"切换速度"下拉列表，从中选择"中速"选项，如图 2-97 所示。

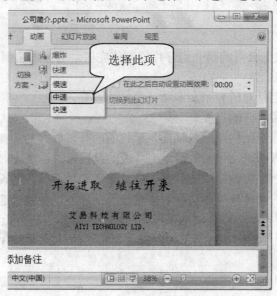

图 2-97　切换速度

步骤 4 "切换方式"下默认选择为"单击鼠标时"选项；若选中"在此之后自动设置动画效果"复选框，并在之后的数值框中设置一个数值，那么经过该特定秒数后会自动切换到下一张幻灯片，而无需单击鼠标，如图 2-98 所示。

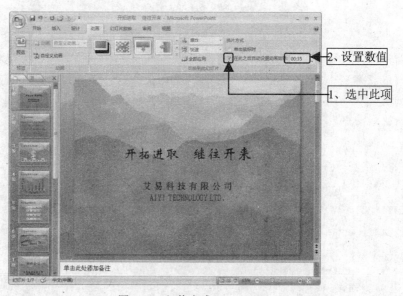

图 2-98　切换方式

步骤 5 选择第二张幻灯片，分别设置切换效果、切换声音、切换速度、切换方式等；再选择第三张幻灯片，设置切换效果、声音、速度、方式等选项，直至全部幻灯片设置完毕，这样可以分别为每张幻灯片设置切换效果。如果要为所有的幻灯片设置相同的切换效果，那么可以单击"全部应用"按钮。

2.3 实例总结

　　通过以上操作，关于公司的简介幻灯片就制作完毕。通过本实例的学习，需要重点掌握以下几个方面的知识点。

- 文本的编辑，包括对所介绍文本项目符号的设置。
- 图片的插入以及相应的设置。
- 添加图示创建组织结构图，包括插入形状的区分、版式的选择以及颜色的设置。
- 在幻灯片中插入图表，包括数据系列格式的设置修改、图表对象的准确选择、图标区域格式的设置、坐标轴格式的设置，以及图案和填充颜色的设置等内容。
- 在设置幻灯片的动画效果和切换效果时，包括速度以及效果选项的设置方法。

　　在以后的学习过程中，可以慢慢地发现很多功能的操作方法不止一种，这些都需要先掌握简单常用的方法，循序渐进、逐步掌握，以达到精通的目的。

第 3 章　制作公司网页

因特网的飞速发展，使得各个企业跳出了传统的广告宣传模式，横观如今的因特网中各公司的网站，已经成为企业展示和销售产品的平台。本章就通过使用 PowerPoint 2007 创建公司的网页。

3.1　案例分析

网页的制作除了使用专业的网页设计制作软件，如 Dreamweaver、FrontPage 以外，还可以使用 Word 和 PowerPoint 来完成。专业的网页设计软件制作出的网页功能较强，但是会有一定程度的难度；如果是制作简单的网页，使用 PowerPoint 2007 就可以轻松完成。制作完毕后的公司网页效果如图 3-1 所示。

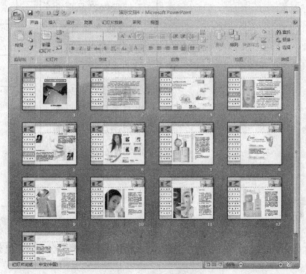

图 3-1　网页效果

3.1.1　知识点

本实例首先"根据内容提示向导"创建网页的大致框架，直接确定网页的大小尺寸，并通过编辑幻灯片母版统一页面的风格，如色彩、LOGO、导航条和文字效果等，然后在各页面之间分别插入相应的图片和文本，包含公司首页、公司介绍、产品展示、公司新闻、时尚前沿和下载专区页面。

在本实例中主要用到了以下几个知识点。

- 编辑母版统一网页风格以及版式。
- 添加公司介绍和产品简介文本并对齐进行编辑。

- 通过设置文本的超链接创建导航条。
- 设置自选图形填充颜色统一页面风格。
- 通过设置图形超链接对各产品页面进行有机的链接。
- 设置文件链接使其可以直接下载。

3.1.2 设计思路

公司的网页制作应该在风格统一的同时体现出企业文化的独特之处，本实例中的荣邦公司是集化妆品的开发、研制、生产、销售为一体的综合性集团公司。在因特网中除了宣传公司形象外，公司网页最主要的一点还是为了销售产品。所以在制作本实例时，除了制作公司介绍页面以外，还应该对产品进行详细的介绍。

而时尚前沿和下载专区页面的制作则是为了增加网页的访问量，使浏览者在认可该页面的同时能有兴趣浏览其他的页面，从而吸引更多的潜在客户。本实例的设计思路如下。

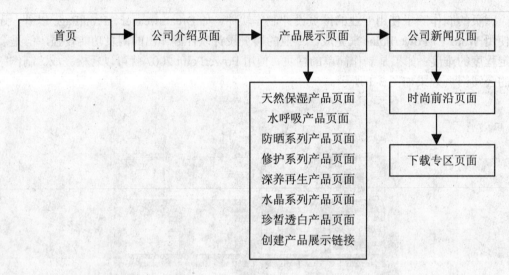

3.2 案例制作

本节根据前面所分析的设计思路，使用 PowerPoint 2007 对公司网页幻灯片的制作步骤进行详细的讲解。

3.2.1 首页的创建

公司首页要能够吸引住潜在客户、表现出企业定位，这样就要求首页的设计应该新颖、大气、符合国际潮流、简洁明朗。

1. 设置母版

步骤 ❶ 启动 PowerPoint 2007 并切换到"视图"选项卡，在"演示文稿视图"功能区中单击"幻灯片母版"按钮；在窗口左侧的导航条中单击"Office 主题 幻灯片母版：由幻灯片 1 使用"切换到幻灯片母版的幻灯片，如图 3-2 和图 3-3 所示。

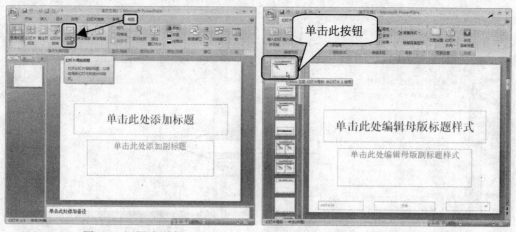

图 3-2 视图选项卡 图 3-3 幻灯片母版

步骤② 在"编辑主题"功能区，单击"主题"按钮，从弹出的下拉菜单中选择"质朴"菜单项。当然，如果对 PowerPoint 内置的主题不满意，也可以分别设置"编辑主题"功能区的"颜色"、"字体"和"效果"选项，自定义文档的主题，如图 3-4 和图 3-5 所示。

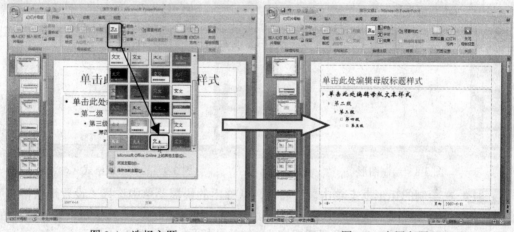

图 3-4 选择主题 图 3-5 应用主题

主题类似于 PowerPoint 2003 之中的模版，它是一组格式选项，包括"主题"、"字体"和"颜色"三个设置内容，分别用来设置主题颜色、主题字体（包括标题字体和正文字体）和主题效果（线条和填充效果）。通过应用主题，可以快速地设置整个演示文稿的格式。

步骤③ 在标题幻灯片母版中，按住 Ctrl 键依次选择中央区域的"单击此处编辑母版标题样式"、"单击此处编辑母版文本样式"、"编号"、"页脚"、"日期"等占位符，按键盘上的 Delete 键将其删除，如图 3-6 和图 3-7 所示。

步骤④ 切换到"插入"选项卡，在"插图"功能区单击"形状"按钮，从弹出的下拉列表中选择"矩形"列表项，拖动鼠标即可绘制出一个矩形，如图 3-8 和图 3-9 所示。

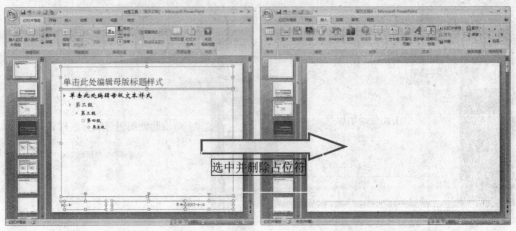

图 3-6　选择占位符 　　　　　　　　　　　图 3-7　删除占位符

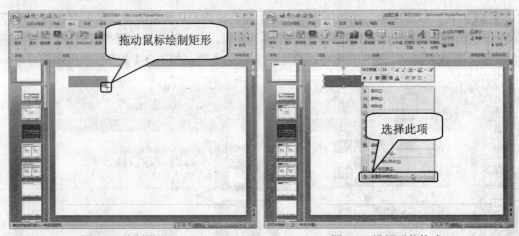

图 3-8　绘制图形 　　　　　　　　　　　图 3-9　设置形状格式

步骤 ⑤　在绘制的矩形框上单击鼠标右键，从弹出的快捷菜单中选择"设置形状格式"菜单项，在"填充"选项卡中依次选择"纯色填充"和"线条颜色"单选按钮，打开"颜色"下拉列表，从中选择"浅绿"并设置透明度为 60%，如图 3-10 和图 3-11 所示。

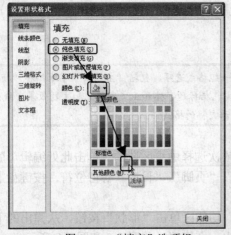

图 3-10　"填充"选项组

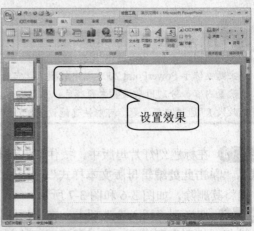

图 3-11　设置效果

步骤⑥ 复制设置好的矩形框，然后分别移动它们到幻灯片左侧的上、下两端，如图 3-12 所示。

步骤⑦ 插入一个矩形，设置其"填充颜色"和"线条颜色"均为浅蓝色，透明度为 50%，然后设置其宽度与之前的矩形框相同并调整其位置到恰当位置，如图 3-13 所示。

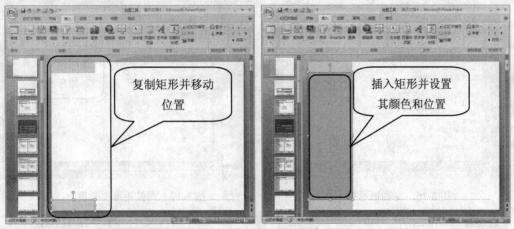

图 3-12　复制并调节矩形框　　　　　　　　图 3-13　设置原形矩形

步骤⑧ 插入一个圆角矩形框，设置其"填充颜色"为白色，然后以其为源复制出另外五个矩形框，并调整它们的位置（如图 3-14 所示）。在矩形框中插入文本框，分别输入"荣邦首页"、"公司介绍"、"产品展示"、"公司新闻"、"时尚前沿"和"下载专区"等文本，如图 3-15 所示。

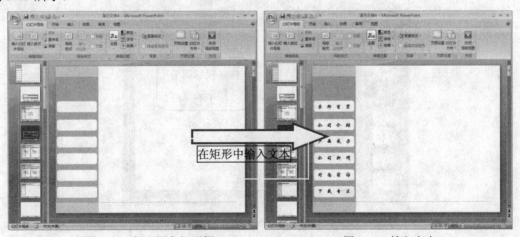

图 3-14　插入圆角矩形框　　　　　　　　　图 3-15　输入文本

　　也可以绘制出一个圆角矩形框，然后向其中插入行排文本框，最后再以其为源复制出另外五个矩形框，这样的操作方式更为简洁。

步骤⑨ 复制左侧最上端的浅绿色矩形框，更改"填充颜色"为浅蓝色，然后拖动其右方的控制点调整长度到整个幻灯片，如图 3-16 和图 3-17 所示。

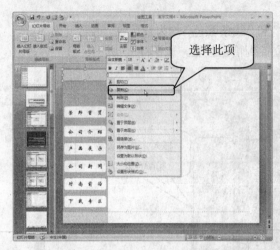
图 3-16　复制矩形框

图 3-17　调整矩形框长度

步骤 ⑩　在刚刚插入的矩形框中插入一个横排文本框，输入文本"荣邦集团有限公司"，设置字体为"幼圆"，字号为"20"，字体颜色为"蓝色，强调文字颜色 2，深色 50%"，对齐方式为"右对齐"，如图 3-18 所示。

图 3-18　设置文本

　　由于 PowerPoint 默认的网页文档其颜色配置为橘黄色，色彩搭配上比较灰暗，而本实例是关于化妆品的网页的制作，在颜色的搭配上应该简洁明快。所以在前面对母版的操作步骤中，对于颜色的配制和文本的格式都进行了改变，从而使其更加符合所制作公司的网页风格。

步骤 ⑪　切换到"插入"选项卡，在"插图"功能区单击"图片"按钮，打开"插入图

片"对话框。选择"rblogo.jpg"图片文件（该文件位于本书光盘第3章），单击 插入(S) ▾
按钮插入图片，如图3-19所示。

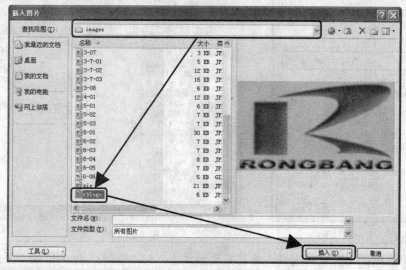

图 3-19 插入图片

步骤 ⑫ 在插入的图片上单击鼠标右键，从弹出的快捷菜单中选择"大小和位置"菜单项，在打开的"大小和位置"对话框的"大小"选项卡中，设置缩放比例高度和宽度为85%，在"位置"选项卡中，设置水平和垂直位置分别为"0.2厘米"和"1.59厘米"，如图3-20所示。

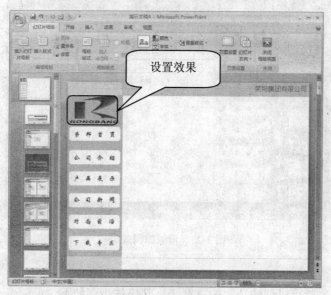

图 3-20 编辑图片

步骤 ⑬ 再次在"插图"功能区单击"插入图片"按钮，选择Pic.jpg文件，然后用鼠标右键单击Pic.jpg文件，从快捷菜单中选择"大小和位置"菜单项；在"大小"选项卡中，设置缩放比例为50%，在"位置"选项卡中设置水平和垂直距离分别为"19.02厘米"和"1.39厘米"，如图3-21和图3-22所示。

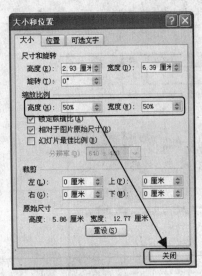

图 3-21　大小和位置

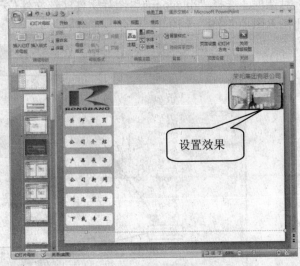

图 3-22　插入效果

步骤 ⑭ 选中正文区域的虚线，将其拖动至水平"5.76 厘米"处的位置，至此母版编辑完成，最终效果如图 3-23 所示。

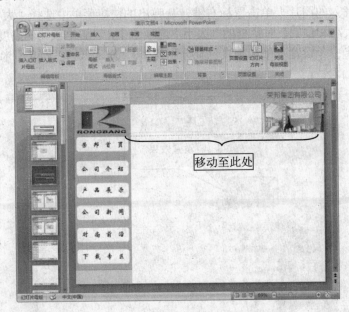

图 3-23　母版编辑效果

2. 创建首页

设置完母版后，就可以创建公司的首页了，其操作步骤如下。

步骤 ❶ 在"幻灯片母版视图"工具栏中单击"关闭母版视图"按钮返回幻灯片文档中，打开"新建幻灯片"下拉列表，从中选择"仅标题"菜单项，如图 3-24 所示。

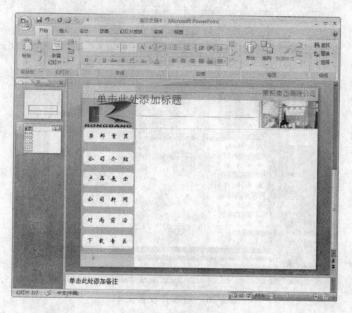

图 3-24 标题幻灯片

步骤 ② 切换到"插入"选项卡，插入一个"圆角矩形"，调节其大小使之与"荣邦首页"的自选图形匹配，然后设置其颜色为"橙色"，透明度为 50%，其效果如图 3-25 所示。

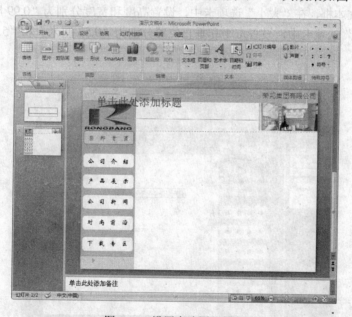

图 3-25 设置自选图形颜色

步骤 ③ 在"单击此处添加标题"文本框中输入文本"品牌架起沟通的桥梁，诚信共系合作的纽带"，设置字体为"宋体"，字号为"14"，字体颜色为"蓝-灰，强调文字颜色 1，深色 50%"，如图 3-26 所示。

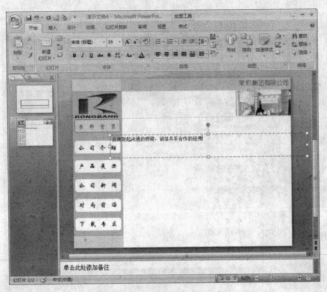

图 3-26　输入并设置文本

步骤 4　在文本框上单击鼠标右键，从弹出的快捷菜单中选择"设置形状格式"菜单项，在"线条颜色"选项卡中，选择"实线"单选按钮并设置线条颜色为"黑色"；在"线型"选项卡中，设置线条宽度为"0.75"磅。再在文本框上单击鼠标右键，从弹出的快捷菜单中选择"大小和位置"文本框，在"大小"选项卡中，设置高度和宽度分别为"0.99 厘米"和"11.31 厘米"；在"位置"选项卡中，设置水平和垂直位置分别为"9.53 厘米"和"5.16 厘米"，如图 3-27 所示。

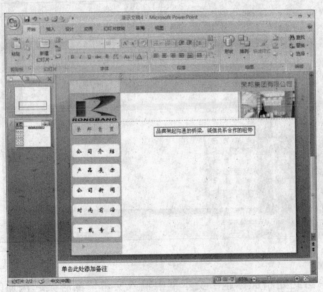

图 3-27　设置文本框

步骤 5　切换到"插入"选项卡，单击"插图"功能区的"图片"按钮，从弹出的"插入图片"对话框中选择本书配套光盘第 3 章中的 1-01 图片，单击"插入"按钮插入到幻灯片中，如图 3-28 所示。

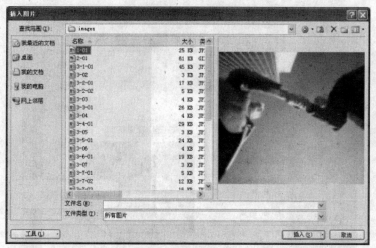

图 3-28 插入图片

步骤 ⑥ 在插入的图片上单击鼠标右键，从弹出的快捷菜单中选择"大小和位置"菜单项，打开"大小和位置"对话框。选择"大小"选项卡，设置缩放比例为 70%；在位置选项卡中设置水平和垂直位置分别为"9.72 厘米"和"6.75 厘米"，如图 3-29 所示。

图 3-29 设置图片格式

步骤 ⑦ 在"插入"选项卡的"文本"功能区，单击"文本框"按钮，从下拉列表中选择"横排文本框"，在插入的文本框中输入文本"荣邦集团欢迎你"，设置字体为"幼圆"，字号为"18"，单击 **B** 按钮使其加粗显示，并设置字体颜色为"蓝-灰，强调文字颜色 1，深色 50%"，调整文本框的位置，其最终设置效果如图 3-30 所示。

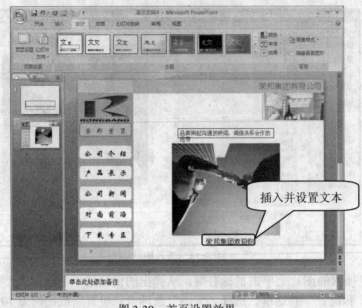

图 3-30　首页设置效果

3.2.2　制作其他页面

创建完成首页之后，就可以对"公司介绍"、"产品展示"、"公司新闻"、"时尚前沿"和"下载专区"等页面进行制作了，下面将分别介绍制作方法。

1.　公司介绍

公司介绍网页主要是对公司进行大体的介绍，目的是使网页的浏览者对公司有一个大概的了解，页面的制作以文字为主。制作公司介绍页面，其操作步骤如下。

步骤 1　在左侧的导航面板中，选中第一张幻灯片，然后按下鼠标右键，从弹出的快捷菜单中选择"删除幻灯片"菜单项将其删除；打开"新建幻灯片"下拉菜单，从中选择"标题和内容"菜单项，新建一幻灯片，如图 3-31 和图 3-32 所示。

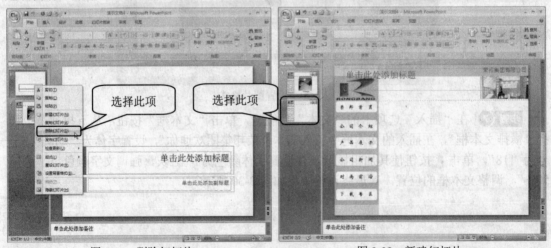

图 3-31　删除幻灯片　　　　　　　　　　图 3-32　新建幻灯片

步骤 2 选择第二张幻灯片，插入一个"圆角矩形"，调节大小使之与"公司介绍"的自选图形匹配，然后设置其颜色为"橙色"，透明度为50%，如图3-33所示。

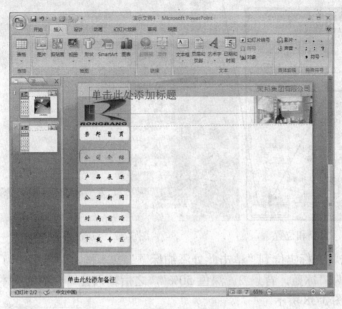

图3-33　设置图形格式

步骤 3 在"插入"选项卡中，单击"图片"按钮，在打开的"插入图片"对话框中选择"2-01.gif"图片文件，单击"插入"按钮插入幻灯片中，如图3-34和图3-35所示。

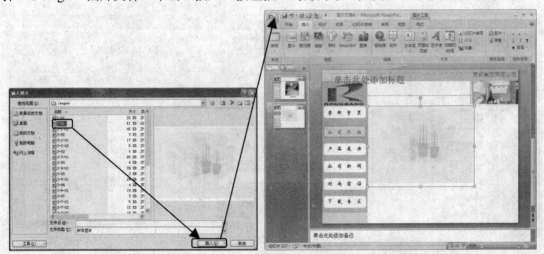

图3-34　插入图片　　　　　　　　　　　图3-35　插入图片效果

步骤 4 在插入的图片上单击鼠标右键，从弹出的快捷菜单中选择"大小和位置"菜单项，在"大小"选项卡中设置缩放比例为140%，在"位置"选项卡中设置水平和垂直位置分别为"5.94厘米"和"4.69厘米"，如图3-36和图3-37所示。

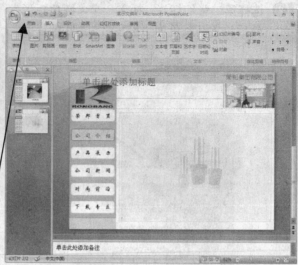

图 3-36　大小和位置　　　　　　　　　　　　图 3-37　设置效果

步骤 ⑤ 单击将光标定位到"单击此处添加标题"文本框，设置字体为"宋体"，字号为"14"，字体颜色为"冰蓝，背景 2，深色 50%"，之后输入公司介绍的文本，段落之间使用 Enter 键换行，如图 3-38 所示。

步骤 ⑥ 选中文本框，单击鼠标右键，从弹出的快捷菜单中选择"大小和位置"菜单项，然后切换到"大小和位置"对话框的"位置"选项卡，设置文本框的水平和垂直位置为"7.54 厘米"和"5.76 厘米"，如图 3-39 所示。

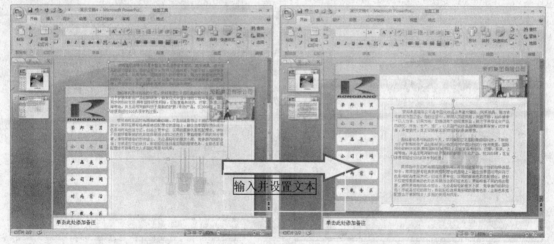

图 3-38　设置文本　　　　　　　　　　　　图 3-39　设置效果

2.　产品展示页面

下面就对产品展示页面进行制作，其操作步骤如下。

步骤 ① 选中第二张幻灯片，打开"新建幻灯片"下拉列表，从中选择"标题和内容"菜单项，新建一幻灯片。删除幻灯片上的所有占位符，插入一个"圆角矩形"，调节大小使之与"产品展示"的自选图形匹配，然后设置其颜色为"橙色"，透明度为 50%，如图 3-40 所示。

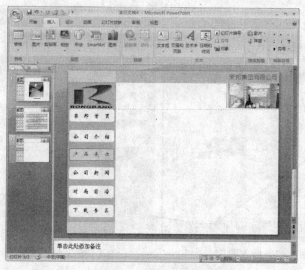

图 3-40 编辑产品展示

步骤② 插入一个横排文本框，并输入文本"珍皙透白 SPA 护理"，然后设置字体为"仿宋_GB2312"，字号为"20"，单击 **B** 按钮使其加粗显示，设置字体颜色为"浅蓝色"，如图 3-41 所示。

步骤③ 再插入一个横排文本框，输入对"珍惜透白 SPA 护理"的说明文本，然后设置字体为"宋体"，字号为"14"，并设置字体颜色为"浅蓝色"，如图 3-42 所示。

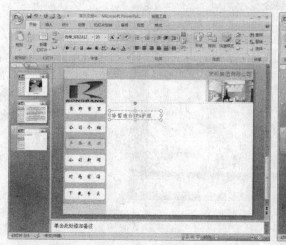

图 3-41 编辑文本

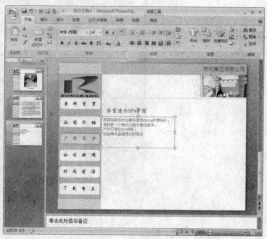

图 3-42 设置说明文本

步骤④ 切换到"插入"选项卡，单击"图片"按钮，然后从"插入图片"对话框中，选择"3-02.jpg"图片文件，单击 插入(S) 按钮插入图片，如图 3-43 所示。

步骤⑤ 选择所插入的图片，并且调整其在文档中的位置，如图 3-44 所示。

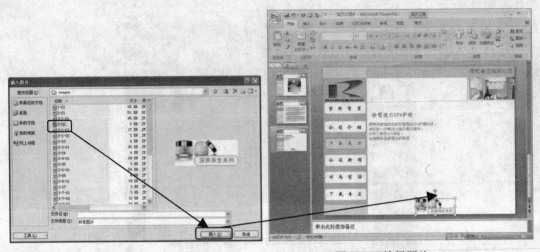

<table>
<tr><td>图 3-43　插入图片</td><td>图 3-44　编辑图片</td></tr>
</table>

步骤 6 同样的方法依次插入图片文件"3-03.jpg"、"3-04.jpg"、"3-05.jpg"、"3-06.jpg"、"3-07.jpg"、"3-08.jpg",并分别调整各个图片的位置,至此产品展示页面创建完毕,如图 3-45 所示。

图 3-45　产品展示页面

3. 公司新闻页面

下面对公司新闻页面进行制作,其操作步骤如下。

步骤 1 选中第三张幻灯片,然后打开"新建幻灯片"下拉菜单,从中选择"仅标题"菜单项,新建一幻灯片。在第三张的产品展示页面中选择"产品展示"文本上的自选图形,单击鼠标右键,在弹出的快捷菜单中选择"复制"命令,如图 3-46 所示。

步骤 2 在左侧的导航面板中切换到第四张幻灯片,删除标题文本框,然后单击鼠标右键,在弹出的快捷菜单中选择"粘贴"命令粘贴自选图形,然后调整位置使其位于"公司新闻"重合,如图 3-47 所示。

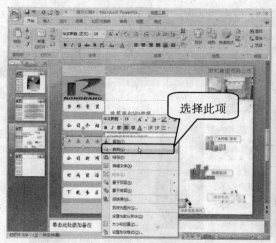

图 3-46　复制自选图形

图 3-47　调整图形位置

步骤 ❸　切换到"插入"选项卡，在"插图"功能区单击"图片"按钮，选择"4-01.jpg"图片文件，单击 插入(S) ·按钮插入图片，如图 3-48 所示。

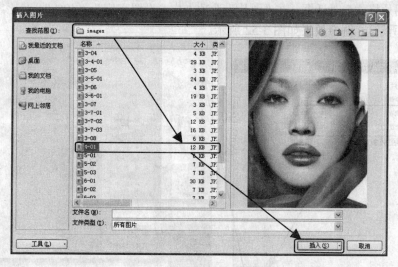

图 3-48　"插入图片"对话框

步骤 ❹　选择所插入的图片，单击鼠标右键，从弹出的快捷菜单中选择"大小和位置"菜单项，打开"大小和位置"对话框。在"尺寸"选项卡中清除"锁定纵横比"复选框，然后设置缩放比例高度为"130%"，宽度为"80%"，如图 3-49 所示。

步骤 ❺　切换到"位置"选项卡，设置水平和垂直位置分别为"6.79 厘米"和"5.44 厘米"，其设置效果如图 3-50 所示。

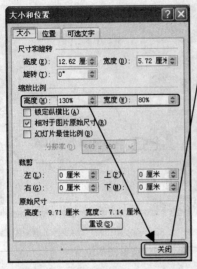

图 3-49 "大小和位置"对话框

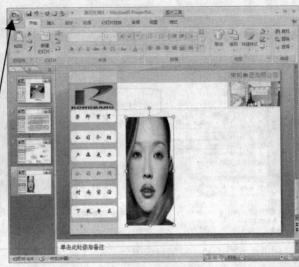

图 3-50 设置效果

步骤 6 在图片上单击鼠标右键,从弹出的快捷菜单中选择"设置图片格式"菜单项,打开"设置图片格式"对话框。在"图片"选项卡中,设置亮度为"40%",对比度为"-70%"(如图 3-51 所示),图像效果如图 3-52 所示。

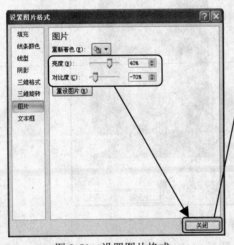

图 3-51 设置图片格式

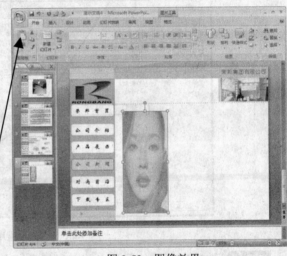

图 3-52 图像效果

步骤 7 在"插入"选项卡中,单击"文本框"按钮,从下拉列表中选择"横排文本框"菜单项在幻灯片中插入文本框,输入标题文本"中国化妆品第一展 17 日亮相日本",并设置字体为"宋体",字号为"12",单击 **B** 按钮使其加粗显示,设置字体颜色为"黑色",然后调整文本框的位置。再插入一个横排文本框,输入相关文本,设置字体为"宋体",字号为"12",设置字体颜色为"靛蓝,文字 2,淡色 40%",然后调整文本框的位置,如图 3-53 和图 3-54所示。

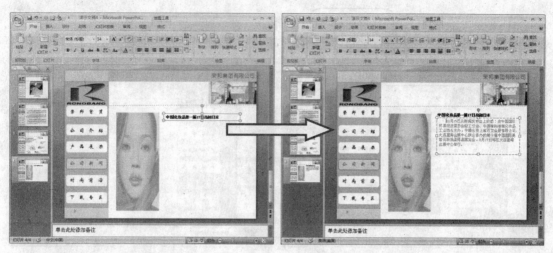

图 3-53　设置标题文本　　　　　　　　　　图 3-54　设置说明文本

步骤 8 复制两个标题框，并分别更改文本为"上海首家化妆品批零市场价格低两成"和"开启美丽－首家药妆美颜坊现身"；复制两个标题框，并键入相应文本（如图 3-55 所示），公司新闻的最终设置界面如图 3-56 所示。

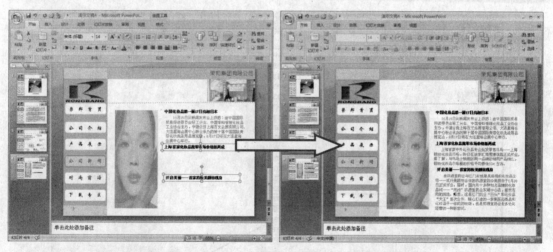

图 3-55　输入标题　　　　　　　　　　图 3-56　输入文本

4．时尚前沿页面

下面对时尚前沿页面进行制作，其操作步骤如下。

步骤 1 选中第四张幻灯片，然后打开"新建幻灯片"下拉菜单，从中选择"仅标题"菜单项，新建一幻灯片。在第四张幻灯片中选择"公司新闻"文本上的自选图形，单击鼠标右键，在弹出的快捷菜单中选择"复制"命令，如图 3-57 所示。

步骤 2 在左侧的导航面板中切换到第四张幻灯片，删除标题文本框，然后单击鼠标右键，在弹出的快捷菜单中选择"粘贴"命令粘贴自选图形，然后调整位置使其位于"时尚前沿"重合，如图 3-58 所示。

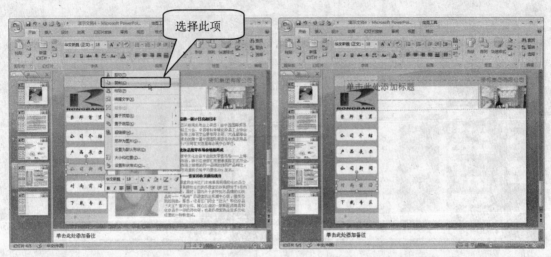

图 3-57　复制图形　　　　　　　　　　图 3-58　设置图形位置

步骤 ③ 切换到"插入"选项卡，在"插图"功能区单击"图片"按钮，从弹出的"插入图片"对话框中选择"5-03.jpg"图片文件，单击 ＿插入(S)＿ ·按钮插入图片，如图 3-59 所示。

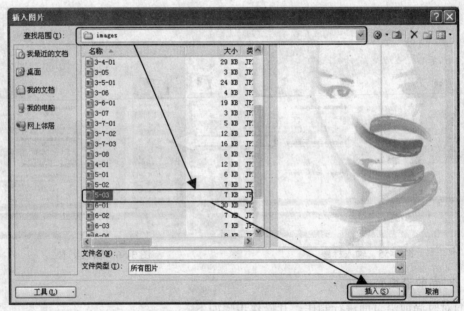

图 3-59　插入图片

步骤 ④ 用鼠标右键单击所插入的图片，从弹出的菜单中选择"设置图片格式"菜单项，切换到"位置"选项卡，设置水平和垂直位置分别为"10.56 厘米"和"5.76 厘米"，单击 确定 按钮返回幻灯片文档中，如图 3-60 所示。

步骤 ⑤ 将光标定位到"单击此处添加标题"文本框，设置字体为"宋体"，字号为"12"，字体颜色为"蓝-灰，强调文字颜色 1，深色 50%"，将标题的字体加粗显示，然后输入相应的文字并调整文本框的位置，如图 3-61 所示。

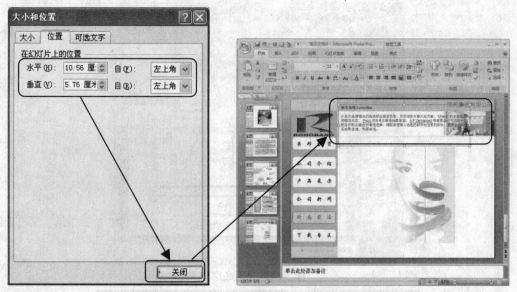

图 3-60　大小和位置　　　　　　　　　　　图 3-61　输入文本

步骤 ⑥ 在文本框上单击鼠标右键，从弹出的快捷菜单中选择"大小和位置"文本框，在"大小"选项卡中设置其"宽度"和"高度"分别为"4.92 厘米"和"8.53 厘米"。切换到"位置"选项卡，设置其"水平"和"垂直"位置分别为"16.47 厘米"和"4.6 厘米"，如图 3-62 和图 3-63 所示。

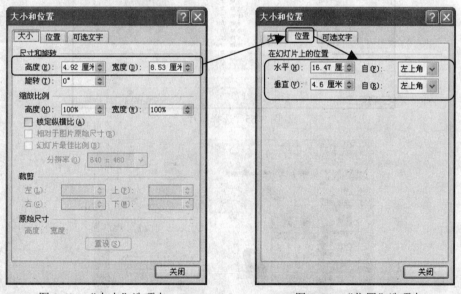

图 3-62　"大小"选项卡　　　　　　　　图 3-63　"位置"选项卡

步骤 ⑦ 在 5-03.jpg 图片上单击鼠标右键，将鼠标指针指向"置于底层"菜单项，再单击级联菜单中的"置于底层"菜单项，如图 3-64 所示。

步骤 ⑧ 在"插图"功能区，单击"图片"按钮，配合 Ctrl 键在"插入图片"对话框中选择"5-01.jpg"和"5-02.jpg"图片文件，单击　插入(S)　按钮插入图片，并分别调整图片的位置，如图 3-65 和图 3-66 所示。

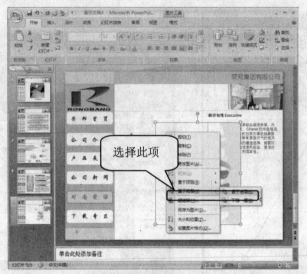

图 3-64　置于底层

图 3-65　选择图片

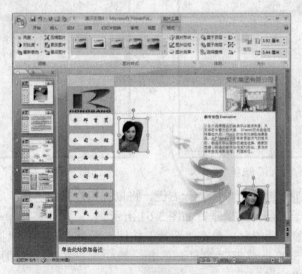

图 3-66　调整图片位置

步骤 9 切换到"插入"选项卡，在"文本"功能区单击"文本框"按钮，从下拉列表中选择"横排文本框"，输入相应的文字，设置字体为"宋体"，字号为"12"，字体颜色为"蓝-灰，强调文字颜色 1，深色 50%"，将标题的字体加粗显示，并调整文本框的位置使其如图3-66 所示，时尚前沿页面创建完毕，如图 3-67 所示。

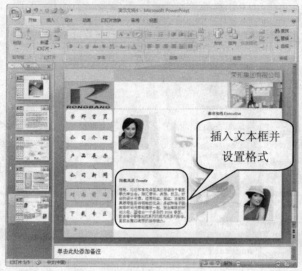

图 3-67　时尚前沿

5. 下载专区

下面对下载专区页面进行制作，其操作步骤如下。

步骤 1 选中第五张幻灯片，然后打开"新建幻灯片"下拉菜单，创建一个"仅标题"幻灯片。

步骤 2 在第五张幻灯片中选中"时尚前沿"文本上的自选图形，按组合键 Ctrl+C 复制它，切换到新建的第六张幻灯片，删除标题文本框。然后按组合键 Ctrl+C 粘贴自选图形，调整图形位置使其与"下载专区"重合。

步骤 3 切换到"插入"选项卡，在"插图"功能区单击"图片"按钮，从弹出的"插入图片"对话框中选择"6-01.jpg"图片文件，单击 插入(S) 按钮插入图片，如图 3-68 所示。

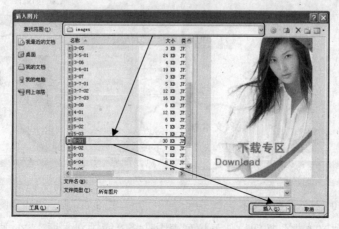

图 3-68　插入图片

步骤④ 在插入的图片上单击鼠标右键，选择"大小和位置"菜单项。在"大小"选项卡中清除"锁定纵横比"复选框，设置宽的缩放比例为"86%"，在"位置"选项卡中设置"水平"和"垂直"位置分别为"6.35 厘米"和"5.16 厘米"，单击 确定 按钮返回幻灯片文档中，如图 3-69 所示。

图 3-69　设置图片格式

步骤⑤ 在"文本"功能区单击"文本框"按钮，从下拉菜单中选择"横排文本框"，然后拖动鼠标绘制出一个横排文本框，输入"壁纸下载"文本，设置字体为"宋体"，字号为14，单击 **B** 按钮使其加粗显示，字体颜色为"褐色，强调文字颜色 5"，调整文本框的位置如图 3-69 所示。

步骤⑥ 在"插图"功能区单击"插入"按钮，从弹出的"插入图片"对话框中选择"6-02.jpg"、"6-03.jpg"、"6-04.jpg"和"6-05.jpg"图片文件，单击 插入(S) · 按钮插入图片，分别设置图片格式，如图 3-70 所示。

图 3-70　插入并设置文本　　　　图 3-71　插入并设置图片

步骤⑦ 单击"文本框"按钮，从下拉列表中选择"横排文本框"，在文本框中输入文本

"下载：1024×768"和"下载：800×600"，使用 Enter 键换行，设置字体为"宋体"，字号为"12"，颜色为"褐色，强调文字颜色 5，深色 50%"，调整文本框的位置如图 3-72 所示。

步骤 8 选择创建的文本框，按组合键 Ctrl+C 复制所选文本框，然后按组合键 Ctrl+V 三次，将文本框在幻灯片中粘贴三个，并分别调整其位置，如图 3-73 所示。

图 3-72　插入文本并设置格式　　　　　　　　图 3-73　复制并调整文本

步骤 9 选中一个文本框中的"下载：1024×768"文本，单击鼠标右键，在弹出的快捷菜单中选择"超链接"命令（如图 3-74 所示），打开如图 3-75 所示的插入"插入超链接"对话框。

图 3-74　超链接

 小知识

　　这里所设置的文本链接为下载链接，下载链接所指向的对象是压缩文件（文件的扩展名为".rar"或者".zip"）或者可执行文件（文件的扩展名为".exe"或者".com"）等不能直接被浏览器直接打开的文件。

图 3-75 "插入超链接"对话框

步骤⑩ 在"插入超链接"对话框中，选择"光盘\第3章\images"文件夹中的"闪亮风采_1024.zip"文件，单击 确定 按钮创建超链接，如图3-76所示。

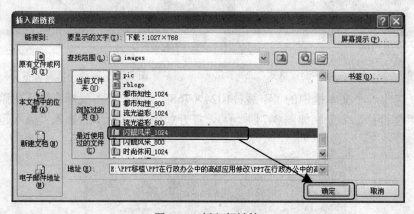

图 3-76 插入超链接

 小知识

> PowerPoint 中对于文件目录的链接路径是绝对路径，所谓绝对路径是指向文件服务器、万维网或公司 Intranet 上文件的精确位置的超链接。绝对链接使用精确路径；但是如果移动包含超链接或超链接目标的文件，该链接将断开。
>
> 在使用 PowerPoint 制作完网页后，如果需要将所创建的网页文件上传到 Internet 服务器，则需要对所创建的下载文件链接路径进行修改。例如，如果所申请的网址为 http://www.xxx.com，则所链接的"闪亮风采_1024.zip"文件地址应改为"http://www.xxx.com/images/闪亮风采_1024.zip"，这里的"images"所代表的是存放下载文件的文件夹名称，其他的下载文件也应该按照"网址/下载文件的文件夹名称/下载文件名称（包括扩展名）"的格式进行修改设置。

步骤⑪ 选择第一个文本框的"下载：800×600"文本，打开"插入超链接"对话框。选择"光盘\第3章\images"文件夹中的"闪亮风采_800.zip"文件，单击 确定 按钮创建超链接，插入超链接后的效果如图3-77所示。

图 3-77　插入超链接的效果

步骤 ⑫　同样的方法为其余三个文本框中的文本分别设置超链接，其链接文件地址为"光盘\第 3 章\images"文件夹中的"时尚休闲_1024.zip"、"时尚休闲_800.zip"、"流光溢彩_1024.zip"、"流光溢彩_800.zip"、"都市知性_1024.zip"和"都市知性_800.zip"，设置完毕后的效果如图 3-78 所示。

图 3-78　设置其余链接

步骤 ⑬　插入一个横排文本框并输入文本"游戏下载"，设置为"宋体"，字号为"14"，单击 **B** 按钮使其加粗显示，字体颜色为"褐色"，调整文本框的位置。打开"插入图片"对话框，选择"6-06.gif"图片文件，单击 **插入(S)** 按钮插入图片，调整图片的位置使其如图 3-79 所示。

 小知识

对于网页文件中所插入的图片文件，其宽度和高度不仅要适合所表现的主题，而且其文件大小对网

页的浏览速度有着至关重要的作用。如果所插入的图片文件过大，则浏览页面所耗费的时间也就越多。

PowerPoint 2007 的"格式"选项卡，用于对图片进行调整。"调整"功能区可以调整图片的亮度、对比度、着色、压缩等；"样式"功能区用于调整图片的形状、边框和效果；"大小"选项卡用于调整图片的高度和宽度。

图 3-79　插入并调整图片

步骤 (14) 插入一个横排文本框并输入文本"游戏大小：680k"，使用 Enter 键换行，再输入"单击下载"，设置字体为"宋体"，字号为"14"，字体颜色为"黑色"，并调整文本框的位置。

步骤 (15) 选择"单击下载"文本，单击鼠标右键，在弹出的快捷菜单中选择"超链接"命令，打开"插入超链接"对话框。选择"光盘\第 3 章\images"文件夹中的"game.zip"文件，单击 确定 按钮创建超链接，下载专区页面创建完毕，其最终效果如图 3-80 所示。

图 3-80　页面效果

3.2.3 制作产品展示链接页面

在产品展示页面中插入了各种产品的图片，下面对各种产品图片所对应的各个链接的产品页面进行介绍。

1. 天然保湿产品页面

步骤 ① 选中最后一张幻灯片，打开"新建幻灯片"下拉列表，从中选择"仅标题"菜单项新建一副幻灯片，如图 3-81 所示。

图 3-81 新建幻灯片

步骤 ② 切换到"插入"选项卡，在"插图"功能区单击"图片"按钮，打开"插入图片"对话框，从中选择"3-1-01.jpg"图片文件，如图 3-82 所示。

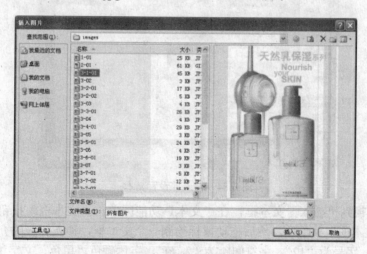

图 3-82 插入图片

步骤 ③ 单击 插入(S) 按钮插入图片文件，并调整图片的位置，如图 3-83 所示。

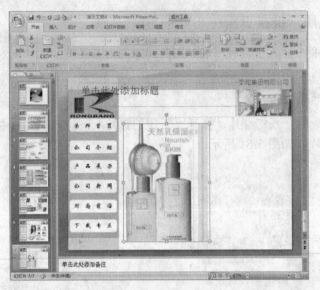

图 3-83　设置图片效果

步骤 ❹ 将鼠标光标定位到"单击此处添加标题"文本框，设置字体为"宋体"，字号为"14"，单击 **B** 按钮使其加粗显示，字体颜色为"蓝色"，输入文本"天然乳保湿系列"并调整文本框的大小和位置，如图 3-84 所示。

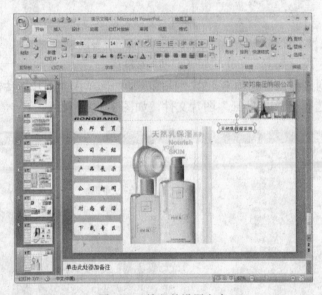

图 3-84　输入并设置文本

步骤 ❺ 切换到"插入"文本框，在"文本"功能区单击"文本框"按钮，从下拉列表中选择"横排文本框"菜单项，然后拖动鼠标绘制一个文本框，输入相应的介绍文本。设置字体为"宋体"，字号为"12"，字符间距为"稀疏"，字体颜色"黑色，文字 1，淡色 25%"，段落的间隔使用 Enter 键，并调整字体位置，天然保湿产品页面制作完毕，如图 3-85 所示。

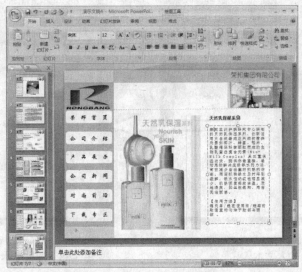

图 3-85　天然保湿页面效果

2. 水呼吸产品页面

创建水呼吸产品页面，其操作步骤如下。

步骤① 插入一张"仅标题"幻灯片，切换到新幻灯片的"插入"选项卡，单击"图片"按钮，从"插入图片"对话框中选择"3-2-01.jpg"图片文件。单击 ▇▇▇ 插入(S) ▇ 按钮插入图片文件，并调整图片的位置，如图 3-86 所示。

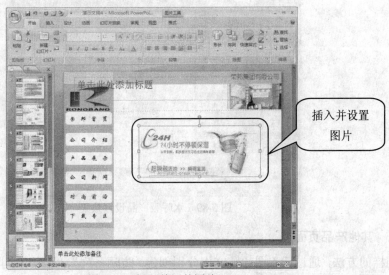

插入并设置图片

图 3-86　插入并调整图片

步骤② 将鼠标光标定位到"单击此处添加标题"文本框，设置字体为"宋体"，字号为"12"，字体颜色为"灰色"，输入相应的介绍文本，段落的间隔使用 Enter 键，如图 3-87 所示。

步骤③ 用鼠标右键单击插入的文本框，从右键菜单中选择"大小和位置"菜单项。在"大小"选项卡中，设置高度和宽度分别为"2.94 厘米"和"8.65 厘米"，在"位置"选项卡中，设置水平和垂直位置分别为"9.6 厘米"，垂直为"12.14 厘米"，如图 3-88 所示。

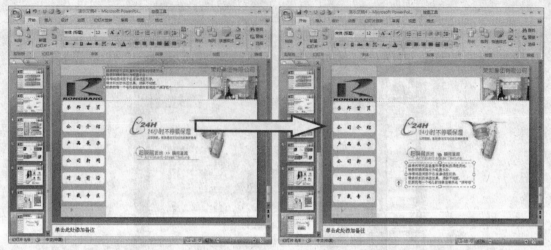

图 3-87　输入文本　　　　　　　　　　　图 3-88　调整文本框位置

步骤 4 切换到"插入"选项卡，在"插图"功能区单击"图片"按钮，从打开的"插入图片"对话框中选择"3-2-02.jpg"图片文件，单击 <u>插入(S) </u> 按钮插入图片文件，并调整图片的位置，水呼吸产品页面创建完毕，效果如图 3-89 所示。

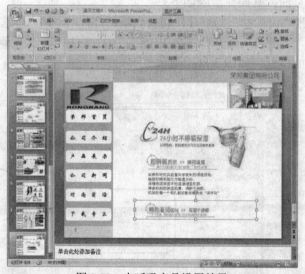

图 3-89　水呼吸产品设置效果

3. 其他产品页面

同样的方法，通过插入图片和文本分别创建"防晒系列"、"修护系列"、"深养再生"、"水晶系列"和"珍皙透白"的产品页面，其效果如图 3-90 至图 3-94 所示。

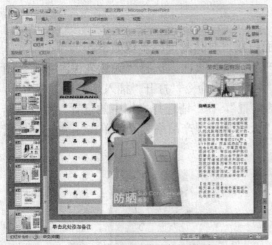

图 3-90　防晒系列产品页面

图 3-91　修护系列产品页面

图 3-92　深养再生产品页面

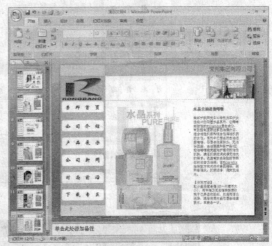

图 3-93　水晶系列产品页面

图 3-94　珍皙透白产品页面

4. 创建产品展示链接

下面对产品展示页面中的产品图片进行页面链接，具体的操作步骤如下。

步骤① 在"幻灯片"导航面板中选择"产品展示"页面，选择"天然乳保湿系列"图片，单击鼠标右键，从弹出的快捷菜单中选择"超链接"命令，打开"插入超链接"对话框，在文本框的"链接到"项目中单击"本文档中的位置"，在"请选择文档中的位置"列表中选择天然乳保湿产品所在的幻灯片页面（本例为"天然乳保湿产品系列"），单击 确定 按钮创建图片超链接，如图 3-95 和图 3-96 所示。

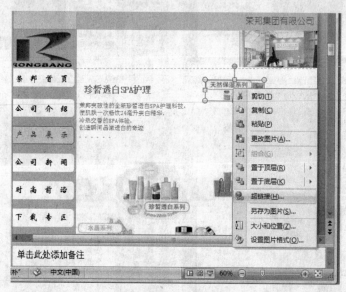

图 3-95　右键菜单

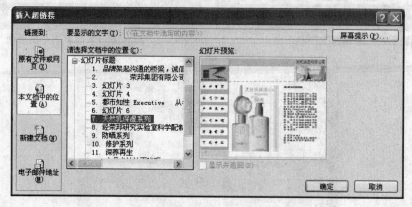

图 3-96　插入超链接

步骤② 选择"水呼吸系列"图片，打开"编辑超链接"对话框。在文本框的"链接到"列表中单击"本文档中的位置"按钮，在"请选择文档中的位置"列表中选择水呼吸系列所在的幻灯片页面，单击 确定 按钮创建图片超链接，如图 3-97 所示。

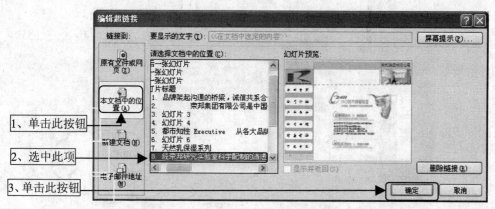

图 3-97 "编辑超链接"对话框

1、单击此按钮
2、选中此项
3、单击此按钮

小知识

　　选中欲设置超链接的对象后，切换到幻灯片的"插入"选项卡，在"链接"功能区单击"超链接"按钮，可以起到与在对象上单击鼠标右键，从快捷菜单中选择"超链接"菜单项相同的作用。"编辑超链接"对话框"请选择文档中的位置"列表中幻灯片的名字并不一定与超链接对象一致，此处可以通过右侧的"幻灯片预览"窗口来判断所选幻灯片的正确与否。

　　步骤③ 选择"防晒系列"图片，打开"编辑超链接"对话框。在"请选择文档中的位置"列表中选择第 9 张幻灯片，然后单击 确定 按钮

　　步骤④ 选择"修护系列"图片，在"编辑超链接"对话框的"请选择文档中的位置"列表中选择第 10 张幻灯片，然后单击 确定 按钮。

　　步骤⑤ 选择"深养再生系列"图片，在"编辑超链接"对话框的"请选择文档中的位置"列表中选择第 11 张幻灯片，然后单击 确定 按钮。

　　步骤⑥ 选择"水晶系列"图片，在"编辑超链接"对话框的"请选择文档中的位置"列表中选择第 12 张幻灯片，然后单击 确定 按钮。

　　步骤⑦ 选择"珍皙透白系列"图片，在"编辑超链接"对话框的"请选择文档中的位置"列表中选择第 13 张幻灯片，然后单击 确定 按钮。

　　步骤⑧ 至此，产品展示页面的图片链接创建完毕。

3.2.4　在母版中设置超链接

　　创建完各个公司页面以后，下面就对导航条中的各个自选图形创建超链接。由于各个页面中导航条的链接都是相同的，所以可以直接在母版中进行设置，而不需要在各页面中重复设置。

　　步骤① 切换到幻灯片的"视图"选项卡，在"演示文稿视图"功能区中单击"幻灯片母版"按钮，切换到如图 3-98 所示的幻灯片母版视图。

　　步骤② 切换到"插入"选项卡，选中"荣邦首页"自选图形，然后单击"链接"功能区的"超链接"按钮，打开"插入超链接"对话框。在文本框的"链接到"项目中单击"本文档中的位置"，在"请选择文档中的位置"列表中选择第一张幻灯片，单击 确定 按钮

创建超链接，如图 3-99 所示。

图 3-98 幻灯片母版

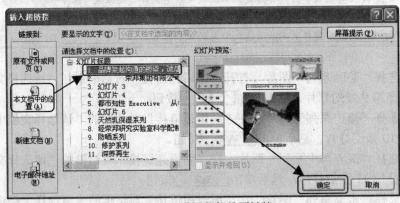

图 3-99 设置荣邦首页链接

步骤 ③ 在母版视图中单击"公司介绍"自选图形，单击"超链接"按钮，打开"插入超链接"对话框。然后在"请选择文档中的位置"列表中选择第二张幻灯片，单击 确定 按钮创建超链接，如图 3-100 所示。

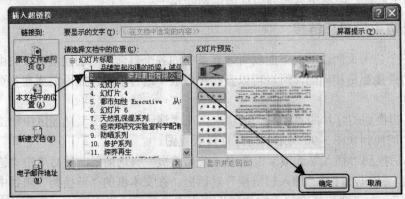

图 3-100 设置公司介绍链接

步骤 ④ 在母版视图中单击"产品展示"自选图形，单击"超链接"按钮，在"请选择文档中的位置"列表中选择第三张幻灯片，单击 确定 按钮创建超链接，如图 3-101 所示。

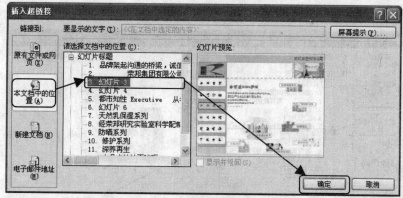

图 3-101　设置产品展示链接

步骤 ⑤ 在母版视图中单击"公司新闻"自选图形，单击"超链接"按钮，在"请选择文档中的位置"列表中选择第四张幻灯片，单击 确定 按钮创建超链接，如图 3-102 所示。

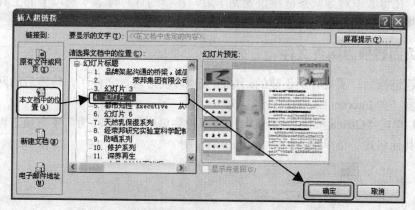

图 3-102　设置公司新闻链接

步骤 ⑥ 选中"时尚前沿"自选图形，单击"超链接"按钮，打开"插入超链接"对话框。在"请选择文档中的位置"列表中选择第五张幻灯片，单击 确定 按钮创建超链接，如图 3-103 所示。

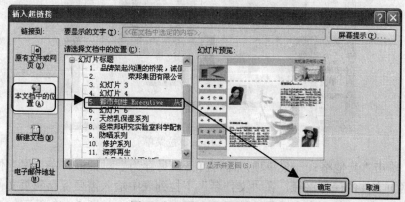

图 3-103　设置时尚前沿链接

步骤 7 选中"下载专区"自选图形，单击"超链接"按钮，打开"插入超链接"对话框。在"请选择文档中的位置"列表中选择第六张幻灯片，单击 确定 按钮创建超链接，如图 3-104 所示。

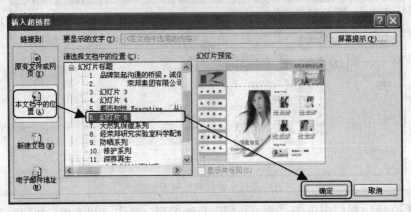

图 3-104 设置下载专区链接

步骤 8 在母版中对导航条链接设置完毕后，在"幻灯片母版"选项卡的工具栏中单击"关闭母版视图"按钮返回幻灯片文档中。

3.2.5 将页面转换为网页文件

创建完超链接后，需要将所创建的幻灯片文档转换为网页文件了，转换后的网页文件可以使用浏览器（如 Internet Explorer）进行浏览。

步骤 1 单击"Office 按钮"，将鼠标指向下拉菜单中的"另存为"菜单项，再指向级联菜单中的"其他格式"菜单项，如图 3-105 所示。

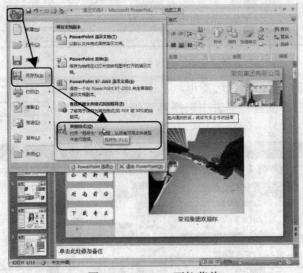

图 3-105 Office 下拉菜单

步骤 2 单击"其他格式"菜单项，即可打开"另存为"对话框。在"保存位置"下拉列表中选择网页文件的保存路径，在"文件名"下拉列表中输入需要保存网页文件的文件名称，在"保存类型"下拉列表中选择"选择单个网页"选项，如图 3-106 所示。

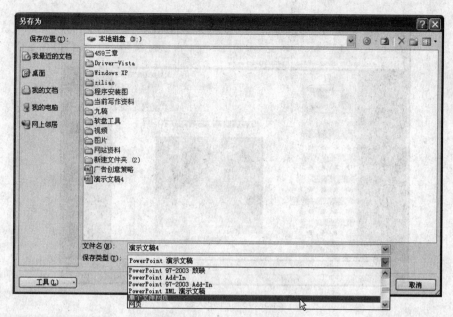

图 3-106　"另存为"对话框

步骤 3　单击 发布(P)... 按钮，打开"发布为网页"对话框，选择要发布的演示文稿内容，浏览器支持该网页存放的位置，如图 3-107 所示。

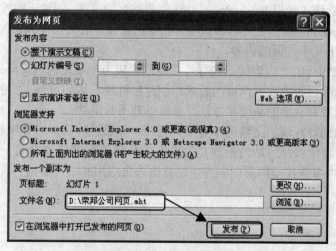

图 3-107　发布为网页

步骤 4　如果在对话框中选中"在浏览器中打开已发布的网页"复选框，单击 发布(P) 按钮发布网页后，系统会自动启动浏览器打开网页文件，可以在浏览器中浏览所创建的公司网页文件，如图 3-108 所示。

 小知识

在"另存为"对话框设置完毕后，如果直接单击 保存(S) 按钮也可以直接创建网页文档，发布为网页的参数都为系统默认的设置。

图 3-108　网页状态

3.3　实例总结

　　本章实例主要介绍了使用 PowerPoint 2007 创建网页的方法。创建一些较为简明直接的网页文件，使用 PowerPoint 制作更可以起到事半功倍的效果。在使用 PowerPoint 2007 创建网页时，需要掌握以下几个方面的内容。

- 利用 PowerPoint 的"内容提示向导"功能创建较为专业化的网页框架。
- 在幻灯片母版视图中设置网页的版式和创建超链接，达到统一页面的效果。
- 掌握设置图片和文字的超链接方法，并能创建下载链接。
- 将所创建的幻灯片演示文稿另存为网页文件，并熟悉对话框的各项参数设置。

　　总之，网页的制作以及网站的创建是目前许多公司用于宣传本身的一种方法。在学习 PowerPoint 的过程中掌握简单网页的制作，是目前办公应用必不可少的一项学习内容，应熟练掌握。

第 4 章　新职员职前培训演示文稿

对于每个公司来讲，对新进员工进行职前培训是行政工作中必不可少的一个环节。在上岗前了解了公司、员工福利、规章制度等方面的内容，有助于新员工熟悉工作环境和缓解紧张情绪，从而更快地进入自己的角色。本章介绍使用 PowerPoint 2007 创建职前培训演示文稿的内容。

4.1　案例分析

职前培训是每个新员工进入公司必不可少的一个环节。本实例中按照边锋科技有限责任公司通过的 PowerPoint 2007 职前培训创建幻灯片演示文稿，各幻灯片的文档效果如图 4-1 所示。

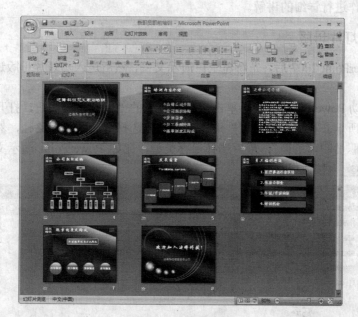

图 4-1　幻灯片效果

4.1.1　知识点

在本实例中通过创建并设置多个母版统一幻灯片的风格，使用自选图形和连接符创建组织结构图，并且通过设置自定义项目符号创建培训内容介绍幻灯片页面。

在整个实例所用到的知识点如下。

- 通过渐变背景填充设置幻灯片的母版背景。
- 通过创建新标题母版设置标题母版幻灯片。

- 通过插入和调整图片对幻灯片的各页面进行修饰。
- 通过自定义项目符号创建培训内容演示文稿。
- 通过创建肘形连接符和肘形箭头连接符的插入设置自定义组织结构图。
- 通过绘制自选图形并进行颜色填充设置员工福利待遇演示文稿。
- 通过设置多个自选图形并进行组合创建规章制度及构成演示文稿。

4.1.2 设计思路

本实例的职前培训演示文稿主要是根据一家软件设计公司——边锋科技有限责任公司进行设计制作的。首先通过母版统一幻灯片的风格，并在其中导入公司的 LOGO 图片以达到视觉上的统一，然后根据软件公司的性质制定演示文稿的各个页面。

本幻灯片演示文稿页面根据内容依次是：培训内容介绍→边锋公司介绍→公司的组织结构→发展前景→员工福利待遇→规章制度及构成→结束。

4.2 案例制作

本节根据前面所讲的设计思路和知识点，使用 PowerPoint 2007 对边锋公司新职员职前培训演示文稿的制作进行详细的讲解。

4.2.1 制作幻灯片母版

在启动 PowerPoint 2007 后，先新建空白演示文稿，然后进入幻灯片母版进行设置，具体操作步骤如下。

步骤 ① 启动 PowerPoint 2007，单击快捷工具栏的"保存" 🖫 按钮，打开"另存为"对话框，如图 4-2 所示。在"保存位置"下拉列表框中选择合适的保存路径，然后在文件名文本框中输入"新职员职前培训"，最后选择保存类型，比如 PowerPoint 演示文稿，设置完毕之后单击 保存(S) 按钮保存设置。

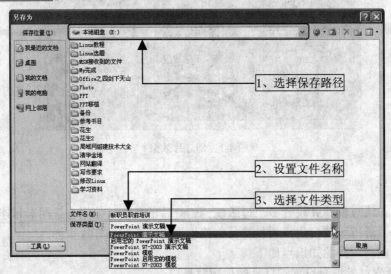

图 4-2 "另存为"对话框

PowerPoint 2007 兼容之前的 PowerPoint 版本："PowerPoint 演示文稿"类型的幻灯片，只能由 PowerPoint 2007 程序创建和打开，PowerPoint 2003 等之前版本的程序不能打开此种文件；"PowerPoint 97-2003 演示文稿"则分别由 PowerPoint 97/2000/XP/2003 等程序创建，但是 PowerPoint 2007 也可以打开此类幻灯片。

步骤 2 切换到"视图"选项卡，在"演示文稿视图"功能区单击"幻灯片母版"按钮，打开如图 4-3 所示的"幻灯片母版"选项卡，如图 4-3 所示。

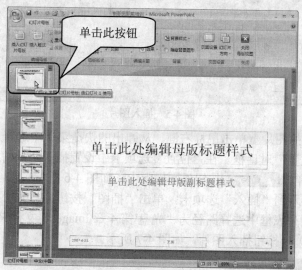

图 4-3 幻灯片母版

步骤 3 在左侧的导航面板中单击"Office 主题 幻灯片母版"，进入幻灯片母版，然后删除母版中所有的文本框，如图 4-4 所示。

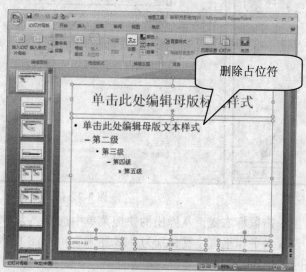

图 4-4 删除文本框

步骤④ 切换到"插入"选项卡,单击"插图"功能区的"图片"按钮,打开如图 4-5 所示的"插入图片"对话框。在"查找范围"下拉列表框中选择路径为"光盘\第 4 章\images"文件夹下的"logo.gif"图片文件,单击 插入(S) 按钮插入图片。

图 4-5 插入图片

步骤⑤ 在插入的图片上单击鼠标右键,从弹出的快捷菜单中选择"大小和位置"菜单项,打开"大小和位置"对话框。在"位置"选项卡中设置插入图片的水平和垂直位置均为0,设置完毕之后,单击 确定 按钮返回母版中,如图 4-6 所示。

步骤⑥ 再次切入到"插入"选项卡,单击"插图"按钮,打开"插入图片"对话框。在"查找范围"下拉列表框中选择路径为"光盘\第 4 章\images"文件夹下的"01.png"图片文件,单击 插入(S) 按钮插入图片,如图 4-7 所示。

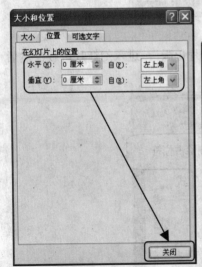

图 4-6 大小和位置

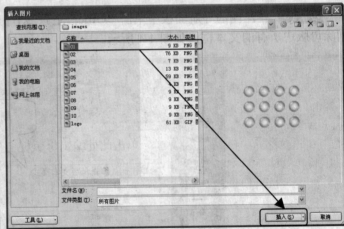

图 4-7 插入图片

步骤⑦ 在图片上单击鼠标右键,从弹出的快捷菜单中选择"大小和位置"菜单项,在"位置"选项卡中,设置水平和垂直位置分别为"23 厘米"和"0.8 厘米",单击 确定 按钮返回母版中,如图 4-8 所示。

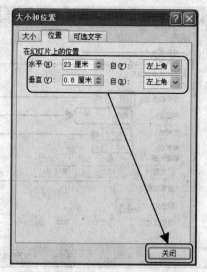

图 4-8 设置"位置"选项卡

步骤 8 切换到"设计"选项卡，然后在"背景"功能区单击"背景样式"按钮打开下拉菜单，从中选择"设置背景格式"菜单项，打开"设置背景格式"对话框，如图 4-9 和图 4-10 所示。

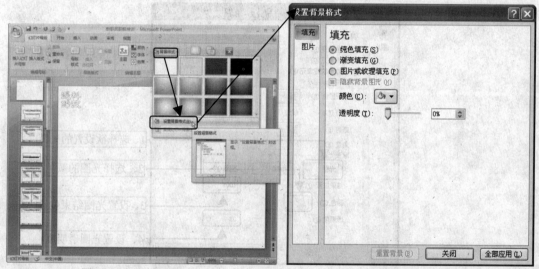

图 4-9　背景样式　　　　　　　　　　　　图 4-10　设置背景格式

步骤 9 选中"渐变填充"单选按钮，设置内置的渐变填充颜色，从下拉列表中选择"宝石蓝"列表项；"类型"，指定渐变填充使用的方向，从下拉列表中选择"线性"；方向，设置颜色和阴影的不同过渡，从下拉列表中选择"线性对角"；角度，指定在形状内旋转渐变填充的角度（只有类型为线性时，此项才可用），从下拉列表中设置角度为 290º，如图 4-11 所示。

此处，对几个选项的含义说明如下。

● 纯色填充：为幻灯片背景添加颜色和透明度。

● 渐变填充：为幻灯片背景添加渐变填充。

● 图片或纹理填充：将图片作为幻灯片背景的填充，或者为幻灯片背景添加纹理。

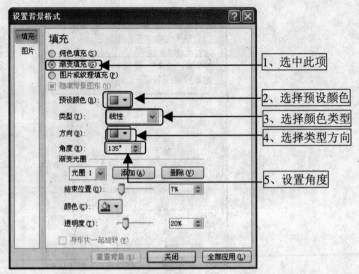

图 4-11　设置背景格式

　　"渐变光圈"功能区：颜色，用于设置渐变光圈的颜色，从下拉列表中选择"深红"；结束位置，用于设置渐变光圈中颜色和透明度的位置，拖动滑块设置为"100%"；透明度，用于指定在光圈位置中可以看透幻灯片背景的程度。

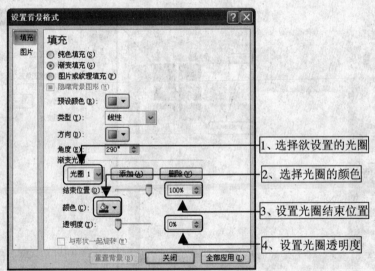

图 4-12　设置渐变光圈

　　渐变光圈用于创建非线性渐变，包含位置、颜色和透明度值三个选项设置。每次只能更改一个渐变光圈，如果要创建一个从红色到黄色的渐变，那么则应首先添加一个红色渐变，再添加一个黄色渐变。

　　步骤 ⑩ 切换到"插入"选项卡，在"插图"功能区单击"图片"按钮，打开"插入图片"对话框。在"查找范围"下拉列表框中选择路径为"光盘\第 4 章\images"文件夹下的"02.png"图片文件，单击 插入(S) 按钮插入图片，如图 4-13 所示。

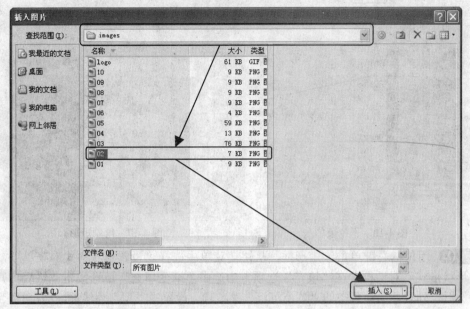

图 4-13　插入图片

步骤 ⑪　在所插入的图片上单击鼠标右键，从弹出的快捷菜单中选择"大小和位置"菜单项，打开"大小和位置"对话框。切换到"位置"选项卡，设置水平位置均为 0，垂直的位置为"2.6 厘米"，单击 确定 按钮返回母版中，如图 4-14 和图 4-15 所示。

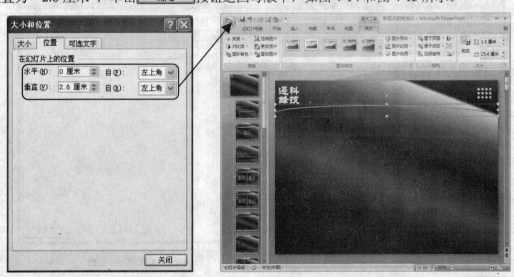

图 4-14　位置　　　　　　　　　　　　图 4-15　设置效果

步骤 ⑫　切换到"插入"选项卡，在"插图"功能区单击"形状"按钮，从下拉菜单中选择"矩形"菜单项，拖动鼠标即可绘制出一个矩形，如图 4-16 和图 4-17 所示。

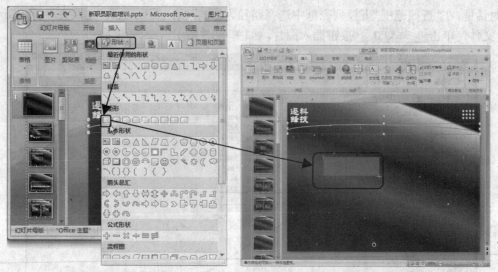

图 4-16　下拉菜单　　　　　　　　　图 4-17　绘制矩形

步骤 13　用鼠标右键单击该矩形框，从快捷菜单中选择"设置形状格式"菜单项，打开"设置形状格式"对话框。在"填充"选项卡中选中"渐变填充"单选按钮，然后打开"预设颜色"下拉列表，选择其中的"暮霭沉沉"菜单项，设置"类型"为线性，"方向"为第二排最后一个的线性对角，如图 4-18 所示。

步骤 14　单击 确定 按钮，返回"设置形状格式"对话框，在"线条颜色"选项卡中，选择"无线条"单选按钮，如图 4-19 所示。

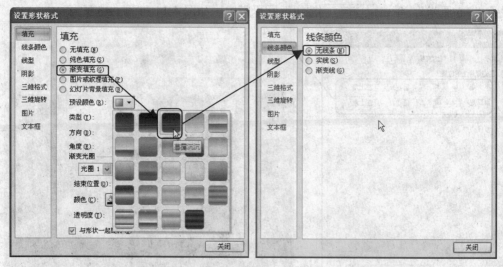

图 4-18　设置形状格式　　　　　　　图 4-19　设置线条颜色

步骤 15　单击 关闭 按钮，关闭"设置形状格式"对话框。再在矩形框上单击鼠标右键，从弹出的快捷菜单中选择"大小和位置"菜单项，在"大小"选项卡中设置矩形框的高度为"19.05 厘米"，宽度为"3.3 厘米"；在"位置"选项卡中设置水平和垂直位置均为 0，如图 4-20 所示。

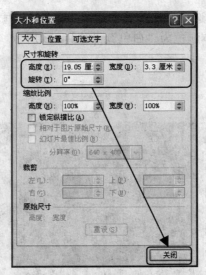

图 4-20 "大小和位置"对话框

步骤 ⑯ 使用鼠标右键单击矩形框，从弹出的菜单中依次选择"置于底层→置于底层"菜单项，调整矩形的叠放次序，如图 4-21 所示。

图 4-21 置于底层

步骤 ⑰ 在"母版版式"功能区单击"母版版式"按钮，弹出如图 4-22 所示的"母版版式"对话框。选中"标题"和"文本"复选框，单击 确定 按钮完成设置。

图 4-22 "母版版式"对话框

步骤 18 切换到"开始"选项卡，选择母版中的所有文本框，打开"字体"功能区的"字体颜色"下拉列表，设置文本颜色为"白色"，如图 4-23 所示。

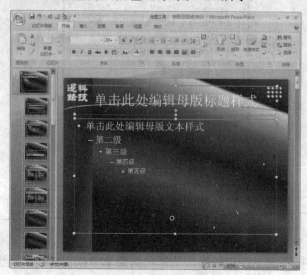

图 4-23　母版设置效果

4.2.2　制作标题母版

设置完幻灯片母版后，还需要设置标题母版，其具体操作步骤如下。

步骤 1 在幻灯片左侧的导航面板中单击"标题幻灯片"，切换到标题幻灯片，然后删除所有的文本框，如图 4-24 和图 4-25 所示。

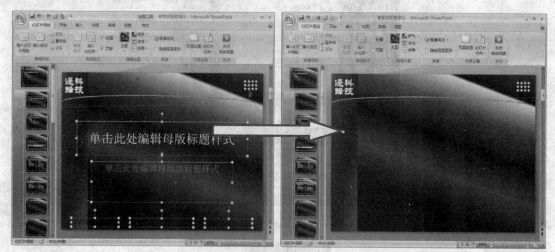

图 4-24　选中文本框　　　　　　　图 4-25　删除文本框

步骤 2 在幻灯片母版的"背景"功能区，选中"隐藏背景图形"复选框；然后在幻灯片的空白处单击鼠标右键，从弹出的快捷菜单中选择"设置背景格式"菜单项，如图 4-26 所示。

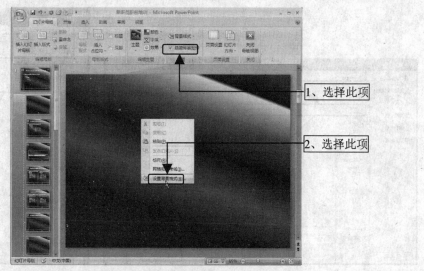

图 4-26　隐藏背景图形

　　在弹出的"设置背景格式"对话框中，连续两次单击"删除"按钮，删除渐变光圈，如图 4-27 所示。

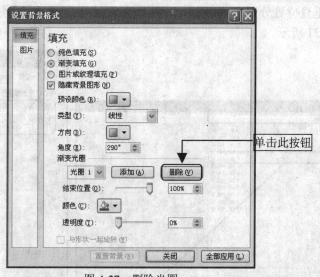

图 4-27　删除光圈

　　步骤 ③　切换到"插入"功能区，单击"插图"功能区的"图片"按钮，在"查找范围"下拉列表框中选择路径为"光盘\第 4 章\images"文件夹下的"03.png"图片文件，单击 插入(S) 按钮插入图片，如图 4-28 所示。

　　步骤 ④　在插入的图片上单击鼠标右键，从弹出的快捷菜单中选择"大小和位置"菜单项，打开"大小和位置"选项卡，切换到"位置"选项卡，设置水平和垂直位置都为 0，单击 关闭 按钮返回母版中，如图 4-29 所示。

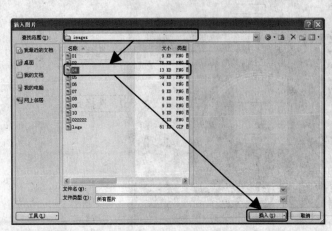

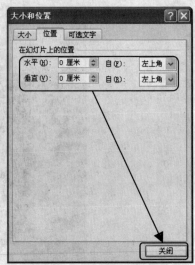

图 4-28　插入图片　　　　　　　　　　　　图 4-29　"位置"选项卡

步骤 5　再次切换到"插入"选项卡，单击"插图"功能区的"图片"按钮，插入路径为"光盘\第 4 章\images"下的"04.png"图片文件；然后打开"位置和大小"对话框，设置图片的水平和垂直位置分别为"1 厘米"和"12.5 厘米"，单击 关闭 按钮返回母版中，如图 4-30 和图 4-31 所示。

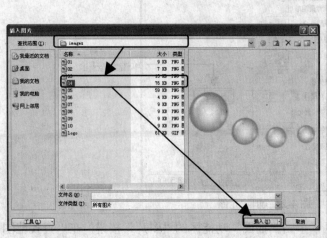

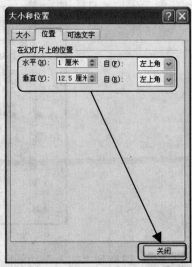

图 4-30　插入图片　　　　　　　　　　　　图 4-31　大小和位置

步骤 6　按照同样的办法插入"05.png"图片，打开"大小和位置"对话框，在"大小"选项卡中清除"锁定纵横比"复选框，设置高度和宽度分别为 76% 和 72%。在"位置"选项卡设置水平和垂直位置分别为"3.77 厘米"和"-4.77 厘米"，单击 关闭 按钮返回母版中，此时标题母版如图 4-32 所示。

步骤 7　在"母版版式"功能区，选中"标题"复选框；然后打开"插入占位符"下拉列表，从中选择"文本"菜单项，拖动鼠标绘制一个文本样式，至此标题母版设置完毕，如图 4-33 所示。

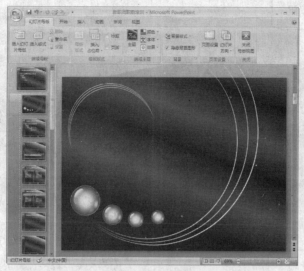

图 4-32 设置效果

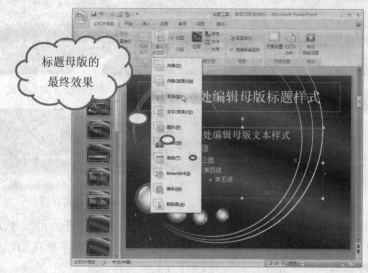

图 4-33 标题母版设置效果

4.2.3 制作幻灯片标题页面

制作完幻灯片母版后就可以编辑培训演示文稿的标题页面了，其具体的操作步骤如下。

步骤① 在"幻灯片母版"选项卡的"关闭"功能区，单击"关闭母版视图"按钮返回幻灯片编辑文档中，如图 4-34 所示。

步骤② 在"开始"选项卡的"幻灯片"功能区，单击"删除幻灯片"按钮将第一张幻灯片删除，如图 4-35 所示。

步骤③ 打开"新建幻灯片"按钮，从下拉菜单中选择"标题幻灯片"菜单项，在"单击此处添加标题"处输入文本"边锋科技员工职前培训"，并设置字体为"华文隶书"，字型为"加粗"，字号为"48"，字体颜色为"白色"，如图 4-36 和图 4-37 所示。

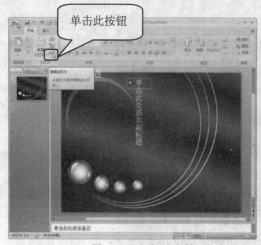

图 4-34　幻灯片文档　　　　　　　　　　图 4-35　删除幻灯片

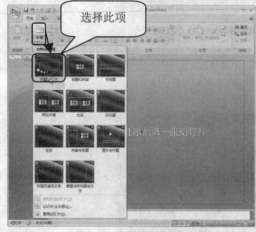

图 4-36　新建幻灯片　　　　　　　　　　图 4-37　设置标题

步骤④ 在"单击此处添加副标题"处输入文本"边锋科技有限责任公司",然后设置字体为"宋体",字号为"32",字体颜色为"白色";设置完毕后,调整文本框在幻灯片中的位置,至此,幻灯片的标题页面设置完毕,如图 4-38 所示。

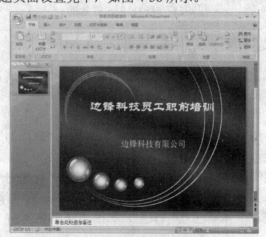

图 4-38　标题幻灯片

4.2.4 创建培训内容演示文稿

制作完标题页面以后，下面就对培训内容演示文稿幻灯片进行创建，其具体的操作步骤如下。

步骤① 在"开始"选项卡中，打开"新建幻灯片"下拉列表，单击其中的"仅标题"菜单项，新建一个"仅标题"版式的幻灯片，如图4-39所示。

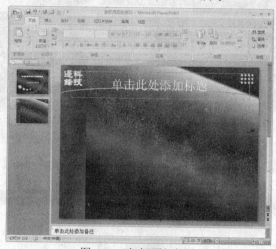

图4-39 仅标题幻灯片

步骤② 在"单击此处添加标题"文本框中输入文本"培训内容介绍"，然后选中输入的文本并在"字体"功能区，设置字体"为"华文新魏"，字型为"加粗"，字号为"44"，然后在"段落"功能区中单击▤按钮设置为左对齐，并调整文本框的位置使其如图4-40所示。

图4-40 设置标题

步骤③ 切换到"插入"选项卡，单击"文本"功能区的"文本框"按钮，从下拉列表中选择"横排文本框"菜单项，然后拖动鼠标绘制出一个文本框，输入相应的文本并调整其位置，如图4-41所示。

步骤④ 选中输入的文本，在"开始"选项卡中设置字体为"华文宋体"，字型为"加粗"、"阴影"，字号为"36"，然后单击"字体颜色"按钮，从打开的下拉菜单中选择"其他颜色"

命令，如图 4-42 所示。

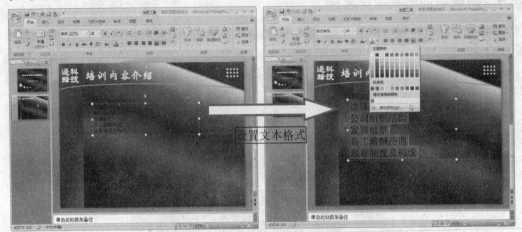

图 4-41　输入文本　　　　　　　　　　图 4-42　设置文本

步骤 5 切换到"颜色"对话框的选择"自定义"选项卡，设置颜色模式为"RGB"，设置 RGB 的值为"187、224、227"，如图 4-43 所示。

图 4-43　"颜色"对话框

步骤 6 在"字体"功能区，打开"字符"间距下拉列表，设置字符间距为"稀疏"；在段落功能区打开"行距"下拉列表，设置行距为"1.5"，如图 4-44 所示。

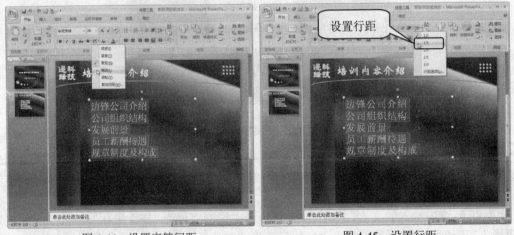

图 4-44　设置字符间距　　　　　　　　图 4-45　设置行距

步骤 7 选中文本框中的文本，在"开始"选项卡的"段落"功能区单击"项目符号"旁的下三角按钮，打开下拉列表，单击其中的"项目符号和编号"菜单项，如图 4-46 和图 4-47 所示。

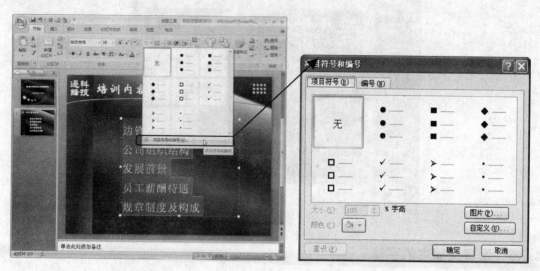

图 4-46　项目符号下拉列表　　　　　　　　图 4-47　项目符号和编号

步骤 8 单击"自定义"按钮，打开"项目符号和编号"对话框。打开"字体"下拉列表，选择其中的"Wingdings"菜单项，在下方的"字符代码"文本框中输入"118"，如图 4-48 所示。

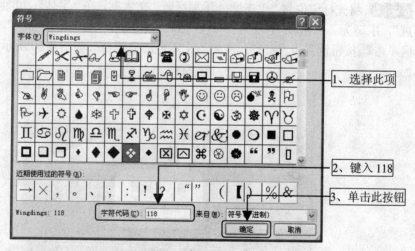

图 4-48　"符号"对话框

步骤 9 连续两次单击 确定 按钮完成设置，调整文本框的位置。至此，培训内容演示文稿创建完成，其效果如图 4-49 所示。

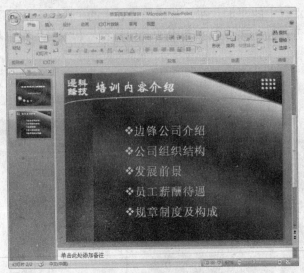

图 4-49　培训内容设置效果

4.2.5　设置文稿中的字体

制作完培训内容演示文稿以后，下面就对公司介绍文稿进行创建，其具体的操作步骤如下。

步骤① 选中第二张幻灯片，打开"新建幻灯片"下拉菜单，单击其中的"仅标题"菜单项，新建一仅标题版式的幻灯片。

步骤② 将光标定位到"单击此处添加标题"文本框，在"字体"功能区设置字体为"华文新魏"，字型为"加粗"，字号为"44"，然后输入文本"边锋公司介绍"，最后在"段落"功能区单击▤按钮设置为左对齐，并调整文本框的位置使其如图 4-50 所示。

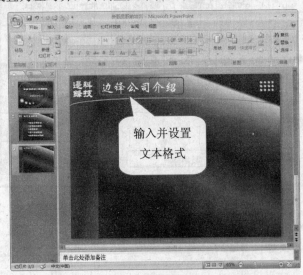

图 4-50　设置标题

步骤③ 切换到"插入"选项卡，单击"文本框"按钮，从下拉菜单中选择"横排文本框"，拖动鼠标绘制出一个文本框；输入相应的文本，然后切换到"开始"选项卡，设置中文字体为"楷体_GB2312"，"西文字体"为"Verdana"，字型为"加粗"，字号为"20"，字体颜色为"白色"；最后选中文本，单击鼠标右键，从弹出的快捷菜单中选择"段落"菜单项，从"特殊格式"下拉列表中选择"首行缩进"列表项，如图 4-51 和图 4-52 所示。

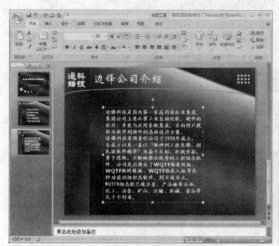
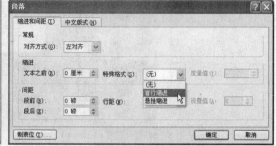

图 4-51　输入文本　　　　　　　　　　　　图 4-52　"段落"对话框

步骤 ④ 单击 确定 按钮完成设置，调整文本框的位置，使文本在合适的位置显示，至此公司介绍文稿创建完毕，如图 4-53 所示。

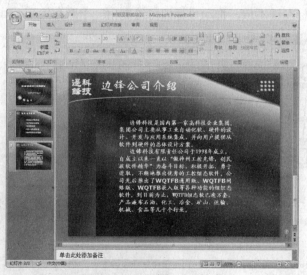

图 4-53　公司介绍设置效果

4.2.6　使用圆角矩形和连接符

制作完公司介绍演示文稿以后，下面就对公司组织结构文稿进行创建，其具体的操作步骤如下。

步骤 ① 选中第三张幻灯片，在"开始"选项卡中，打开"新建幻灯片"下拉菜单，新建一个"仅标题"版式的幻灯片。

步骤 ② 将光标定位到"单击此处添加标题"文本框，并输入文本"公司组织结构"；之后，选中输入的文本，设置字体为"华文新魏"，字型为"加粗"，字号为 44；然后，在"段落"功能区单击 ☰ 按钮设置为左对齐；最后，调整文本框的位置使其如图 4-54 所示。

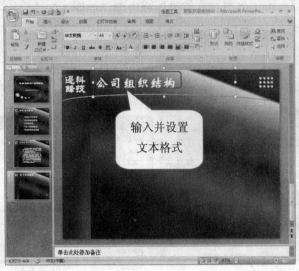

图 4-54　设置标题

步骤 3　切换到"插入"选项卡，在"插图"功能区单击"形状"按钮，从下拉列表中选择"圆角矩形"菜单项，如图 4-55 所示。

步骤 4　按住鼠标左键不放，拖动鼠标即可绘制出一个圆角矩形，如图 4-56 所示。

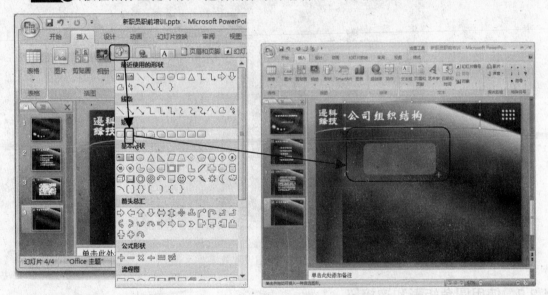

图 4-55　选择圆角矩形　　　　　　　　　　　图 4-56　绘制矩形

步骤 5　在绘制出的矩形上单击鼠标右键，从弹出的快捷菜单中选择"设置形状格式"菜单项。在"填充"选项卡中选中"渐变填充"单选按钮，打开"预设颜色"下拉菜单，单击其中的"雨后初晴"菜单项；打开"类型"下拉列表，选择其中的"路径"菜单项，如图4-57 和图 4-58 所示。

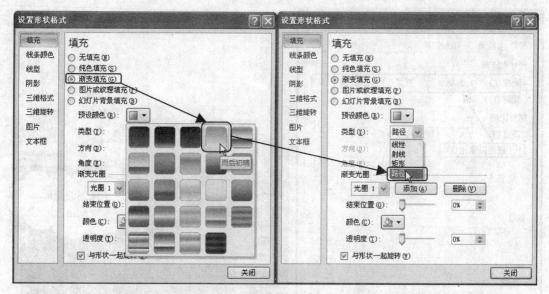

图 4-57　预设颜色　　　　　　　　　　　　　　图 4-58　设置类型

步骤 6 切换到"线条颜色"选项卡，选择"实线"单选按钮，然后打开"颜色"下拉列表，单击其中的"黑色，文字 1"列表项；选中"线型"选项组，设置线条宽度为"1.5 磅"，如图 4-59 和图 4-60 所示。

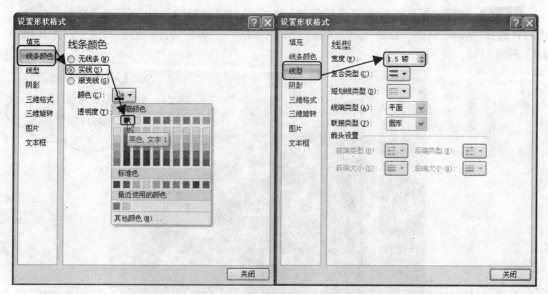

图 4-59　"线条颜色"选项组　　　　　　　　　图 4-60　"线型"选项组

步骤 7 在圆角矩形框上单击鼠标右键，从快捷菜单中选择"大小和位置"菜单项，打开"大小和位置"对话框。在"大小"选项卡中，清除"锁定纵横比"复选框，然后设置宽度和高度分别为"1.3 厘米"和"3.2 厘米"，如图 4-61 和图 4-62 所示。

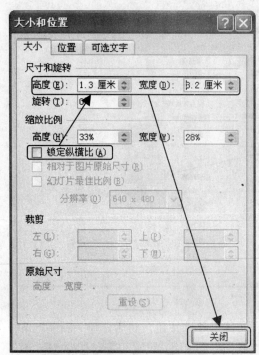

图 4-61 "大小和位置"对话框

图 4-62 设置效果

步骤 8 选择该矩形框，在"开始"选项卡中选择"剪贴板"功能区的"复制"命令，然后再选择"编辑/粘贴"命令七次，粘贴七个矩形框，分别移动各矩形框的位置，使其如图 4-63 所示。

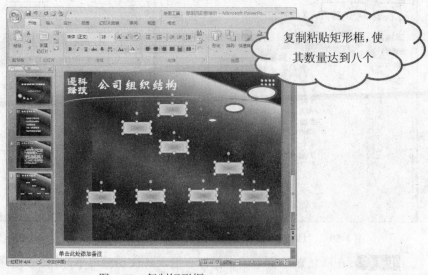

图 4-63 复制矩形框

步骤 9 分别在矩形框中单击鼠标右键，从弹出的快捷菜单中选择"编辑文字"命令，然后分别在矩形框中依次添加文本"总裁"、"总裁办公室"、"总经理"、"总经理助理"、"财务经理"、"行政经理"、"技术经理"和"销售经理"，并设置字体为"宋体"，字号为"14"，字体颜色为"黑色"，如图 4-64 所示。

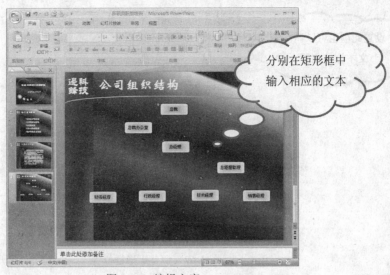

图 4-64　编辑文字

步骤⑩ 在"开始"选项卡中，单击"粘贴"按钮再次粘贴一个矩形，然后单击"绘图"功能区的"排列"按钮，将鼠标指向"旋转"菜单项，再从级联菜单中选择"向右旋转 90°"命令将矩形框旋转 90°，如图 4-65 所示。

步骤⑪ 选中旋转后的矩形，选择"编辑/复制"命令，然后再选择"编辑/粘贴"命令八次，粘贴八个矩形框，分别移动各矩形框的位置，使其如图 4-66 所示。

图 4-65　排列下拉菜单　　　　　　　　　　　图 4-66　设置矩形框

 小知识

　　设置所复制的矩形框在统一水平线上的对齐方法，可以同时选中要对齐的矩形框，单击鼠标右键，选择快捷菜单中的"大小和位置"菜单项，然后选择"位置"选项卡，在"垂直"文本框中输入一个数值。

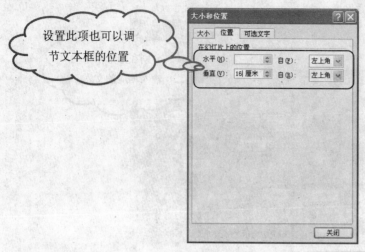

设置此项也可以调节文本框的位置

图 4-67   调整矩形框位置

步骤 ⑫ 删除竖排矩形框内的原有文本，依次添加文本"审计部"、"财务部"、"客服部"、"人力资源部"、"开发部"、"质监部"、"广告部"和"业务部"。然后选中输入的文本，在"段落"功能区单击 按钮，从弹出的下拉菜单中选择"所有文字旋转270°"，如图 4-68 所示。

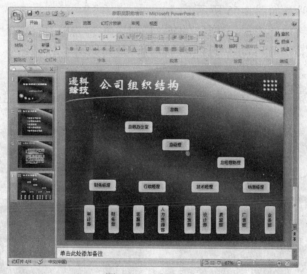

图 4-68   设置文本

步骤 ⑬ 在"绘图"工具栏中单击"形状"按钮，从弹出的下拉菜单中选择"线条→肘形连接符"命令，如图 4-69 所示。

步骤 ⑭ 选择肘形连接符后，在"总裁"文本的矩形框下方单击鼠标，然后拖动连接符被白色标识的一端到"总裁办公室"矩形框右侧，则这两个矩形筐会使用连接符创建连接，如图 4-70 和图 4-71 所示。

步骤 ⑮ 使用同样的方法在"总裁"和"总经理"、"总经理"和"总经理助理"、"总经理"和"财务经理"，"总经理"和"政经理"、"总经理"和"技术经理"以及"总经理"和"销售经理"矩形框之间分别使用肘形连接符连接，如图 4-72 所示。

步骤 ⑯ 同样的方法，在部门经理同各部门之间也使用肘形连接符连接，如图 4-73 所示。

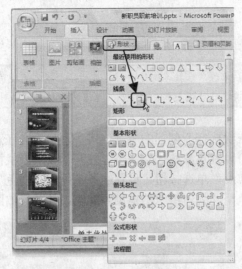

图 4-69　形状下拉菜单

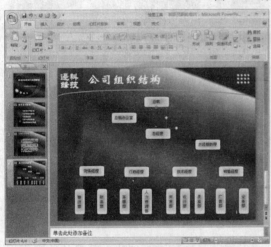

图 4-70　创建连接

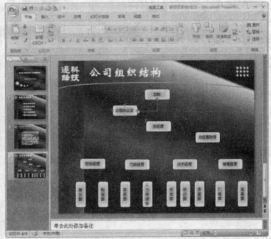

图 4-71　连接矩形框

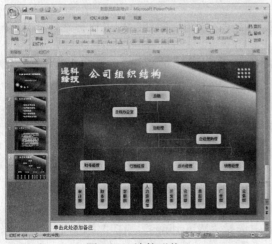

图 4-72　连接形状

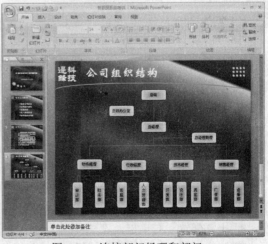

图 4-73　连接部门经理和部门

小知识

总裁和总经理之间，技术经理和技术部这两对垂直的矩形框之间使用直线连接；其余矩形框之间均使用肘形连接符连接；按住 Ctrl 键不放，再按→↑←↓方向键，可以对选中的线条进行微调。

步骤17 按住 Ctrl 键依次选择所创建的所有连接符，然后在任意线条上单击鼠标右键，从弹出的快捷菜单中选择"设置对象格式"命令，打开"设置形状格式"对话框。在"颜色颜色"选项卡中，选中"实线"单选按钮，设置线条颜色为"白色"；在"线型"选项卡中，设置线条宽度为"1.5 磅"，至此公司组织结构设置完毕，其效果如图 4-74 和图 4-75 所示。

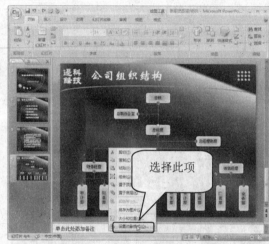

图 4-74　设置对象格式

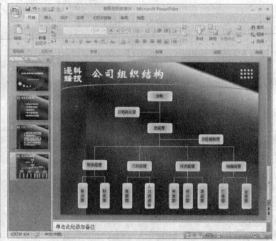

图 4-75　设置效果

4.2.7　创建发展前景幻灯片

制作完公司组织结构文稿以后，下面就对公司发展前景文稿进行创建，其具体的操作步骤如下。

步骤1 选择最后一张幻灯片，单击"新建幻灯片"按钮，新建一副"仅标题"版式幻灯片。

步骤2 将光标定位到"单击此处添加标题"文本框，输入文本"发展前景"，然后选中输入的文本，设置字体为"华文新魏"，字型为"加粗"，字号为"44"，设置文本为左对齐并调整文本框的位置。

步骤3 切换到"插入"选项卡，依次单击"文本框→横排文本框"，在幻灯片中插入文本框，输入文本"以市场为导向，以客户为中心"，设置字体为"幼圆"，字号为"18"，字体颜色为"白色"，并单击 **B** 按钮加粗字体。

步骤4 选择输入的文本，在"段落"功能区单击项目符号旁边的下拉按钮，从下拉菜单中选择"项目符号和编号"菜单项，打开"项目符号和编号"对话框。单击"自定义"按钮，打开"符号"对话框，在"字体"下拉列表中选择"Wingdings"，在"字符代码"文本框中输入"118"，如图 4-76 所示。

步骤 ⑤ 单击 确定 按钮返回"项目符号和编号"对话框，设置大小为"160%"，颜色为"白色"，如图4-77所示。

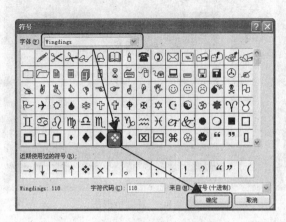

图4-76 符号

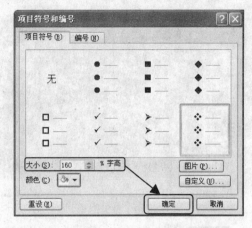

图4-77 项目符号和编号

步骤 ⑥ 单击 确定 按钮返回幻灯片中，如图4-78所示。

图4-78 插入项目符号

步骤 ⑦ 在"绘图"功能区，单击"形状"按钮，从下拉列表中选择"圆角矩形"，拖动鼠标绘制出一个圆角矩形；用鼠标右键单击圆角矩形，从右键菜单中选择"设置形状格式"菜单项，打开"设置形状格式"对话框。在"填充"选项卡中，选择"渐变填充"单选按钮，在"预设颜色"下拉列表中选择"碧海青天"，然后单击"删除"按钮，删除预设的渐变光圈。在"线条颜色"选项卡中，选择"实线"单选按钮，打开"颜色"下拉列表，选择"黑色，文字1"。在"线型"选项卡中，设置线条宽度为"1.5磅"，如图4-79所示。

步骤 ⑧ 选中该圆角矩形，按组合键Ctrl+C对其进行复制，随后连续按组合键Ctrl+V四次粘贴四个圆角矩形，最后分别调整各个矩形的位置，如图4-80所示。

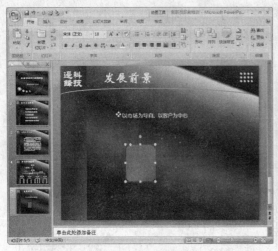

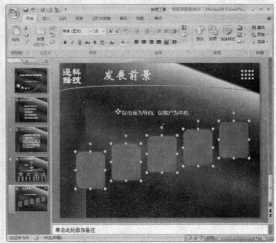

图 4-79　设置图形　　　　　　　　　　　　　　图 4-80　复制矩形框

步骤 ⑨ 在"绘图"工具栏中单击 自选图形(U)▾ 按钮，在弹出的菜单中选择"线条→肘形箭头连接符"命令。

步骤 ⑩ 依次在各个圆角矩形之间使用肘形箭头连接符进行连接，然后按住 Ctrl 键选择连接符，打开"设置形状格式"对话框，设置颜色为"白色"，粗细为"1.5 磅"，如图 4-81所示。

步骤 ⑪ 分别在矩形框中单击鼠标右键，在弹出的快捷菜单中选择"编辑文字"菜单项，然后分别在矩形框中依次添加文本"1 工作站销售"、"2 网络集成"、"3 软件开发"、"4 软件产业"、"5 产业国际化"，设置字体为"幼圆"，字号为"16"，单击 **B** 按钮加粗字体，如图 4-82所示。

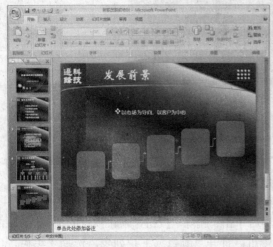

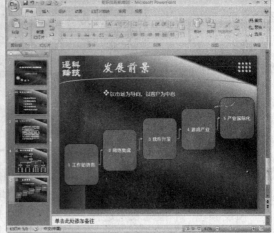

图 4-81　设置连接符　　　　　　　　　　　　　图 4-82　编辑文本

步骤 ⑫ 在"绘图"功能区，单击"形状"按钮，从弹出的菜单中选择"箭头总汇→虚尾箭头"命令，如图 4-83所示。

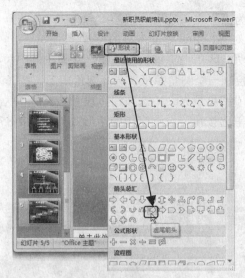

图 4-83　虚尾箭头

步骤 ⑬ 在幻灯片中绘制一个虚尾箭头，选择该箭头打开"设置形状格式"对话框，设置填充颜色为"橄榄色，强调文字颜色 3，深色 25%"。打开"大小和位置"对话框，设置高度和宽度分别为"2 厘米"和"23.41 厘米"，至此，发展前景演示文稿件创建完毕，如图 4-84 所示。

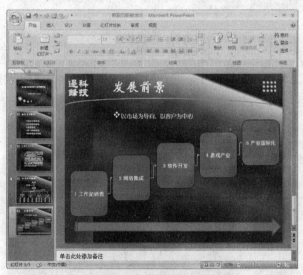

图 4-84　设置箭头

4.2.8　制作员工福利待遇文稿

创建员工福利待遇演示文稿，主要是通过创建圆角矩形的自选图形，进行颜色的渐变填充，然后进行组合，并对文本进行相应的操作。其具体的操作步骤如下。

步骤 ① 切换到"插入"选项卡，选中最后一张幻灯片，打开"新建幻灯片"按钮，从下拉菜单中选择"仅标题"菜单项，新建一张幻灯片。

步骤 ② 将光标定位到"单击此处添加标题"文本框，输入文本"员工福利待遇"，然后选择该文本框，设置字体为"华文新魏"，字型为"加粗"，字号为"44"，然后在"段落"功能区单击▤按钮设置为左对齐，并调整文本框的位置。

步骤 ③ 在"绘图"功能区单击"形状"按钮，从弹出的下拉菜单中选择"矩形→圆角矩形"命令，在幻灯片中绘制一个圆角矩形，选择圆角矩形，打开"设置形状格式"对话框，在"填充"选项卡中选择"纯色填充"单选按钮，设置填充颜色为"黑色"，在"线条颜色"选项卡中选择"无线条"单选按钮，设置完毕的矩形效果如图 4-85 所示。

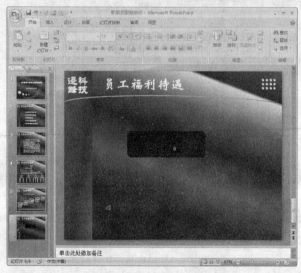

图 4-85 设置矩形框

步骤 ④ 在幻灯片中绘制一个圆角矩形，并设置其线条颜色为"黑色"，宽度为"1.5 磅"，填充颜色保留默认的"蓝色，强调文字颜色 1"，调整其大小和位置，设置完毕的矩形效果如图 4-86 所示。

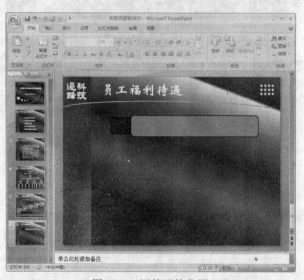

图 4-86 调整形状位置

步骤 ⑤ 选中所绘制的两个圆角矩形，单击鼠标右键，将鼠标指向快捷菜单中的"组合"菜单项，再从级联菜单中选择"组合"子菜单项，如图 4-87 所示。

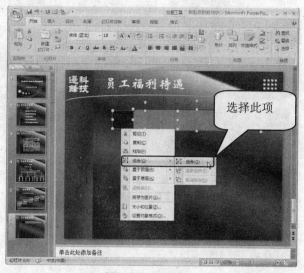

图 4-87　组合图形

 **小知识**

　　排版时通常需要把数个简单的图形组合成一个对象整体操作，此时有两种方法：一是按住 Shift 键或 Ctrl 键逐个选取；二是利用上面的方法将多个图形组合在一起。

步骤 6 复制所绘制的两个圆角矩形，将其粘贴三次，分别调整其位置，如图 4-88 所示。

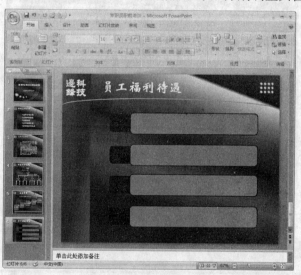

图 4-88　复制并调节形状

　　步骤 7 切换到"插入"选项卡，单击"文本框→横排文本框"菜单项插入文本框，输入文本"1. 医疗养老社会保险"，然后设置中文字体为"仿宋_GB2312"，西文字体为"Verdana"，字型为"加粗"、"阴影"，字号为"32"，并设置字体颜色为"白色"，如图 4-89 所示。

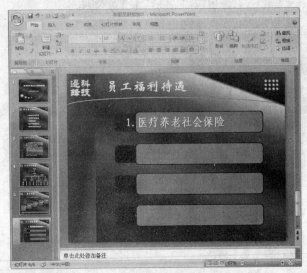

图 4-89　插入并设置文本

步骤 8 同样的方法再插入三个文本框，依次输入文本"2．住房公积金"、"3．年假/带薪病假"、"4．培训机会"，分别打开"字体"对话框设置同上一步相同，其最终效果如图 4-90 所示，员工福利待遇演示文稿制作完毕。

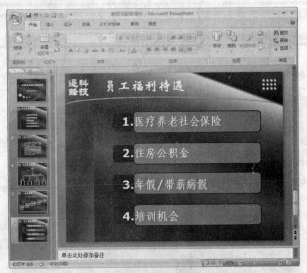

图 4-90　设置其余文本框

如果要设置多个图形或者文本框的垂直对齐，可以同时选中要对齐的图形或者文本框，然后从右键快捷菜单中选择"大小和位置"命令，打开"大小和位置"对话框。在"位置"选项卡的"水平"文本框中输入一个数值，如图 4-91 所示，然后单击 确定 按钮即可。

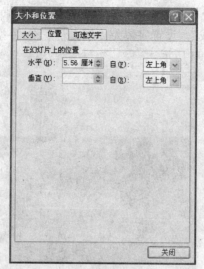

图 4-91　"位置"选项卡

4.2.9　设置规章制度和构成文稿

创建规章制度及构成幻灯片演示文稿，其具体的操作步骤如下。

步骤 ❶　新建一张"仅标题"版式的幻灯片，然后在"单击此处添加标题"文本框中输入文本"规章制度及构成"，设置字体为"华文新魏"，字型为"加粗"，字号为"44"，左对齐，并调整文本框的位置。

步骤 ❷　在"绘图"功能区单击"形状"按钮，从下拉菜单中选择"圆角矩形"命令，拖动鼠标在幻灯片中绘制出一个圆角矩形。单击鼠标右键打开"设置形状格式"对话框，在"填充"选项卡中选择"渐变填充"，从"预设颜色"下拉列表中选择"碧海青天"；在"线条颜色"选项卡中选中"实线"，从"颜色"下拉列表中选择"白色"；在"线型"选项卡中，设置线条宽度为"3 磅"，如图 4-92 所示。

图 4-92　绘制和设置图形

步骤 ③ 在绘制的图形上单击鼠标右键，在弹出的快捷菜单中选择"编辑文字"命令，输入文本"公司制度以及构成"，设置字体为"华文新魏"，字型为"阴影"，字号为"28"，字体颜色为"白色"，如图 4-93 所示。

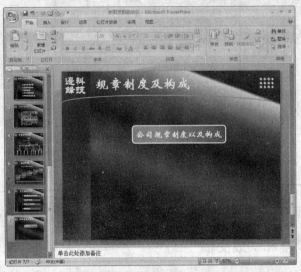

图 4-93　输入并编辑文字

步骤 ④ 切换到"插入"选项卡，在"插图"功能区单击"图片"按钮，在"插入图片"对话框的"查找范围"下拉列表框中选择路径为"光盘\第 4 章\images"文件夹下的"07.png"图片文件，单击 插入(S) 按钮插入图片，如图 4-94 所示。

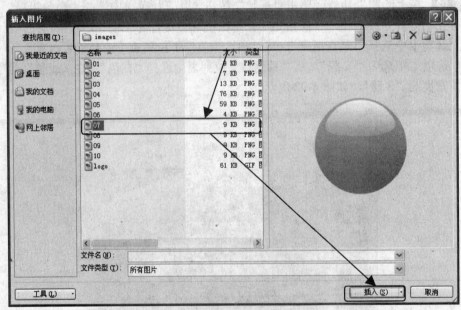

图 4-94　插入图片

步骤 ⑤ 同样的方法依次导入"光盘\第 4 章\images"文件夹下的"08.png"、"09.png"和"10.png"图片文件，分别在幻灯片中移动其位置，其效果如图 4-95 所示。

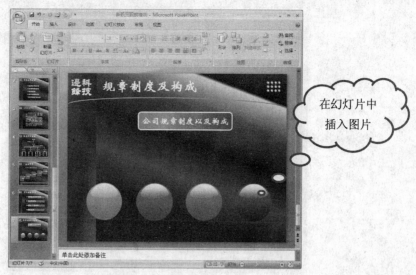

图 4-95 图形设置效果

步骤 6 依次单击"文本框→横排文本框"命令在幻灯片文档中插入文本框，并输入文本"考评制度"，将其字体设置为"幼圆、""白色"、"阴影"、"加粗"，字号设为"24"后移动到黄色圆形的上方。

步骤 7 同样的方法插入三个文本框，分别输入文本"晋升制度"、"薪酬制度"、"培训制度"，将文本框移动到各圆形的上方，并设置各文本框的字体为"幼圆"，字号为"20"，单击 **B** 按钮和 **S** 按钮设置粗体和阴影，如图 4-96 所示。

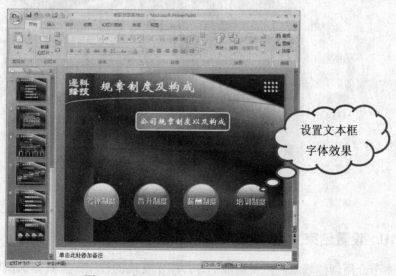

图 4-96 插入并设置文本

步骤 8 在"开始"选项卡的"绘图"功能区，单击"形状"按钮，在弹出的菜单中选择"箭头总汇→上箭头"命令，在幻灯片中绘制一个箭头。

步骤 9 选择所绘制的箭头，打开"设置形状格式"对话框。在"填充"选项卡中选择"纯色填充"单选按钮，然后从"颜色"下拉列表中选择"深蓝"菜单项并设置其透明度为30%；切换到"线条颜色"选项卡，选择"无线条"单选按钮，如图 4-97 所示。

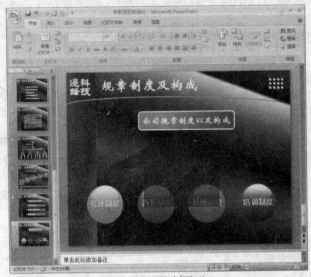

图 4-97 绘制图形

步骤 ⑩ 在所绘制的箭头上单击鼠标右键，将鼠标指向弹出菜单的"置于底层"菜单项，然后再从级联菜单中选择"置于底层"选项，至此该页面创建完毕，其效果如图 4-98 所示。

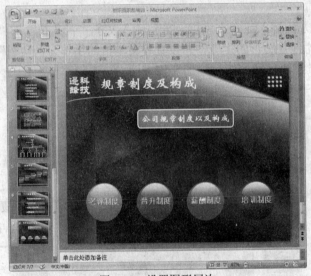

图 4-98 设置图形层次

4.2.10 设置结束文稿

本节介绍创建规章制度及构成幻灯片演示文稿的过程，其具体的操作步骤如下。

步骤 ① 新建一张"标题幻灯片"版式的幻灯片，在"单击此处添加标题"处输入文本"欢迎加入边锋科技！"，并设置字体为"华文新魏"，字型为"加粗"，字号为"54"，选中"阴影"复选框，最后调整文本框在幻灯片中的位置，如图 4-99 所示。

步骤 ② 将鼠标光标定位到"单击此处添加文本"，删除文本框中的项目符号，在其中输入文本"边锋科技有限责任公司"并设置字号为"28"，然后调整文本框在幻灯片中的位置，幻灯片的标题页面设置完毕，其效果如图 4-100 所示。

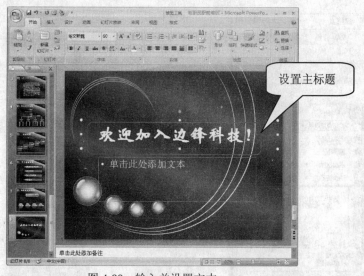

图 4-99　输入并设置文本

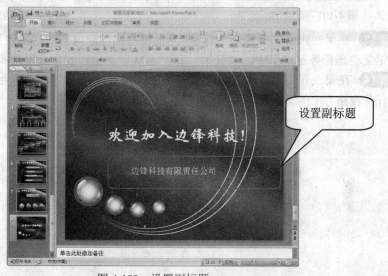

图 4-100　设置副标题

4.2.11　添加自定义动画

为了便于员工的理解，在演示文稿中添加一些自定义动画，可以区分出演示文稿的重点，使内容更有层次感。其具体操作步骤如下。

步骤 ❶　切换到"动画"选项卡，单击"动画"功能区的"自定义动画"按钮，打开"自定义动画"任务窗格。

步骤 ❷　选择第一张幻灯片中的标题文本框"边锋科技员工培训"，在"自定义动画"任务窗格中单击 ☆ 添加效果 ▼ 按钮，在弹出的菜单中选择"进入→渐入"命令，然后在"自定义动画"窗格的"开始"和"速度"下拉列表中分别选择"之前"和"中速"，如图 4-101 和图 4-102 所示。

图 4-101　设置动画效果

图 4-102　动画选项

步骤 ③ 在第二张到第七张幻灯片中，分别将顶部标题内容的动画效果都设置为"压缩"，在"自定义动画任务窗格"中的"开始"和"速度"下拉列表中分别选择"之后"、"中速"。

步骤 ④ 在第二张幻灯片中设置项目符号的文本框动画为"翻转式由远及尽"，在"自定义动画任务窗格"中的"开始"和"速度"下拉列表中分别选择"之后"、"中速"，如图 4-103 所示。

图 4-103　翻转动画

步骤 ⑤ 在第三张幻灯片中设置文本框动画为"颜色打字机"，在"自定义动画任务窗格"

中的"开始"和"速度"下拉列表中分别选择"之后"、"0.08 秒"，如图 4-104 所示。

图 4-104　颜色打字机

步骤 6　在第四张幻灯片中设置各个圆角矩形的动画都为"飞入"，在"自定义动画任务窗格"中的"开始"、"方向"和"速度"下拉列表中分别选择"之后"、"自顶部"和"快速"。

步骤 7　设置各连接符的动画都为"伸展"，在"自定义动画任务窗格"中的"开始"、"方向"和"速度"下拉列表中分别选择"之后"、"跨越"和"快速"。

步骤 8　在第五张幻灯片中设置文本框的动画效果为"淡出"，在"自定义动画窗格"中的"开始"和"速度"下拉列表中分别选择"之后"和"中速"。

步骤 9　设置圆角矩形的动画效果都为"百叶窗"，在"自定义动画任务窗格"中的"开始"、"方向"和"速度"下拉列表中分别选择"之后"、"水平"和"中速"。

步骤 10　设置虚箭头的动画效果为"伸展"，在"自定义动画窗格"中的"开始"、"方向"和"速度"下拉列表中分别选择"之后"、"自左侧"和"快速"。

步骤 11　设置各连接符的动画都为"伸展"，在"自定义动画任务窗格"中的"开始"、"方向"和"速度"下拉列表中分别选择"之后"、"跨越"和"非常快"。

步骤 12　在第六张幻灯片中设置圆角矩形的动画效果都为"菱形"，在"自定义动画任务窗格"中的"开始"、"方向"和"速度"下拉列表中分别选择"之后"、"放大"和"慢速"。

步骤 13　在第七张幻灯片中设置圆形的动画效果都为"弹跳"，在"自定义动画任务窗格"中的"开始"和"速度"下拉列表中分别选择"之后"和"中速"。

步骤 14　设置箭头的动画效果为"淡出式缩放"，在"自定义动画任务窗格"中的"开始"和"速度"下拉列表中分别选择"之后"和"快速"。

步骤 15　设置圆角矩形的动画效果为"上升"，在"自定义动画任务窗格"中的"开始"和"速度"下拉列表中分别选择"之后"和"中速"。

步骤 ⑯ 在最后一张幻灯片中设置标题文本框的动画效果为"空翻",在"自定义动画任务窗格"中的"开始"和"速度"下拉列表中分别选择"之前"和"中速"。

步骤 ⑰ 至此,新职员职前培训幻灯片演示文稿创建完毕,单击"保存"按钮保存设置即可。

最后需要说明三点:第一,设置图形的动画效果之后,需要按照它们的逻辑结构分别排序图形;第二,图形和文本框的组合,需要将其组合在一起,然后再设置动画效果;第三,演示文稿中自选图、文字、连接符等对象的大小和字体与显示器、投影幕的大小有关,应该根据自己的实际情况进行更改。

4.3　案例总结

本章主要介绍了创建新职员职前培训演示文稿的具体操作,主要用到了以下几个方面的内容。

- 在幻灯片母版中使用渐变背景。
- 创建标题幻灯片丰富母版页面。
- 在幻灯片中插入图像。
- 创建圆角矩形并设置其填充颜色。
- 肘形连接符的使用并设置颜色。
- 通过插入自选图形创建组织结构图。

在 PowerPoint 2007 可以使用的自选图形有很多,可以尝试在幻灯片中绘制各种图形以达到充实和美化幻灯片的效果。

第5章 制作会议简报

会议简报是各公司行政工作必不可少的一个环节。现今各企业公司提升工作进度，提高工作质量已经落实到各个方面，因而传统的手写式会议简报已经不能满足工作的需要。本章就通过使用 PowerPoint 2007 制作会议简报。

5.1 案例分析

将传统的会议简报信息化可以使工作更加轻松自如，也可以将枯燥无味的工作变得充满乐趣。本实例使用 PowerPoint 2007 制作的会议简报效果如图 5-1 所示。

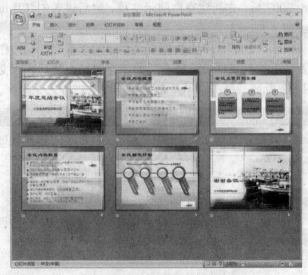

图 5-1 会议简报效果

5.1.1 知识点

在本实例是以年度总结会议为主题，页面中主要是以关于会议方面的文本为主，并且还包括了插入自选图形创建所需要的图形样式，包括渐变颜色的设置等。

在本实例中主要用到了以下几个知识点。

- 编辑母版和标题母版统一幻灯片的版式风格。
- 通过设置文本格式突出会议管理制度的重点词汇。
- 通过设置项目符号格式设置内容简要幻灯片页面。
- 通过编辑和组合自选图形设置会议的日程安排演示文档。

在以上内容中，关于自选图形的插入和编辑应该多加练习，以达到能熟练掌握编辑多个自选图形并将其组合，从而表现出一种新的图形效果。

5.1.2 设计思路

本实例是以一家海上船舶贸易公司的年度总结会议作为主题，在幻灯片的风格上应突出公司的特点，如选择具有轮船风格的图片作为母版的背景。整个幻灯片的颜色风格为墨绿色，因此在幻灯片中所插入的文本，以及创建的自选图形都应该以这个颜色风格为主。

本幻灯片演示文稿页面根据内容依次是：首页→会议内容概要→会议主要日程安排→会议管理制度→会议制定目标→结束页。

5.2 案例制作

本节根据前面所讲的设计思路和知识点，使用 PowerPoint 2007 对大洋船舶贸易有限公司的年度总结会议简报演示文稿的制作进行详细的讲解。

5.2.1 制作幻灯片母版

在启动 PowerPoint 2007 后，先新建空白演示文稿，然后进入幻灯片母版视图进行母版的设置，其具体操作步骤如下。

步骤 ① 启动 PowerPoint 2007，单击快捷工具栏中的"保存" 按钮，打开"另存为"对话框。在"保存位置"下拉列表框中选择合适的保存路径，然后在"文件名"文本框中输入"会议简报"，如图 5-2 所示，单击 保存(S) 按钮。

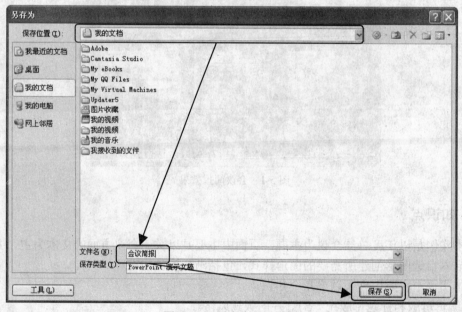

图 5-2　"另存为"对话框

步骤 ② 切换到"视图"选项卡，在"演示文稿视图"功能区单击"幻灯片母版"按钮，进入幻灯片母版视图，然后删除母版中所有的文本框。

步骤 ③ 在"背景"功能区，单击"背景样式"按钮打开下拉菜单，选择其中的"设置背景格式"菜单项，打开如图 5-4 所示的"设置背景格式"对话框。

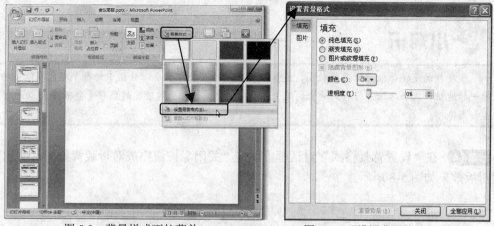

图 5-3　背景样式下拉菜单　　　　　　图 5-4　"设置背景格式"对话框

步骤❹ 选择"图片或纹理填充"单选按钮，单击"文件"按钮（如图 5-5 所示），打开"插入图片"对话框。在"查找范围"下拉列表框中选择路径为"光盘\第 5 章\images"文件夹下的"02.png"图片文件，如图 5-6 所示。

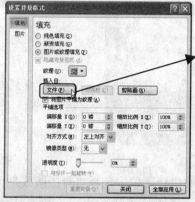
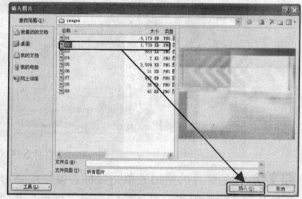

图 5-5　图片或纹理填充　　　　　　　图 5-6　"插入图片"对话框

步骤❺ 单击 插入(S) 按钮插入图片，返回"设置背景格式"对话框。可以对图片的"偏移量"和"透明度"进行设置，如果选中"将图片平铺为纹理"复选框，那么还可以设置"对齐方式"、"缩放比例"和"镜像类型"等项目。

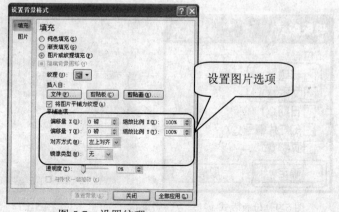

图 5-7　设置纹理

纹理指的是物体表面细节的位图，通常用一个二维的数组表示，数组中的每个颜色在纹理中都有唯一的地址，这个地址是行和列地址的编号。所以"将图片作为纹理"的偏移量会根据 X 轴和 Y 轴的坐标为依据。

步骤 ⑥ 在"设置背景格式"对话框中单击"关闭"按钮完成对母版背景图片的设置，此时母版效果如图 5-8 所示。

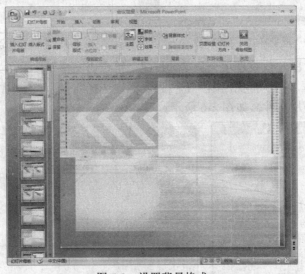

图 5-8　设置背景格式

步骤 ⑦ 在幻灯片的空白处单击鼠标右键，从弹出的快捷菜单中选择"母版版式"菜单项，在打开的"母版版式"对话框中选中"标题"和"文本"复选框，单击 确定 按钮完成设置，母版效果如图 5-10 所示。

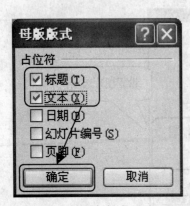

图 5-9　母版版式

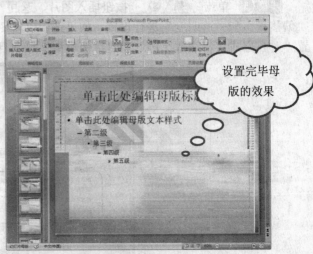

图 5-10　母版效果

步骤 8 切换到"标题幻灯片"，打开"背景样式"下拉菜单，从中选择"样式 1"菜单项，如图 5-11 所示。

图 5-11 选择背景样式

步骤 9 在幻灯片空白处单击鼠标右键，从弹出的快捷菜单中选择"设置背景格式"菜单项，打开"设置背景格式"对话框。在"填充"选项卡中，选中"图片或纹理填充"单选按钮，单击"文件"按钮，打开"插入图片"对话框，选择路径为"光盘\第 5 章\images"文件夹下的"01.png"图片文件，返回"设置背景格式"对话框之后单击 关闭 按钮将其关闭。

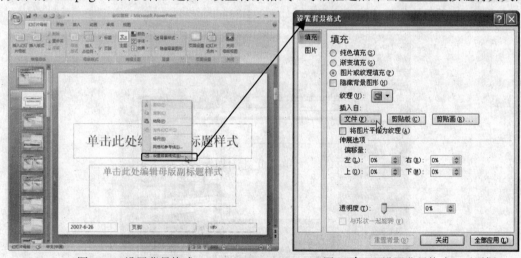

图 5-12 设置背景格式　　　　　　图 5-13 "设置背景格式"对话框

在"设置背景格式"对话框中单击 应用(A) 按钮和单击 全部应用(T) 按钮所产生效果是有区别的。单击 应用(A) 按钮，会改变当前所编辑的幻灯片或当前母版的背景设置；如果单击 全部应用(T) 按钮，则所改变的背景设置会应用于所有的幻灯片和母版。

步骤 ⑩ 至此，母版和标题母版设置完毕，幻灯片母版的创建完成，其效果如图 5-14 所示。

图 5-14　母版效果

5.2.2　制作会议简报首页

设置完母版和标题母版后，下面对会议简报的首页内容进行创建，其具体的操作步骤如下。

步骤 ① 在"幻灯片母版"选项卡的工具栏中单击"关闭母版视图"按钮关闭母版视图，打开如图 5-15 所示的幻灯片演示文稿。

图 5-15　演示文稿

步骤 ② 在"单击此处添加标题"文本框中输入文本"年度总结会议"，设置中文字体为"隶书简"，字号为"54"，并选中"阴影"复选框。

步骤 ③ 单击"字体"功能区的"字体颜色"按钮，从下拉菜单中选择"其他颜色"命令（如图 5-16 所示）。打开"颜色"对话框，选择"自定义"选项卡，设置颜色模式为"RGB"，设置 RBG 值为"10、92、59",如图 5-17 所示。

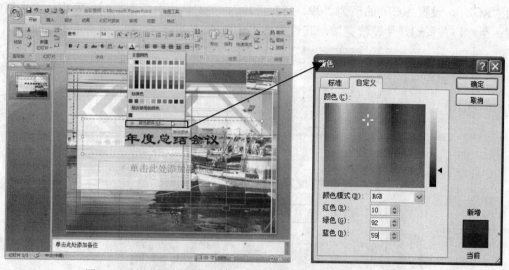

图 5-16　字体颜色下拉菜单　　　　　　　　图 5-17　"颜色"对话框

　　　RGB 是色光的彩色模式，R 代表红色（Red），G 代表绿色（Green），B 代表蓝色（Blue），三种色彩各自的值不同时，所产生的颜色也不相同，在此输入各自的值可以精确地表达所选择的颜色。如果使用鼠标直接单击选择，则会产生一定的误差。

步骤❹ 单击 确定 按钮返回幻灯片，调整标题字体文本框的位置，设置效果如图 5-18 所示。

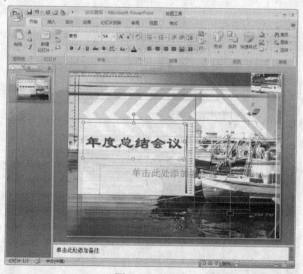

图 5-18　标题

步骤❺ 在"单击此处添加副标题"文本框中输入文本"大洋船舶贸易有限公司"，设置中文字体为"幼圆"、字型为"加粗"、字号为"24"，然后打开"颜色"对话框，设置颜色模式为"RGB"，设置 RGB 的值为"99、137、119"。在幻灯片中，调整副标题字体文本框的位置。至此，首页幻灯片设置完毕，其设置效果如图 5-19 所示。

图 5-19　标题幻灯片设置效果

5.2.3　设置会议内容概要页面文档

创建完幻灯片首页后，下面介绍会议内容概要页面的制作，其具体操作步骤如下。

步骤 ❶ 单击"新建幻灯片"按钮，从打开的下拉菜单中选择"标题和内容"菜单项，新建一张幻灯片，当然，按组合键 Ctrl+M 也可以新建一个"标题和内容"幻灯片。

步骤 ❷ 在"单击此处添加标题"文本框中输入文本"会议内容概要"，设置字体为"隶书"、"加粗"，字号为"44"，字体颜色同首页中标题字体颜色相同，并设置为左对齐▤，如图 5-20 所示。

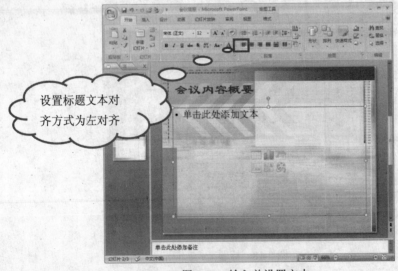

图 5-20　输入并设置文本

步骤 ③ 在"单击此处添加文本"文本框中输入如图 5-21 所示的内容，字体之间的换行使用"Enter"键。设置字体为"幼圆"，字号为"28"，字体颜色同首页中副标题的字体颜色相同。

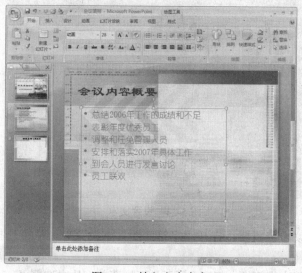

图 5-21　输入文本内容

步骤 ④ 在"段落"功能区，单击"项目符号"旁边的下拉按钮，从下拉列表中选择"项目符号和编号"菜单项，打开"项目符号和编号"对话框。单击"自定义"按钮（如图 5-22 所示），打开"符号"对话框，在"字体"下拉列表中选择"Webdings"选项，在"来自"下拉列表中选择"符号（十进制）"列表项、在"字符代码"文本框中输入数字"89"，如图 5-23 所示。

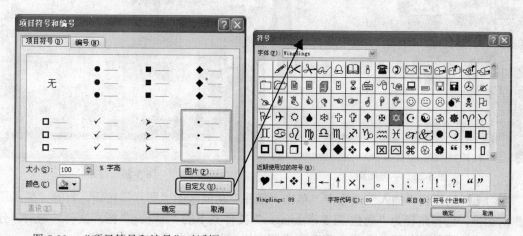

图 5-22　"项目符号和编号"对话框　　　　图 5-23　"符号"对话框

步骤 ⑤ 单击 确定 按钮返回"项目符号和编号"对话框，设置"大小"为"130%"，在"颜色"下拉列表中选择颜色与字体颜色相同，单击 确定 按钮返回幻灯片文档中，如图 5-24 所示。

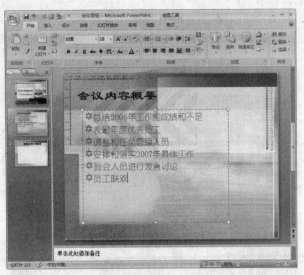

图 5-24　设置文本

步骤 **6** 选中会议内容概要，打开"字符间距"下拉菜单，从中选择"稀疏"菜单项，如图 5-25 所示。

步骤 **7** 选中会议内容概要，打开"行距"下拉菜单，从中选择"1.5"菜单项，如图 5-26 所示。

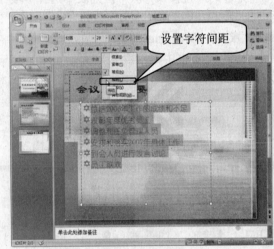

图 5-25　字符间距

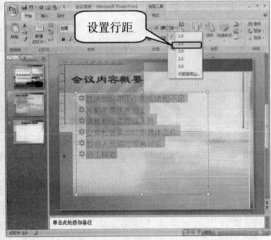

图 5-26　行距

步骤 **8** 切换到"插入"选项卡，单击"插图"功能区的"图片"按钮，打开"插入图片"对话框，选择路径为"光盘\第 5 章\images"文件夹下的"04.png"图片文件。最后，分别调整文本和图片的位置，会议内容概要设置完毕，其设置效果如图 5-27 所示。

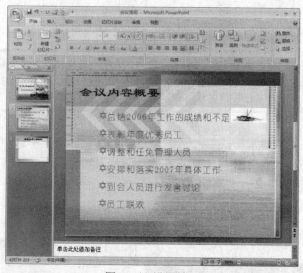

图 5-27　设置效果

5.2.4　创建会议日程安排页面

创建完毕会议内容概要页面后，下面就介绍会议日程安排页面的制作，主要分为三个部分。

1.　设置背景和绘制圆角矩形

在幻灯片中首先设置页面背景，然后通过多个圆角矩形的组合绘制出一个具有立体感的圆角矩形，其具体操作步骤如下。

步骤❶ 选中第二张幻灯片，打开"新建幻灯片"按钮，从下拉菜单中选择"标题和内容"幻灯片，或者按组合键 Ctrl+M 新建幻灯片。

步骤❷ 切换到"设计"选项卡，打开"背景样式"下拉菜单，从下拉列表中选择"样式 1"菜单项。

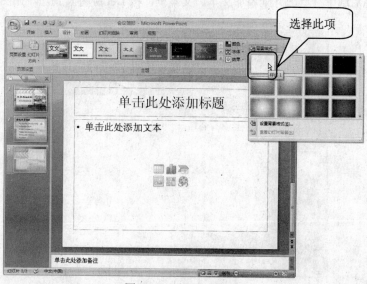

图 5-28　设置背景样式

 **小知识**

在幻灯片的空白处单击鼠标右键，从弹出的快捷菜单中选择"设置背景格式"菜单项，打开"设置背景格式"对话框，在"填充"选项卡中选中"纯色填充"单选按钮，然后打开"颜色"下拉列表，从中选择"白色"也可以实现重设背景的目的。

步骤 ③ 打开"设置背景格式"对话框，在"填充"选项卡中选中"图片或纹理填充"单选按钮，然后单击"文件"按钮，打开"插入图片"对话框（如图 5-29 所示），选择路径为"光盘\第 5 章\images"文件夹下的"02.png"图片文件，单击 **插入(S)** 按钮插入图片，如图 5-30 所示。

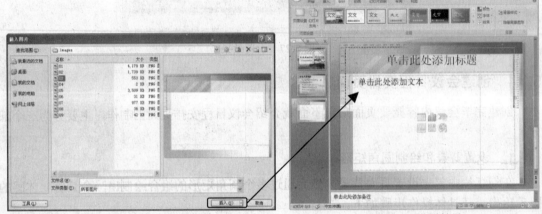

图 5-29　插入图片　　　　　　　　　　　图 5-30　设置效果

步骤 ④ 在"单击此处添加标题"文本框中输入文本"会议主要日程安排"，设置字体为"隶书"，字型为"加粗"，字号为"44"，字体颜色同首页中标题字体颜色相同，单击 ≡ 按钮设置文本为左对齐。然后选中"单击此处添加文本"文本框，按 Del 键将其删除，如图 5-31 所示。

图 5-31　输入并设置标题

188

步骤 5 绘制一个圆角矩形，然后打开"设置形状格式"对话框。在"填充"选项卡中，选择"渐变填充"单选按钮，然后打开"预设颜色"下拉列表，从中选择"茵茵绿原"选项，从"类型"下拉列表中选择"路径"选项；在"线条颜色"选项卡中，选择"无线条"单选按钮，如图 5-32 所示。

步骤 6 在圆角矩形上单击鼠标右键，从弹出的快捷菜单中选择"大小和位置"菜单项，打开"大小和位置"对话框。设置高度和宽度分别为"6.01 厘米"和"7.94 厘米"，如图 5-33 所示。

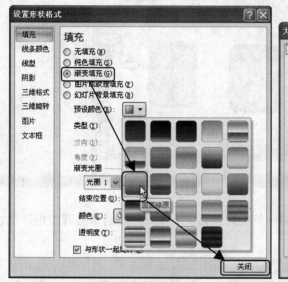

图 5-32　填充颜色

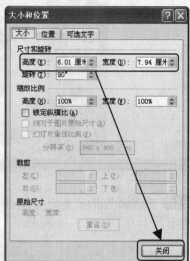

图 5-33　大小和位置

步骤 7 单击 关闭 按钮完成对圆角矩形的设置，效果如图 5-34 所示。

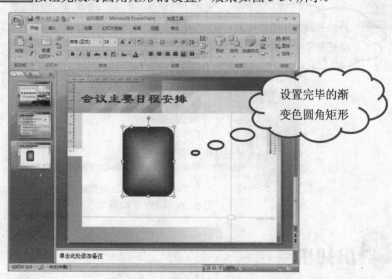

设置完毕的渐变色圆角矩形

图 5-34　设置效果

步骤 8 再绘制一个圆角矩形，并打开其的"设置形状格式"对话框。在"填充"选项卡中，设置其 RGB 值为"81、155、136"；在"线条颜色"选项卡中，选择"无线条"单选按钮。

步骤 9 再打开圆角矩形的"大小和位置"选项卡，设置其高度和宽度分别为"7.6 厘米"和"5.9 厘米"，如图 5-35 所示。

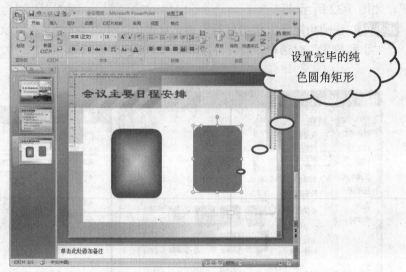

图 5-35　设置效果

步骤 10 将所绘制的圆角矩形移动调整位置使其位于前面创建的渐变圆角矩形重合，叠放次序位于其上方，如图 5-36 所示。

图 5-36　排列下拉菜单

 小知识

　　这里将渐变色的圆角矩形的叠放次序放置于纯色圆角矩形的下方，目的是使所创建的图形具有渐变色的边框，从而增加图形的立体效果。在使用多个自选图形突出表现图片的边框，从而达到立体效果。

步骤 ⑪ 再绘制一个圆角矩形，打开"设置形状格式"对话框。在"填充"选项卡中，选中"渐变填充"单选按钮，从"预设颜色"下拉列表中选择"薄雾浓云"列表项，然后设置其"透明度"为 100%；在"线条颜色"选项卡中，选中"无线条"单选按钮，如图 5-37 所示。

步骤 ⑫ 选中圆角矩形，然后按住黄色的控制点不放，拖动鼠标使圆满角矩形的角更圆滑，如图 5-38 和图 5-39 所示。

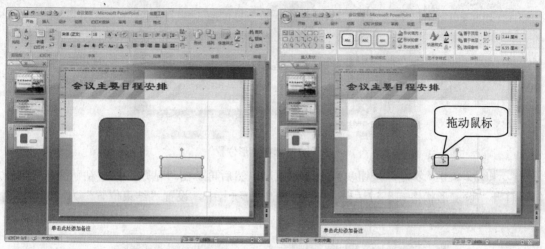

图 5-37　绘制并设置圆角矩形　　　　　　　　图 5-38　调节形状

步骤 ⑬ 在该矩形上单击鼠标右键，从快捷菜单中选择"大小和位置"单选按钮，打开"大小和位置"对话框，在"大小"选项卡中，设置高度为"2.44 厘米"，宽度为"6 厘米"，如图 5-40 所示。

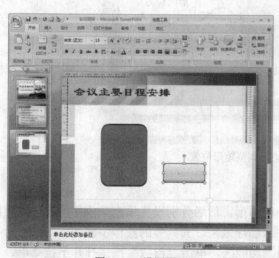

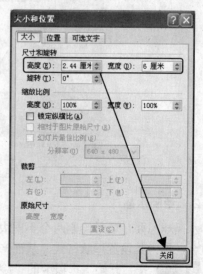

图 5-39　设置图形　　　　　　　　　　　　图 5-40　"大小和位置"对话框

步骤 ⑭ 单击 关闭 按钮完成对圆角矩形的设置，调整位置使其叠放次序位于前面创建的圆角矩形上方，调整效果如图 5-41 所示。

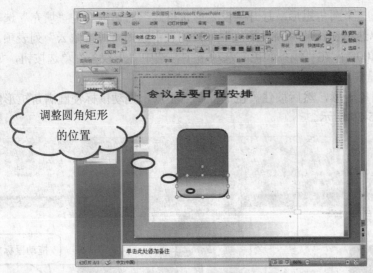

图 5-41　调整矩形位置

步骤 ⑮ 单击"复制"按钮复制该圆角矩形，然后再单击"粘贴"按钮粘贴圆角矩形，然后打开"设置形状格式"对话框，在"填充"选项卡中，设置"结束位置"为 100%，调整圆角矩形的位置到如图 5-42 所示的位置。

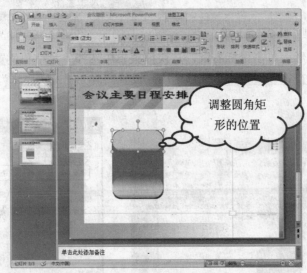

图 5-42　调整矩形位置

2.　绘制水晶球

水晶球主要是通过绘制两个不同大小的圆形，然后分别设置填充颜色并将其按照顺序叠放组合，再为其设置形状格式，从而产生水晶球效果。其具体的操作步骤如下。

步骤 ❶ 在"开始"选项卡的"绘图"功能区，单击"形状"按钮打开下拉菜单，单击其中的"基本形状→椭圆"菜单项，然后按住 Shift 键拖动鼠标在幻灯片中绘制一个圆形，如图 5-43 和图 5-44 所示。

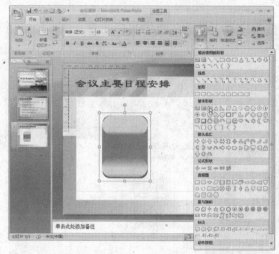
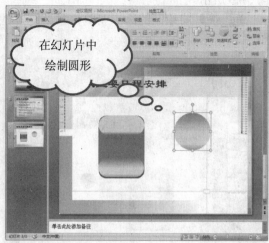

图 5-43　选择椭圆菜单项　　　　　　　　　　　　图 5-44　绘制圆形

步骤 ② 用鼠标右键单击圆角矩形，从弹出的快捷菜单中选择"设置形状格式"菜单项，打开"设置形状格式"对话框。在"填充"选项卡中，选择"纯色"单选按钮，然后从下拉列表中选择"黑色，文字 1，淡色 25%"；在"线条颜色"选项卡中，选择"无线条"单选按钮。

步骤 ③ 用鼠标右键单击圆角矩形，从弹出的快捷菜单中选择"大小和位置"菜单项，打开"大小和位置"对话框。在"大小"选项卡中，设置"高度"和"宽度"均为"2 厘米"，如图 5-45 所示。

图 5-45　圆形设置效果

步骤 ④ 选择所绘制的圆形依次按组合键 Ctrl+C、按组合键 Ctrl+V 复制一个圆形；右击选择所复制的圆形打开"大小和位置"对话框，选择"大小"选项卡，设置"高度"和"宽度"均为"1.85 厘米"；打开"设置形状和格式"选项卡，在"填充"选项卡中选择"渐变填充"单选按钮，然后从"预设颜色"下拉列表中选择对话框，选择"薄雾浓云"菜单项，如

图 5-46 所示。

步骤 ⑤ 将绘制的圆形调整位置，使其叠放次序位于前面创建的圆形上方，调整效果如图 5-47 所示。

图 5-46　设置矩形

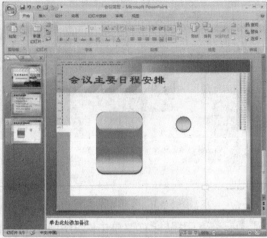
图 5-47　调整位置

步骤 ⑥ 切换到"格式"选项卡，选中位于上层的圆形，然后单击"形状效果"按钮打开其下拉菜单，将鼠标指向"预设"菜单项，从级联菜单中选择"预设 2"菜单项，如图 5-48 所示。

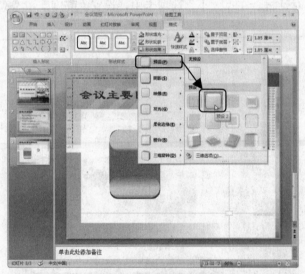
图 5-48　形状效果

步骤 ⑦ 整体调整所绘制圆形的位置，然后全部选择所绘制的圆角矩形和圆形，单击鼠标右键，在弹出的菜单中选择"组合→组合"命令，组合所绘制的图形，如图 5-49 所示。

194

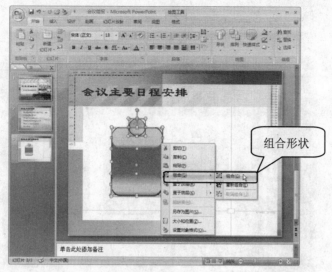

图 5-49　组合图形

3.　设置文本

下面就对页面中的文本进行输入和字体的设置，其具体的操作步骤如下。

步骤① 切换到"插入"选项卡，在"文本"功能区单击"文本框"按钮，从下拉菜单中选择"横排"菜单项，拖动鼠标在幻灯片中插入文本框。在文本框中输入数字"1"，设置字体为"Arial"，字号为"24"，字体颜色为"黑色，文字 1"，并调整文本框的位置，如图5-50所示。

图 5-50　插入并设置文本

步骤② 选择组合的图形和文本框，将其复制三个，调整其位置如图5-51所示。

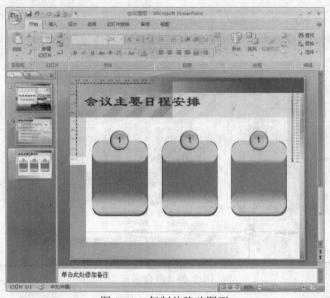

图 5-51　复制并移动图形

步骤 3 修改文本框中的文本使其为 "1"、"2"、"3"，然后插入三个文本框，输入相应的文本。并设置中文字体为 "宋体"，西文字体为 "Arial"，字号为 "18"，字体颜色为 "黑色，文字 1"，如图 5-52 所示。

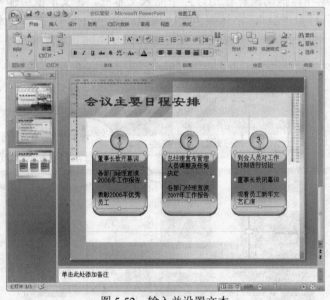

图 5-52　输入并设置文本

步骤 4 选中三个文本框中的文本，打开 "项目符号和编号" 对话框，单击 自定义(U)... 按钮打开 "符号" 对话框，选择字体为 "Wingdings"，输入字符代码为 "33"，如图 5-53 所示。

步骤 5 单击 确定 按钮返回 "项目符号和编号" 对话框，设置大小为 "120%"，如图 5-54 所示，单击 确定 按钮完成设置。

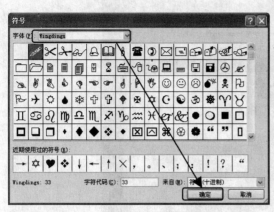

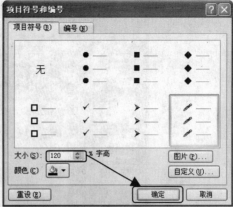

图 5-53　符号　　　　　　　　　　　　图 5-54　项目符号和编号

步骤 6　切换到"插入"选项卡，单击"插图"功能区的"图片"按钮，插入路径为"光盘\第 5 章\images"文件夹下的"06.png"图片文件，调整插入图片的位置，会议日程安排页面创建完毕，其效果如图 5-55 所示。

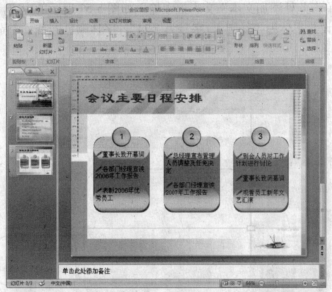

图 5-55　设置效果

5.2.5　制作会议管理制度页面

创建完毕会议日程安排页面后，下面就介绍会议管理制度页面的制作，其具体操作步骤如下。

步骤 1　选择"新建幻灯片→标题和内容"命令，或者按组合键 Ctrl+M 新建幻灯片。

步骤 2　在"单击此处添加标题"文本框中输入文本"会议内容概要"，设置字体为"隶书"，字型为"加粗"，字号为"44"，字体颜色同首页中标题字体颜色相同，并设置文本为左对齐，如图 5-56 所示。

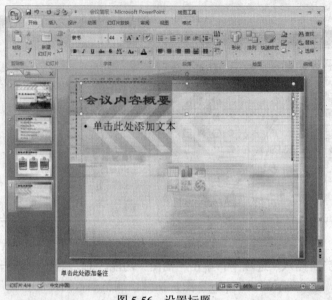

图 5-56　设置标题

步骤 3 在"单击此处添加文本"文本框中输入如图 5-57 所示的内容，字体之间的换行使用"Enter"键。设置字体为"幼圆"，字号为"24"，字体颜色同首页中副标题字体颜色相同。

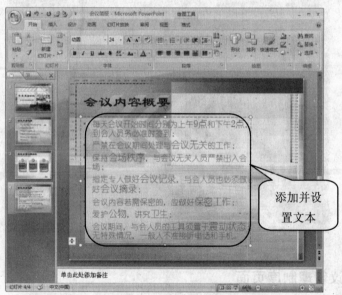

图 5-57　输入并设置文本

步骤 4 打开"项目符号和编号"对话框，单击其中的 图片(P)... 按钮打开如图 5-58 所示的"图片项目符号"对话框。

步骤 5 选中"包含来自 Office Online 的内容"复选框，单击"搜索"按钮，即可显示图片项目符号，如图 5-59 所示。

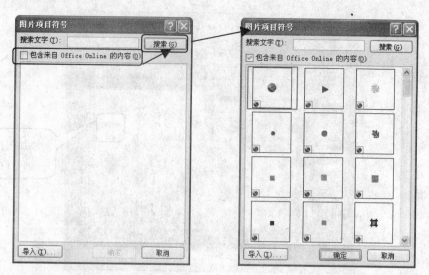

图 5-58　图片项目符号　　　　　　　　　　　　图 5-59　显示内容

步骤 6　选择一幅图片，单击 `确定` 按钮返回幻灯片中，其效果如图 5-60 所示。

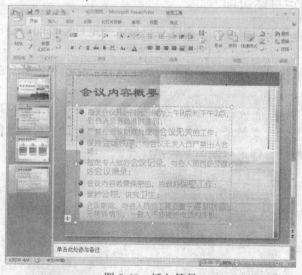

图 5-60　插入符号

 小知识

　　在第一次打开"图片项目符号"对话框时，需要本地的计算机连接到 Internet 并下载图片才能够浏览并使用于幻灯片中。

　　步骤 7　在文本框中选择一些包含特殊含义的文本，设置字体为"华文彩云"，字号为"28"，字体颜色为"红色"。

　　步骤 8　插入选择路径为"光盘\第 5 章\images"文件夹下的"06.png"图片文件，调节图片位置后，会议管理制度页面制作完毕，其效果如图 5-61 所示。

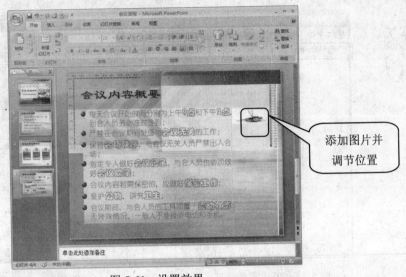

图 5-61　设置效果

5.2.6　创建会议制定目标页面

创建完毕会议管理制度页面后，下面就介绍会议制定目标页面的制作，其具体操作步骤如下。

步骤 1 打开"新建幻灯片"下拉菜单，从中选择"标题和内容"命令，或者按组合键 Ctrl+M 新建幻灯片。

步骤 2 在左侧的导航面板中用鼠标右键单击第三张"会议主要日程"幻灯片，从弹出的右键菜单中选择"复制"菜单项。再在导航面板的空白处单击鼠标右键，从弹出的快捷菜单中选择"粘贴"菜单项，即可复制第三张幻灯片。

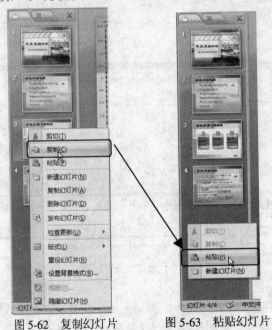

图 5-62　复制幻灯片　　　图 5-63　粘贴幻灯片

步骤 ③ 将幻灯片内的文本框和图形全部删除。然后在"单击此处添加标题"文本框中输入文本"会议制定目标",设置字体为"隶书",字型为"加粗",字号为"44",段落为左对齐,字体颜色同首页中标题字体颜色相同,如图 5-64 所示。

图 5-64　设置标题

步骤 ④ 在幻灯片中插入四个横排文本框,并分别输入文本"2004"、"2005"、"2006"、"2007",设置字体为"Verdana",字号为"18",分别调整字体位置,使其如图 5-65 所示。

步骤 ⑤ 选择文本"2007",设置字号为"24"并单击 **B** 按钮使其加粗显示,如图 5-66 所示。

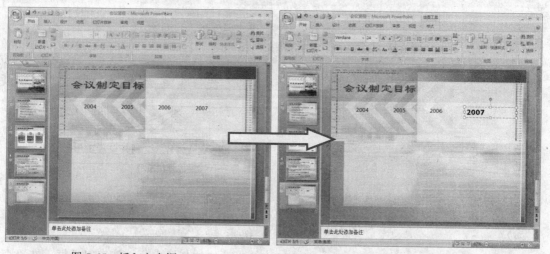

图 5-65　插入文本框　　　　　　　　　　　图 5-66　设置文本格式

步骤 ⑥ 单击"形状"按钮,打开"形状"下拉菜单,从"线条"选项区选择"箭头"菜单项,然后拖动鼠标在各文本框之间分别绘制箭头图形;然后按 Ctrl 键选择三个箭头,单击鼠标右键,从快捷菜单中选择"设置对象格式"菜单项,打开"设置形状格式"对话框。在"线条颜色"选项卡中,选择"实线"单选按钮,然后打开"颜色"下拉列表,从中选择"黑色,文字 1"列表项。切换到"线型"选项卡,设置"宽度"为 1.5 磅,如图 5-67 所示。

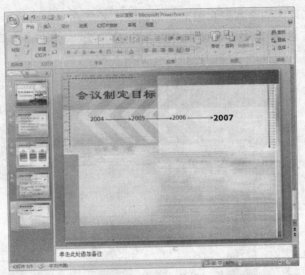

图 5-67 绘制箭头

步骤 ⑦ 打开"形状"下拉菜单，单击其中的矩形□菜单项，拖动鼠标在幻灯片中绘制一个矩形。选择所绘制的矩形打开"大小和位置"对话框，设置矩形的高度为"0.3 厘米"，宽度为"25.4 厘米"；打开"设置形状格式"对话框，在"填充"选项卡中选择"渐变填充"单选按钮，然后从"预设颜色"下拉列表中选择"铬色 Ⅱ"；在"线条颜色"选项卡中，选择"无线条"单选按钮，如图 5-68 所示。

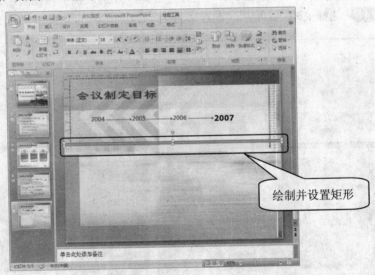

绘制并设置矩形

图 5-68 绘制矩形

步骤 ⑧ 切换到"插入"选项卡，单击"图片"按钮打开"来自文件"对话框，在"查找范围"下拉列表框中选择路径为"光盘\第 5 章\images"文件夹下的"08.png"图片文件，单击 插入(S) ·按钮在幻灯片文档中插入图片，如图 5-69 所示。

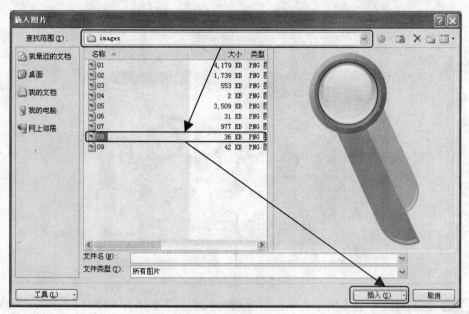

图 5-69　插入图片

步骤⑨　复制两个所插入的图片，并调整位置，然后再打开"插入图片"对话框，选择路径为"光盘\第 5 章\images"文件夹下的"09.png"图片文件，单击 插入(S) 按钮在幻灯片文档中插入图片，调整其位置如图 5-70 所示。

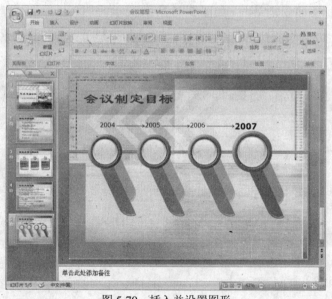

图 5-70　插入并设置图形

步骤⑩　插入一个文本框，输入文本"总销售额"，设置字体为"宋体"，字号为"18"，字体颜色为"黑色，文字 1"，单击 **B** 按钮使其加粗显示。复制该文本框三次，分别调整文本框的绿色调节柄，将文本框旋转如图 5-71 所示。

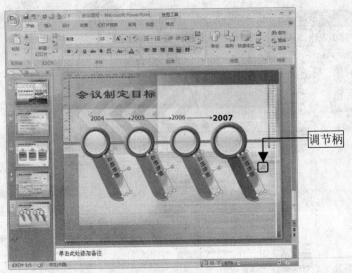

调节柄

图 5-71　输入文本

步骤 ⑪ 在幻灯片中插入四个文本框，分别输入文本"¥15,636,150"、"¥21,257,370"、"¥28,910,240"和"¥38,000,000"设置字体为"Arial"，字号为"18"，字体颜色为"白色，背景 1"，单击 **B** 按钮使其加粗显示，分别调整文本框的绿色调节柄，将文本框旋转如图 5-72 所示。

步骤 ⑫ 插入路径为"光盘\第 5 章\images"文件夹下的"06.png"图片文件，调整其位置后，会议制定目标页面创建完毕，如图 5-73 所示。

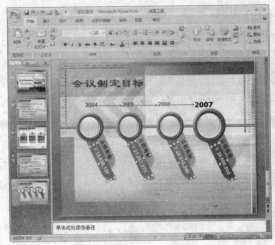

图 5-72　调节文本

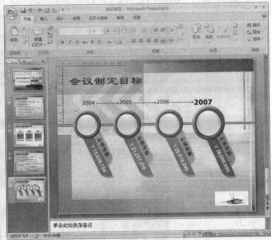

图 5-73　设置效果

5.2.7　设置结束页

创建完毕会议制定目标页面后，下面就该设置结束业，也就是最后一个页面的制作了，其具体的操作步骤如下。

步骤 ❶ 选中第五张"会议制定目标"幻灯片，打开"新建幻灯片"下拉菜单，单击其中的"标题幻灯片"菜单项，新建一副标题版式的幻灯片。

图 5-74 标题幻灯片

步骤② 在幻灯片空白处单击鼠标右键，从弹出的快捷菜单中选择"设置背景格式"菜单项，打开"设置背景格式"对话框。在"填充"选项卡中，选中"图片或纹理填充"单选按钮，单击"文件"按钮，打开"插入图片"对话框，选择路径为"光盘\第 5 章\images"文件夹下的"05.png"的图片，如图 5-75 和图 5-76 所示。

图 5-75 设置背景格式

图 5-76 插入图片

步骤 ③ 单击 插入(S) 按钮插入图片，并返回"设置背景格式"对话框。单击"关闭" 关闭 按钮即可应用新的背景，如图 5-77 所示。

图 5-77　重设背景

步骤 ④ 在"单击此处添加标题"文本框中输入文本"谢谢各位"，设置字体为"隶书"，字型为"阴影"，字号为"54"，"字符间距"为稀疏，字体颜色同首页中标题字体相同，如图 5-78 所示。

图 5-78　设置标题文本

步骤 ⑤ 在"单击此处添加副标题"文本框中输入文本"大洋船舶贸易有限公司"，设置字体为"幼圆"，字型为"加粗"，字号为"20"，字体颜色与首页中副标题的文本颜色相同，如图 5-79 所示。

步骤 ⑥ 调整标题字体文本框的位置使其如图 5-80 所示，幻灯片页面创建完毕。

图 5-79　设置副标题　　　　　　　　　　　图 5-80　设置效果

5.2.8　添加自定义动画

下面就对幻灯片添加动画效果，其具体的操作步骤如下。

步骤 ①　切换到"动画"选项卡，单击"自定义动画"按钮，打开"自定义动画"任务窗格。

步骤 ②　选择第一张幻灯片之中的"年度总结会议"文本框，在自定义动画任务窗格中单击 添加效果 按钮，在弹出的菜单中选择"进入→阶梯状"命令，在"自定义动画"任务窗格的"开始"、"方向"和"速度"下拉列表中分别选择"之前"、"右下"和"中速"，如图 5-81 所示。

步骤 ③　选择"大洋船舶贸易有限公司"文本框，在自定义动画任务窗格中单击 添加效果 按钮，在弹出的菜单中选择"进入→淡出式回旋"命令，在"自定义动画"任务窗格的"开始"和"速度"下拉列表中分别选择"之后"和"中速"，如图 5-82 所示。

图 5-81　设置标题动画　　　　图 5-82　设置副标题动画

步骤④ 在第二张到第五张幻灯片中，分别将顶部标题内容的动画效果都设置为"翻转式由远及近"，在"自定义动画任务窗格"中的"开始"和"速度"下拉列表中分别选择"之后"、"中速"。

步骤⑤ 在第二张幻灯片中设置项目符号的文本框动画为"淡出"，在"自定义动画任务窗格"中的"开始"和"速度"下拉列表中分别选择"之后"、"中速"，如图5-83所示。

步骤⑥ 在第三张幻灯片中设置三个图形对象的动画效果为"玩具风车"，文本框动画都为"淡出式缩放"，在"自定义动画任务窗格"中的"开始"和"速度"下拉列表中分别选择"之后"、"中速"，然后调整图形和文本对象的顺序，使其一一对应，如图5-84所示。

图 5-83　动画效果一

图 5-84　动画效果二

步骤⑦ 在第四张幻灯片中设置项目符号的文本框动画为"浮动"，在"自定义动画任务窗格"中的"开始"和"速度"下拉列表中分别选择"之后"、"非常快"，如图5-85所示。

图 5-85　动画效果三

步骤 8 在第五张幻灯片中分别设置文本框动画都为"投掷"，箭头动画都为"光速"，图形动画都为"飞旋"；在"自定义动画任务窗格"中的"开始"和"速度"下拉列表中分别选择"之后"、"中速"；调整动画的排顺序，最后效果如图 5-86 所示。

图 5-86　第五张幻灯片

步骤 9 在最后一张幻灯片中设置"谢谢各位"文本框的动画效果为"展开"，在"自定义动画任务窗格"中的"开始"和"速度"下拉列表中分别选择"之后"和"中速"。

步骤 10 选择"大洋船舶贸易有限公司"文本框，设置动画效果为"淡出式回旋"，在"自定义动画任务窗格"中的"开始"和"速度"下拉列表中分别选择"之后"和"中速"，如图 5-87 所示。

图 5-87　第六张幻灯片

步骤 11 会议简报幻灯片演示文稿创建完毕，单击"保存"按钮将其保存即可。

5.3 实例总结

　　本章主要是介绍了会议简报演示文稿的具体操作。在绘制图形的过程中，读者不应只是局限于 PowerPoint 中所提供的自选图形，或者只是寻找一些图片素材插入，应该通过编辑多个自选图形（如调整各自的颜色、形状），然后组合为一个图形。从而创建出自己理想的图形效果。对于为自选图形添加不同的颜色效果，可以通过 PowerPoint 所提供的填充效果（包括渐变、纹理以及图片等）丰富所创建图形。

　　本章主要用到了以下几个方面的内容。

- 插入图片设置母版和幻灯片的背景。
- 自定义项目符号的图形。
- 创建多个自选图形并分别设置其颜色。
- 设置自选图形的渐变色。
- 组合多个自选图形。
- 使用图片设置项目符号的图形。
- 文本框的旋转调整。

　　总之，对于自选图形的创建需要大量的实战练习以达到熟能生巧，为制作更加精美的幻灯片做好准备。

第6章 制作交互式相册

交互式相册主要用于公司产品的展示。本章将使用 PowerPoint 2007 提供的相册功能来制作交互式相册。

6.1 案例分析

使用 PowerPoint 2007 制作产品相册，可以使产品的演示更具动感和交互性，本实例使用 PowerPoint 2007 制作的交互式产品相册如图 6-1 所示。

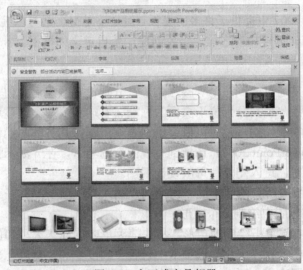

图 6-1 交互式产品相册

6.1.1 知识点

在本章的制作中，首先通过设置母版和标题母版创建自定义幻灯片模板，然后通过 PowerPoint 2007 的相册功能建立相册的大致框架，并且在幻灯片的页面插入 Flash 动画和 GIF 动画图片，从而达到美化幻灯片的效果。

在本实例中主要用到了以下几个知识点。

- 通过绘制自选图形创建母版和标题母版统一定位幻灯片风格。
- 保存所创建的自定义模板便于相册的直接套用。
- 使用相册功能创建幻灯片相册大致框架。
- 在幻灯片文档中插入 Flash 动画增强相册效果。
- 在自选图形中填充背景图片使图片的形状显示为自选图形的形状。
- 通过创建文本和图片的超链接实现幻灯片页面之间的跳转。

6.1.2 设计思路

本实例的相册是由首页、相册索引页、五个产品介绍页面和五个产品展示页面组成。通过相册索引页面中的文本链接可以跳转到产品介绍页面，在每一个产品介绍页面通过一个GIF 的图片分别链接到各自的产品展示页面中。并且在产品展示页面中也都设置了相应的返回相册索引页的文本链接，可以随意切换链接以满足观看的需要。

本幻灯片演示文稿页面根据内容依次是：首页→相册索引→家庭影院系列→电视系列→DVD 播放机系列→移动电话系列→CRT 显示器系列→家庭影院产品展示→电视系列产品展示→DVD 播放产品展示→移动电话产品展示→CRT 显示器产品展示。

6.2 案例制作

使用 PowerPoint 创建相册有多种方法，最为简便的方法就是通过 PowerPoint 自带的"相册"功能进行创建。

6.2.1 自定义模板

虽然 PowerPoint 2007 中提供了许多的模板，但是不见得全部可以满足实际需要，所以在本实例使用 PowerPoint 创建相册之前，需要创建一个自定义的模板。

1. 创建母版

母版的创建主要是通过绘制三个等腰三角形，分别设置颜色，并使其位于页面的上方，然后在绘制三个矩形条，使其分别位于页面的左端、右端和下端。通过这样的方法，产生一种简单明了的效果，在制作幻灯片时可以突出地表现主题。其具体的操作步骤如下。

步骤 ① 启动 PowerPoint 2007，切换到"视图"选项卡，在"演示文稿"视图功能区单击"幻灯片母版"按钮，进入幻灯片母版设计视图。

步骤 ② 删除母版中所有的文本框，切换到"插入"选项卡，打开"形状"下拉菜单，单击矩形□菜单项在母版中绘制一个矩形。

步骤 ③ 用鼠标右键单击绘制的矩形，从快捷菜单中选择"大小和位置"菜单项，打开"大小和位置"对话框，在"大小"选项卡中设置"高度"和"宽度"分别为"0.85 厘米"和"25.41 厘米"，设置完毕之后单击 关闭 按钮返回幻灯片，如图 6-2 所示。

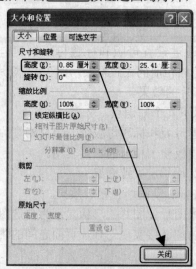

图 6-2　大小和位置

步骤 4 用鼠标右键单击矩形，从快捷菜单中选择"设置形状格式"菜单项，打开"设置形状格式"对话框。在"填充"选项卡中，打开"颜色"下拉菜单，单击其中的"其他颜色"菜单项，打开"颜色"对话框，切换到"自定义"选项卡，设置 RGB 值为"25、82、139"，如图 6-3 和图 6-4 所示。

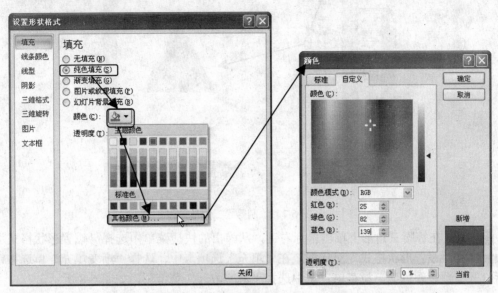

图 6-3　"设置形状格式"对话框　　　　图 6-4　"颜色"对话框

步骤 5 单击　确定　按钮返回"设置形状格式"对话框，切换到"线条颜色"选项卡，选择"无线条"，单击　关闭　按钮完成设置，调整矩形的位置使其位于母版正下方，如图 6-5 和图 6-6 所示。

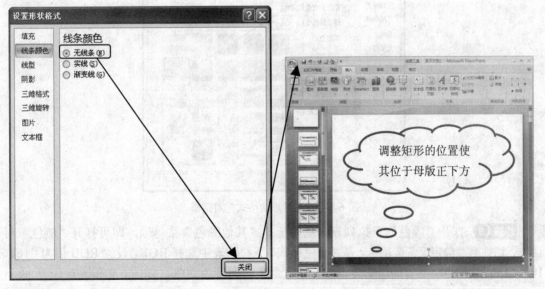

图 6-5　无线条　　　　　　　　　　　图 6-6　调整图形位置

步骤 6 打开"形状"下拉菜单，从中选择"基本形状→等腰三角形"命令，然后拖动鼠标绘制出一个等腰三角形，如图 6-7 所示。

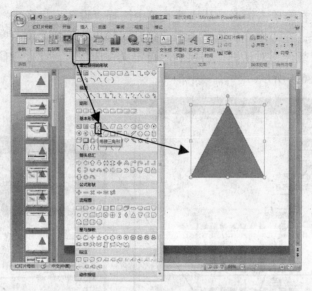

图 6-7　绘制等腰三角形

步骤 7 在等腰三角形上单击鼠标右键，从弹出的快捷菜单中选择"设置形状格式"菜单项，打开"设置形状格式"对话框。在"填充"选项卡中，选择"渐变填充"单选按钮，然后打开"预设颜色"下拉菜单，从中选择"薄雾浓云"菜单项，如图 6-8 所示。

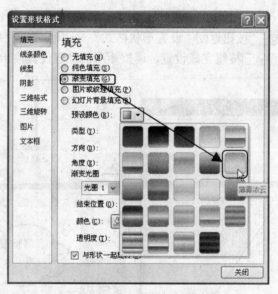

图 6-8　"设置形状格式"对话框

步骤 8 打开"颜色"下拉列表，从中选择"其他颜色"菜单项，即可打开"颜色"对话框，切换到"自定义"选项卡，从"颜色模式"下拉列表中选择 RGB，设置 RGB 值为"168、188、186"，并拖动下方的透明度滑块，设置颜色透明度为 50%，如图 6-9 和图 6-10 所示。

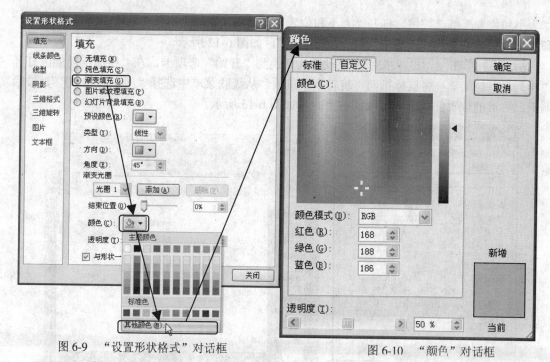

图 6-9 "设置形状格式"对话框

图 6-10 "颜色"对话框

步骤 ⑨ 单击 确定 按钮返回"设置形状格式"对话框，从"光圈"下拉列表中选择"光圈 2"列表项，然后再从"颜色"下拉列表中选择"其他颜色"列表项，同样设置光圈 2 的 RGB 值为"168、188、186"，并设置其"结束位置"为 53%。再从"光圈"下拉列表中选择"光圈 3"，也设置 RGB 值为"168、188、186"，结束位置为 100%。然后设置"光圈 2"的透明度为 100%，如图 6-11 所示。

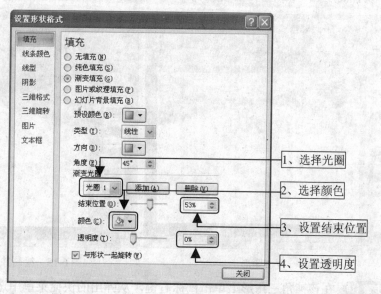

图 6-11 "设置形状格式"对话框

步骤 ⑩ 切换到"线条颜色"选项卡，选择"无线条"单选按钮，然后单击 关闭 按钮，关闭"设置形状格式"对话框。用鼠标右键单击等腰三角形，从弹出的快捷菜单中选择

"大小和位置"单选按钮，打开"大小和位置"对话框。在"大小"选项卡中，设置"高度"和"宽度"分别为"12.8 厘米"和"6.55 厘米"，如图 6-12 所示。

步骤 ⑪ 单击 关闭 按钮完成设置，切换到"开始"选项卡，在"绘图"功能区打开"排列"下拉菜单，将鼠标指向"旋转"菜单项，从级联菜单中选择"向左旋转90°"，最后调整三角形的位置使其位于母版的右上方，如图 6-13 所示。

 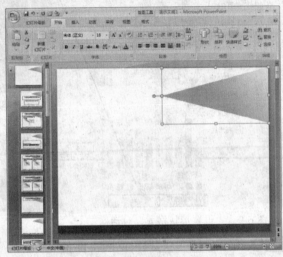

图 6-12 "大小和位置"对话框　　　图 6-13 设置效果

步骤 ⑫ 复制该等腰三角形，将其水平旋转后放置在母版的右上角，如图 6-14 所示。

步骤 ⑬ 再绘制一个钝角的等腰三角形，打开"大小和位置"对话框，选择"大小"选项卡，设置高度为"3.3 厘米"，宽度为"25.41 厘米"，旋转为"垂直旋转"，如图 6-15 所示。

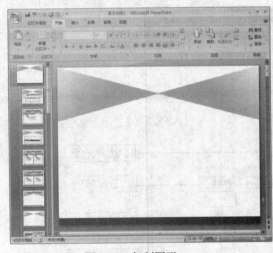 

图 6-14 复制图形　　　图 6-15 绘制并设置形状

步骤 ⑭ 在该钝角三角形上单击鼠标右键，从弹出的快捷菜单中选择"设置形状格式"菜单项，在"填充"选项卡中，选择"纯色填充"单选按钮，然后打开"颜色"下拉菜单，单击其中的"其他颜色"下拉菜单，在打开的"颜色"对话框中切换到"自定义"选项卡，设置 RGB 值为"168、188、186"，并调节其透明度为 60%。

步骤 ⑮ 切换到"线条颜色"选项卡，选择"无线条"单选按钮。单击 确定 按钮完成设置，调整三角形的位置使其位于母版的正上方，如图 6-16 所示。

图 6-16　设置形状

步骤 ⑯ 再绘制两个大小相同的矩形，打开"大小和位置"选项卡设置其高度为"19 厘米"，高度为"0.21 厘米"，如图 6-17 所示。

步骤 ⑰ 再打开"设置形状格式"对话框，设置 RGB 的值为"168、188、186"；在"线条颜色"选项卡中，选择"无线条"单选按钮，如图 6-18 所示。

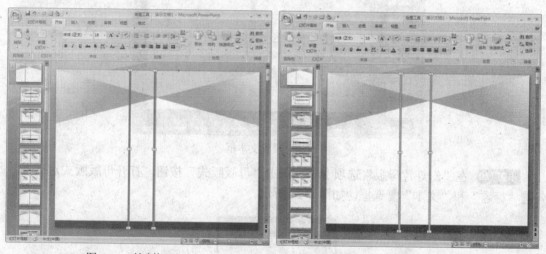

图 6-17　绘制矩形　　　　　　　　　　图 6-18　设置矩形格式

步骤 ⑱ 完成设置之后，分别调整矩形的位置使其位于模板的左右两侧，如图 6-19 所示。

步骤 ⑲ 插入一个横排文本框，并输入文本"PHILIPS"，设置字体为"Arial Black"、"阴影"字号为"18"，文本颜色的 RGB 值为"0、0、255"，调整文本框的位置使其位于母版的左上方，如图 6-20 所示。

图 6-19　调节形状位置

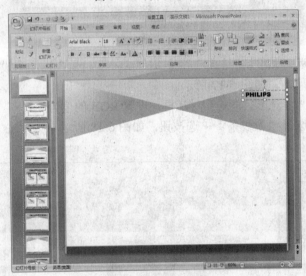

图 6-20　设置文本框

步骤 (20) 在"幻灯片母版"选项卡中，单击"母版版式"按钮，打开母版版式对话框，勾选"标题"和"文本"复选框，如图 6-21 所示。

图 6-21　母版版式

步骤 (21) 单击 确定 按钮完成母版版式的设置，母版设置完毕，其效果如图 6-22 所示。

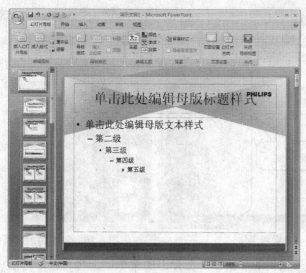

图 6-22　设置效果

2. 创建标题母版

创建完毕母版以后还需要创建标题母版，其具体的操作步骤如下。

步骤① 切换到"标题幻灯片"，"幻灯片母版"选项卡的"背景"功能区选择"隐藏背景图形"复选框，然后删除标题母版中所有的自选图形和文本框，如图 6-23 所示。

步骤② 切换到"开始"选项卡，在"绘图"功能区中打开"形状"下拉菜单，单击其中的"矩形"菜单项，拖动鼠标绘制一个矩形，然后打开"大小和尺寸"对话框，在"大小"选项卡中，设置高度为"19.05 厘米"，宽度为"10.16 厘米"，如图 6-24 所示。

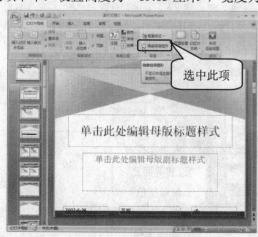

图 6-23　隐藏背景图形

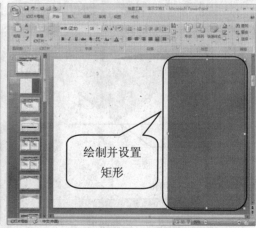

图 6-24　绘制图形

步骤③ 打开"设置形状格式"对话框，在"填充"选项卡中，选择"渐变填充"单选按钮，"预设颜色"不做选择，设置"光圈 1"的颜色为"白色，背景 1"，设置"光圈 2"的颜色为"黑色"，结束位置为 100%。在"线条颜色"选项卡中，选择"无线条"单选按钮，然后调整矩形的位置使其位于母版的右侧，设置效果如图 6-25 所示。

步骤④ 复制该矩形框，在"开始"选项卡中打开"排列"下拉菜单，从中选择"旋转→水平旋转"菜单项，旋转后将其置于标题母版的左侧，如图 6-26 所示。

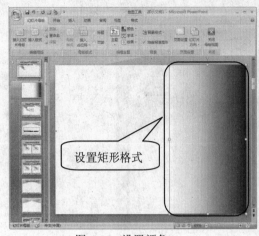

图 6-25　设置颜色

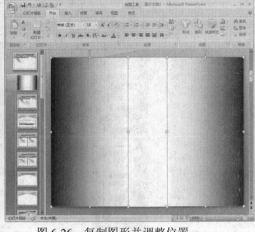

图 6-26　复制图形并调整位置

步骤 5　打开"形状"下拉菜单，在弹出的菜单中选择"基本形状→等腰三角形"菜单项，拖动鼠标在标题母版中绘制一个等腰三角形。用鼠标右键单击所绘制的三角形，从快捷菜单中选择"大小和位置"菜单项，在"大小"选项卡中，设置高度和宽度分别为"9.1 厘米"和"25.7 厘米"，将其垂直旋转后置于标题母版最上方，如图 6-27 所示。

步骤 6　用鼠标右键单击绘制的等腰三角形，从快捷菜单中选择"设置形状格式"菜单项，打开"设置形状格式"对话框。在"填充"选项卡中，选择"渐变填充"单选按钮，"预设颜色"不做选择，然后设置光圈 1 的颜色模式为"RGB"，设置 RGB 值为"168、188、186"；设置光圈 2 的颜色模式为"RGB"，设置 RGB 值为"35、100、171"，透明度为 70%。在"线条颜色"选项卡中，选择"无线条"单选按钮，如图 6-28 所示。

图 6-27　绘制图形

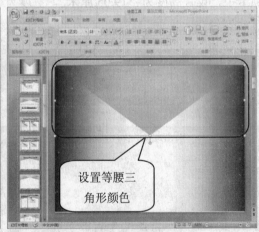

图 6-28　调整图形颜色

步骤 7　复制该等腰三角形，然后打开"大小和位置"对话框，设置其高度和宽度分为"10 厘米"和"25.7 厘米"，垂直旋转后将其放置在标题母版正下方，如图 6-29 所示。

步骤 8　打开"形状"下拉菜单，从中选择"矩形"菜单项，拖动鼠标绘制一个矩形。然后在该矩形框上单击鼠标右键，从弹出的快捷菜单中选择"大小和位置"选项卡，设置矩形的高度和宽度均为"12.85 厘米"，并将其旋转"45°"，如图 6-30 所示。

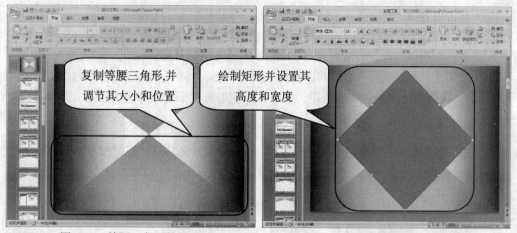

图 6-29　等腰三角形效果　　　　　　　　　　图 6-30　绘制并调节矩形位置

步骤 ⑨　用鼠标右键单击矩形框，从快捷菜单中选择"设置形状格式"菜单项，打开"设置形状格式"对话框。在"填充"选项卡中，选择"渐变填充"单选按钮，"预设颜色"不做选择，然后设置光圈 1 的 RGB 值为"168、186、188"；光圈 2 的 RGB 颜色为白色，结束位置为 50%，光圈 3 的 RGB 值为"168、186、188"，结束位置为 100%。在"线条颜色"选项卡中，选择"无线条"单选按钮，如图 6-31 所示。

图 6-31　设置矩形格式

 小知识

　　在设置自选图形的填充效果时，PowerPoint 默认的显示效果是自选图形旋转以前的效果。以此矩形为例，在填充效果中所设置底纹样式为"斜上"的渐变效果，但是旋转 45° 后所显示的填充效果为水平渐变。

步骤 ⑩　打开"形状"下拉菜单，从中选择"基本形状→菱形"选项，然后拖动鼠标在标题母版中绘制一个菱形，之后在"大小和位置"对话框中设置高度和宽度分别为"13.34

厘米"和"12.49 厘米",如图 6-32 所示。

步骤 ⑪ 打开"设置形状格式"对话框,在"填充"选项卡中选择"渐变填充"单选按钮,"预设颜色"不做选择,设置光圈 1 的 RGB 值为"168、186、188";光圈 2 为"白色,背景 1",结束位置 50%;光圈 3 的 RGB 值为"168、186、188",结束位置 100%。在"线条颜色"选项卡,选择"无线条"单选按钮。最后,将菱形放置于母版中间位置,如图 6-33 所示。

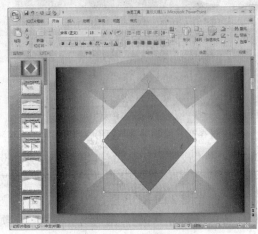

图 6-32　设置菱形大小

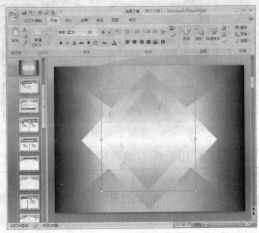

图 6-33　设置颜色

 小知识

在此处设置菱形的渐变填充效果时,在"填充效果"对话框中选择了底纹样式为"水平"样式,同前面所设置矩形为"斜上"的渐变效果,显示效果是相同的。

步骤 ⑫ 复制第二个菱形,然后用鼠标右键单击粘贴出的菱形,选择"大小和位置"菜单项打开"大小和位置"对话框,设置其的高度和宽度分为"10.16 厘米"和"9.95 厘米"。设置完成后,调整菱形将其放置在标题母版的中间位置,如图 6-34 所示。

调整菱形使其位于母版的中间位置

图 6-34　复制并调节菱形

步骤 ⑬ 绘制一个矩形。打开"大小和位置"对话框，设置高度和宽度分为"2.1 厘米"和"25.4 厘米"；打开"设置形状格式"对话框，在"填充"选项卡中选择"纯色填充"单选按钮，然后打开"颜色"下拉菜单，选择"其他颜色"菜单项，设置其颜色 RGB 值为"44、55、100"；在"线条颜色"选项卡中，选择"无线条"单选按钮，如图 6-35 所示。

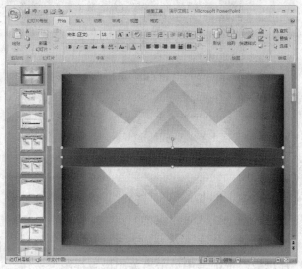

图 6-35　绘制并设置矩形

步骤 ⑭ 切换到"插入"选项卡，单击"文本框"按钮，从下拉菜单中选择"横排文本框"菜单项插入一个横排文本框，并输入文本"PHILIPS"，设置文本的字体为"Arial Black"，字号为"24"，单击阴影 S 按钮设置文本阴影，文本颜色的 RGB 值为"0、0、255"，调整文本的位置使其如图 6-36 所示。

图 6-36　输入并设置文本

步骤 ⑮ 在"幻灯片母版"选项卡中，选中"母版版式"功能区的"标题"文本框，然后打开"插入占位符"下拉菜单选择其中的"文本"菜单项，移动"标题"文本框和"文本"文本框的位置，完成标题母版设置，如图 6-37 所示。

图 6-37　标题和文本

3. 自定义模板

创建完毕母版和标题母版后，下面就将其保存为模板，其具体的操作步骤如下。

步骤① 在"幻灯片母版"选项卡中单击"关闭母版视图"按钮，退出母版编辑视图。

步骤② 单击快捷工具栏的"保存"按钮，打开"另存为"对话框，在"保存位置"下拉列表框中选择合适的保存位置，在文件名文本框中输入"moban"，然后在保存类型下拉列表框中选择"PowerPoint 模板"，如图 6-38 所示。

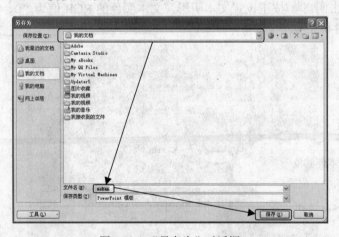

图 6-38　"另存为"对话框

步骤③ 单击 保存(S) 按钮完成自定义模板的创建和保存，单击 Office 主题下拉菜单中的退出按钮退出 PowerPoint 2007。

6.2.2　相册框架的创建

创建相册的框架，可以先通过 PowerPoint 所提供的相册功能建立大致的相册框架，并且套用前一节中所保存的模板，然后再进行具体的编辑，其操作步骤如下。

步骤① 启动 PowerPoint 2007，切换到"幻灯片母版"视图，在"插入"选项卡中单击

"插图"功能区的"相册"按钮，从下拉菜单中选择"新建相册"菜单项，打开如图6-39所示的"相册"对话框。

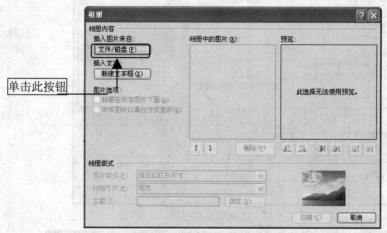

图 6-39 "相册"对话框

步骤② 在对话框中单击 文件/磁盘(F)... 按钮打开"插入新图片"对话框，从"查找范围"下拉列表框中选择路径为"光盘\第6章\images"中的"01.JPG"至"10.jpg"10张图片文件，如图6-40所示。

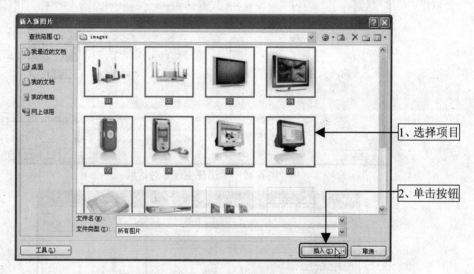

图 6-40 "插入新图片"对话框

步骤③ 单击 插入(S) 按钮返回"相册"对话框，在"图片版式"下拉列表中选择"2张图片（带标题）"项，在"相框形状"下拉列表中选择"圆角矩形"选项，如图6-41所示。

步骤④ 在设计模板右侧单击 浏览(B)... 按钮打开"选择主题"对话框，在"查找范围"下拉列表中选择相应的路径，选择前一节中所创建的"moban"模板，如图6-42所示。

步骤⑤ 单击 选择 按钮返回"相册"对话框，在"相册中的图片"列表框中调整图片顺序，使其按照插入到幻灯片中顺序排列，如图6-43所示。

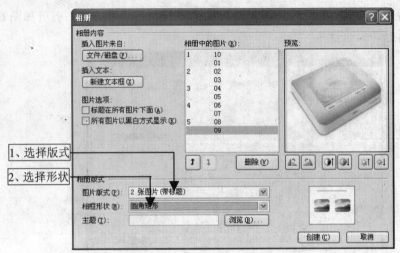

1、选择版式
2、选择形状

图 6-41　选择版式和形状

1、选择它

2、单击它

图 6-42　"选择主题"对话框

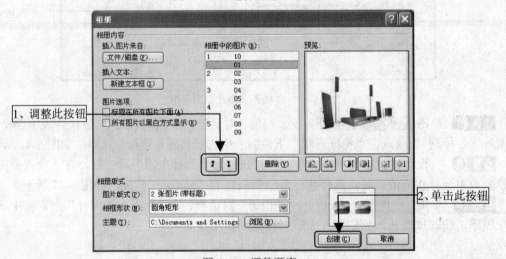

1、调整此按钮

2、单击此按钮

图 6-43　调整顺序

步骤 6 单击 [创建(C)] 按钮创建相册，此时应用了自定义设计模板的幻灯片如图 6-44 所示。至此，相册的大致框架创建完毕。

图 6-44　相册效果

6.2.3　创建产品相册索引页

在本相册的索引页中主要包括了链接到产品介绍页面的五个文本的超链接，通过单击这些链接可以跳转到其他幻灯片访问其相关的介绍页面。

步骤 1 选中第一张幻灯片，将"相册"标题文本框的内容修改为"飞利浦产品相册展示"，并设置中文字体为"幼圆"，字型为"加粗"，字号为"44"，字体颜色的 RGB 值为"168、186、188"，调整其位置至如图 6-45 所示。

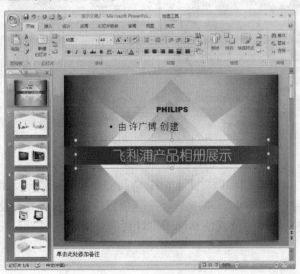

图 6-45　设置标题文本

步骤 2 选择文本为"由许广博创建"的副标题文本框，输入文本"让我们做得更好！"，设置字体为"华文仿宋"，字号为"32"，字体颜色的 RGB 值为"0、0、255"，并调整至如

图 6-46 所示位置，至此幻灯片首页创建完毕。

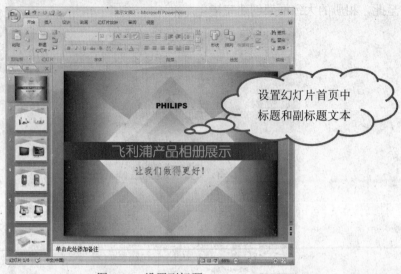

图 6-46　设置副标题

步骤 3 选中第一张幻灯片，在"开始"选项卡中打开"新建幻灯片"下拉菜单，单击其中的"仅标题"菜单项，在第一张幻灯片后插入一张新幻灯片。

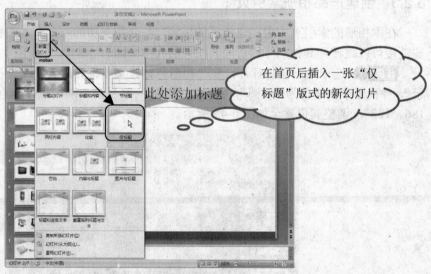

图 6-47　插入幻灯片

步骤 4 在"单击此处添加标题"文本框中输入文本"飞利浦产品相册索引"，设置字体为"楷体_GB2312"，字号为"44"，单击左对齐 ▤ 按钮将文本左对齐，设置 RGB 值为"108、186、255"，然后调整文本框的位置使其位于幻灯片的左上角，如图 6-48 所示。

图 6-48　设置索引标题

步骤⑤ 打开"形状"下拉菜单，在弹出的菜单中选择"圆角矩形"菜单项，然后拖动鼠标在幻灯片中绘制一个圆角矩形，用鼠标右键单击该圆角矩形选择"大小和位置"菜单项，打开"大小和位置"对话框，设置其高度和宽度分为"1.3 厘米"和"15.2 厘米"，如图 6-49 所示。

步骤⑥ 用鼠标右键单击该圆角矩形，在弹出的菜单中选择"设置形状格式"命令，打开"设置形状格式"对话框。在"填充"选项卡中，选择"渐变填充"单选按钮，然后打开"预设颜色"下拉列表，从中选择"薄雾浓云"列表项。打开"颜色"下拉列表，选择"其他颜色"列表项，设置光圈 1 的 RGB 值为"205、208、217"。从"光圈"下拉列表中选择光圈 2，打开"颜色"下拉列表，设置光圈 2 的 RGB 值为"115、120、135"，并设置其结束位置为 100%。在"线条颜色"选项卡中，选择"无线条"单选按钮，设置之后的圆角矩形框效果如图 6-50 所示。

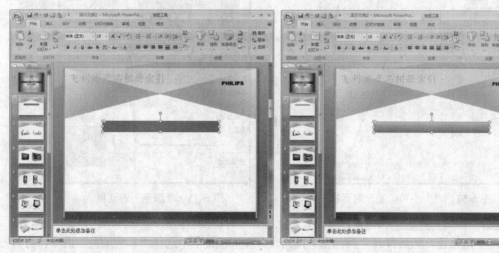

图 6-49　绘制矩形　　　　　　　　　　　　　　图 6-50　设置矩形颜色

步骤⑦ 选择所绘制的圆角矩形，并复制四个同样的圆角矩形，分别调整其位置，如图6-51 所示。

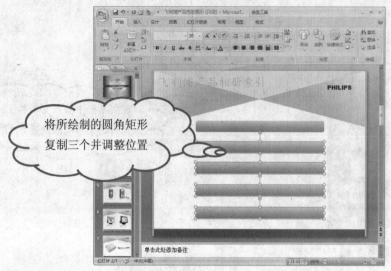

将所绘制的圆角矩形
复制三个并调整位置

图 6-51 复制并调整位置

步骤 8 打开"形状"下拉列表，在弹出的菜单中选择"基本形状→菱形"命令，拖动鼠标在幻灯片中绘制一个圆角矩形，然后打开"大小和位置"对话框，选择"大小"选项卡，设置高度和宽度都为"1.91 厘米"，如图 6-52 所示。

步骤 9 打开"设置形状格式"对话框，在"填充"选项卡中选择"纯色填充"单选按钮，然后打开"颜色"下拉列表，在下拉菜单中选择"其他颜色"命令，打开"颜色"对话框，设置颜色模式为"RGB"，设置 RGB 值为"35、171、100"，如图 6-53 所示。

图 6-52 "大小和位置"对话框

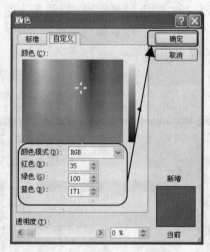

图 6-53 "颜色"对话框

步骤 10 单击 确定 按钮返回"设置形状格式"对话框，切换到"线条颜色"选项卡，选择"实线"单选按钮，然后打开"颜色"下拉列表，在下拉菜单中选择"其他颜色"命令，打开"颜色"对话框，设置颜色模式为"RGB"，设置 RGB 值为"168、188、186"，如图 6-54 所示。

步骤 11 单击 确定 按钮返回"设置形状格式"对话框，切换到"线型"选项卡，设置线条的宽度为"3 磅"，如图 6-55 所示。

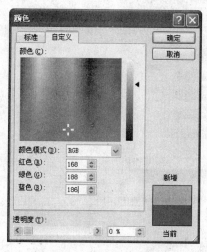

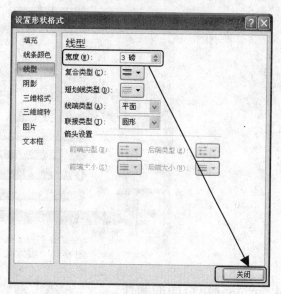

图 6-54 "颜色"对话框　　　　　图 6-55 "设置形状格式"对话框

步骤 ⑫ 单击 关闭 按钮完成设置，调整菱形的位置使其位于圆角矩形左侧，然后在菱形上单击鼠标右键，在弹出的菜单中选择"编辑文字"命令，并输入文本"1"，设置字体为"Arial"，字号为"24"，单击 **B** 按钮使文本加粗显示，其效果如图 6-56 所示。

步骤 ⑬ 将所绘制的菱形再复制四个，使其分别位于各圆角矩形的左侧，将文本分别修改为"2"、"3"、"4"、"5"，并将第二个和第四个菱形设置填充颜色为 RGB 颜色模式，RGB值为"0、0、255"，效果如图 6-57 所示。

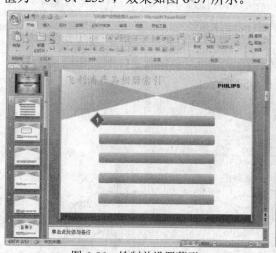

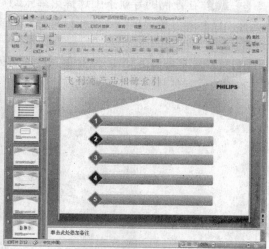

图 6-56 绘制并设置菱形　　　　　图 6-57 复制并设置菱形

步骤 ⑭ 分别在创建的圆角矩形上单击鼠标右键，在弹出的菜单中选择"编辑文字"命令，分别添加文本"视听体验无极限——家庭影院系列"、"提升完美视觉体验——电视系列"、"随意安放如影随形——DVD 播放器系列"、"一切尽在掌握——移动电话系列"、"数码芯时尚无铅设计——CRT 显示器系列"，并设置字体为"宋体"、"加粗"、"20"号、左对齐，字体颜色为"白色"，产品相册索引页创建完毕，如图 6-58 所示。

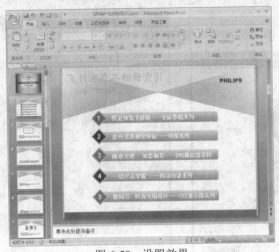

图 6-58 设置效果

6.2.4 产品介绍页面的制作

创建完毕产品相册的索引页之后，接下来就制作五个产品介绍的页面。产品介绍页面位于索引页和产品展示页面之间，具有承上启下的作用。

1. 制作家庭影院系列页面

家庭影院系列页面位于第二张幻灯片之后，在插入新幻灯片时应该注意。制作家庭影院系列页面，其具体的操作步骤如下。

步骤 ① 在左侧的导航条中选择第二张幻灯片，然后打开"新建幻灯片"下拉菜单，从中选择"仅标题"菜单项插入一张只有标题版式的幻灯片。

步骤 ② 在"单击此处添加标题"文本框中输入文本"家庭影院系列"，设置字体为"楷体_GB2312"，字号为"40"、左对齐，设置字体颜色与前一页中标题字体颜色相同，然后调整文本框的位置使其位于幻灯片的左上角，如图 6-59 所示。

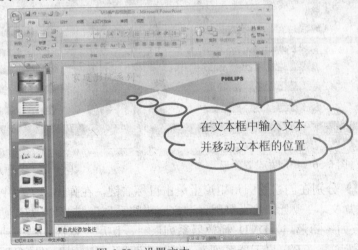

图 6-59 设置文本

步骤 ③ 打开"形状"下拉菜单，在弹出的菜单中选择"基本形状→圆角矩形"命令，拖动鼠标在幻灯片中绘制一个圆角矩形,然后打开"大小和位置"对话框,设置圆角矩形的高度和宽度分别为"4.8 厘米"和"10 厘米"。

步骤 ④ 打开"设置图片格式"对话框,在"填充"选项卡中选择"图片或纹理填充"单选按钮,单击 文件(F)... 按钮(如图 6-60 所示)打开如图 6-61 所示的"插入图片"对话框,在"查找范围"下拉列表框中选择路径为"光盘\第 6 章\images"文件夹中的"HT_banner.gif"图片文件,如图 6-61 所示。

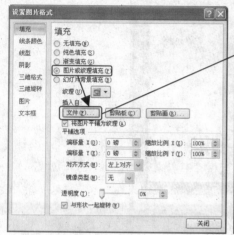

图 6-60 "设置图片格式"对话框

图 6-61 "插入图片"对话框

 小知识

在选择"图片或纹理填充"单选按钮之前,对话框的名称为"设置形状格式";当选择"图片或纹理填充"单选按钮之后,该对话框的名称会变为"设置图片格式"。

步骤 ⑤ 单击 插入(S) 按钮返回"设置图片格式"对话框,切换到"线型"选项设置线条"宽度"为"3 磅",单击 关闭 按钮完成圆形矩形的绘制,在幻灯片中调整圆形矩形的位置使其如图 6-62 所示。

图 6-62 设置矩形

步骤 6 切换到"插入"选项卡，单击"文本框"按钮，从下拉菜单中选择"横排文本框"在幻灯片中插入一个文本框，并输入相关家庭影院系列产品的介绍文本，然后设置字体为"宋体"，字号为"18"，字体颜色的 RGB 值为"0、0、255"，并单击█按钮左对齐文本，调整文本框的位置如图 6-63 所示，家庭影院系列页面创建完毕。

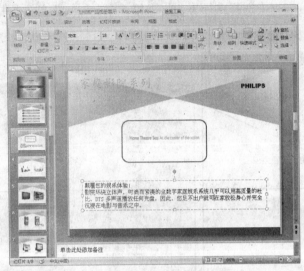

图 6-63　家庭影院设置效果

2. 制作电视系列页面

家庭影院系列页面之后就是即将要制作的电视系列页面，具体的操作步骤如下。

步骤 1 选择第三张幻灯片，打开"新建幻灯片"下拉菜单，从中选择"仅标题"菜单项，在第三张幻灯片后插入一张新幻灯片。

步骤 2 在"单击此处添加标题"文本框中输入文本"电视系列"，设置字体为"楷体_GB2312"，字号为"28"，单击左对齐█按钮将文本左对齐，设置字体颜色与前一页中标题字体颜色相同，然后调整文本框的位置使其位于幻灯片的左上角，如图 6-64 所示。

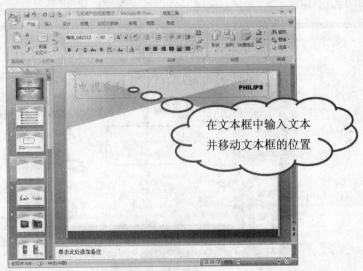

图 6-64　设置标题

步骤 3 单击"Office 按钮",然后单击下拉菜单中的"PowerPoint 选项"按钮,弹出的"PowerPoint 选项"对话框,在"常规"选项卡中选择"在功能区显示'开发工具'选项卡"复选框,然后单击 确定 按钮保存设置。

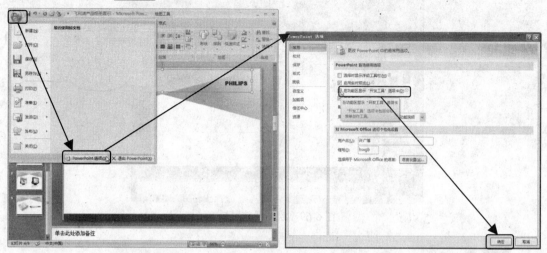

图 6-65 Office 选项　　　　　　　　图 6-66 "PowerPoint 选项"对话框

步骤 4 切换到"开发工具"选项卡,在"控件"功能区中单击 按钮(如图 6-67 所示),弹出如图 6-68 所示的"其他控件"对话框,从中选择"Shockwave Flash Object"列表项。

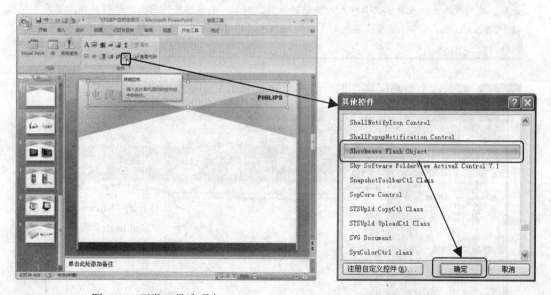

图 6-67 开发工具选项卡　　　　　　图 6-68 "其他控件"对话框

步骤 5 单击 确定 按钮,光标即可变为"十"形状。将该光标移动到幻灯片编辑区域中,拖动鼠标即可绘制一个矩形区域,这个区域也就是播放动画的区域,如图 6-69 所示。

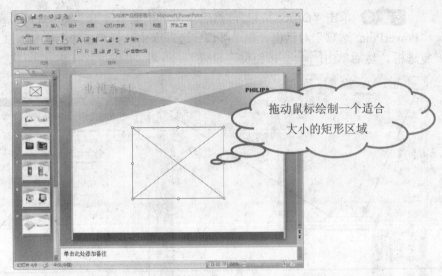

图 6-69　绘制播放区域

　　所谓 ActiveX 控件，是由软件提供商开发的可重用的软件组件。使用 ActiveX 控件，可以很快地在网址、应用程序，以及开发工具中加入特殊的功能。例如，动画控件可用来向幻灯片或者网页中加入动画，StockTicker 控件可以用来在网页上即时地加入活动信息等。目前，已有 1000 多个商用的 ActiveX 控件。

步骤 6 双击这个矩形区域，即可打开"Microsoft Visual Basic"界面，如图 6-70 所示。

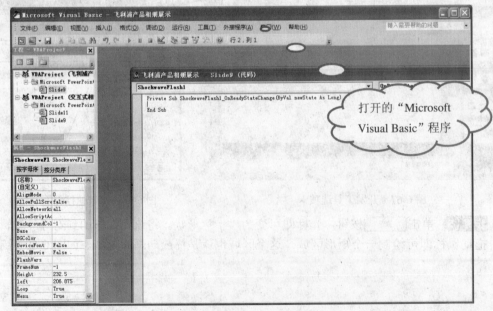

图 6-70　Microsoft Visual Basic

步骤 7 在"属性"窗口中选择"自定义"项，然后单击其右侧的 **…** 按钮（如图 6-71 所示），即可打开如图 6-72 所示的"属性页"对话框。

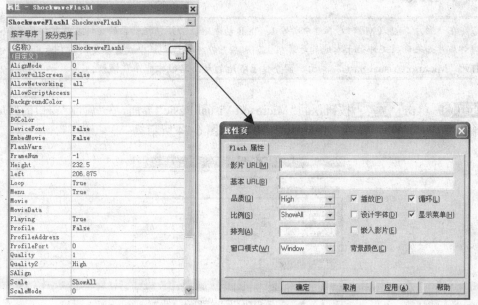

图 6-71　属性　　　　　　　　　图 6-72　"属性页"对话框

如果在"Microsoft Visual Basic"界面中没有打开"属性"面板，可以通过选择"视图/属性窗口"命令，或者按 F4 键打开"属性"面板。

步骤 8 在"属性页"对话框中的"影片 URL（M）"文本框中输入需要播放 Flash 动画的文件路径，如图 6-73 所示。

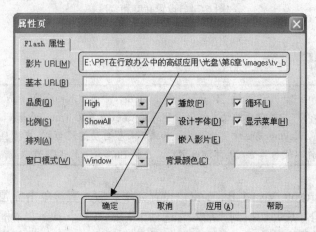

图 6-73　设置播放路径

237

**小知识**

在"影片 URL（M）"文本框中所输入 Flash 动画路径必须包括动画的文件名及其扩展名，在放映幻灯片时如果动画文件位于本地的计算机上，则在另外一台计算机中就需要复制该 Flash 动画，然后再打开"Microsoft Visual Basic"界面，调整位于本地的动画路径才能正常播放。

步骤 ⑨ 单击 ＿确定＿ 按钮返回"Microsoft Visual Basic"界面，在"属性"窗口的"Height"项中输入"190"，在"Width"中输入"370"，如图 6-74 所示。

属性 - ShockwaveFlash1	✕
ShockwaveFlash1 ShockwaveFlash	▾
按字母序 | 按分类序	

Base	
BGColor	
DeviceFont	False
EmbedMovie	False
FlashVars	
FrameNum	0
Height	190
left	206.875
Loop	True
Menu	True
Movie	E:\PPT在行政办公中的高级应用\光盘
MovieData	
Playing	True
Profile	False
ProfileAddress	
ProfilePort	0
Quality	1
Quality2	High
SAlign	
Scale	ShowAll
ScaleMode	0
SeamlessTabbing	True
SWRemote	
top	173.625
Visible	True
Width	370
WMode	Window

图 6-74　设置高度和宽度

**小知识**

在"属性"窗口中，所设置的"Height"和"Width"中所输入的代表 Flash 动画播放时的高度和宽度；若要在显示幻灯片时自动播放文件应将 Playing 属性设置为 True，如果 Flash 文件内置有"开始/倒带"控件，则可将 Playing 属性设置为 False；如果不希望自动播放动画，应将 Loop 属性设置为 False；若要嵌入 Flash 文件以便与其他人共享演示文稿，应将 Embed 属性设置为 True。

步骤 ⑩ 在 Microsoft Visual Basic 窗口设置完毕之后，直接单击标题栏右上角的 ✕ 按钮将其关闭。返回到幻灯片并切换到"插入"选项卡，插入一个横排文本框并输入电视系列的相关产品介绍，并设置字体为"宋体"、"18"号字、左对齐，字体颜色的 RGB 值为"0、0、255"，如图 6-75 所示。

图 6-75　设置效果

3. 制作 DVD 播放器系列

接下来就该介绍 DVD 播放器系列页面的制作了，其操作步骤如下。

步骤① 选中第四张幻灯片，打开"新建幻灯片"下拉菜单，单击其中的"仅标题"菜单项，在第四张幻灯片后插入一张新幻灯片。

步骤② 在"单击此处添加标题"文本框中输入文本"DVD 播放器系列"，设置字体、字号、字体颜色，以及文本框的位置都与前面的幻灯片标题相同。

步骤③ 切换到"插入"选项卡，在"插图"功能区单击"图片"按钮，打开"插入图片"对话框，选择路径为"光盘\第 6 章\images"中的"DVD_banner.gif"图片文件，如图 6-76 所示。

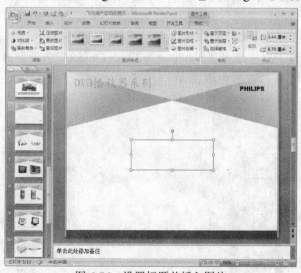

图 6-76　设置标题并插入图片

步骤④ 用鼠标右键单击插入的图片，从快捷菜单中选择"大小和位置"菜单项，打开"大小和位置"对话框。在"大小"选项卡中设置缩放比例高度和宽度都为"130%"，如图 6-77 所示。

步骤⑤ 单击 关闭 按钮返回幻灯片中。然后插入一个横排文本框，并输入家庭影院系列产品相关的介绍文本，设置字体、字号、字体颜色，以及文本框的位置都与前面的幻灯片相同，调整图片和文本的位置后 DVD 播放器系列页面创建完毕，如图 6-78 所示。

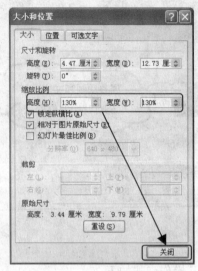

图 6-77 "大小和位置"对话框　　　　　　　　　图 6-78 设置效果

4. 制作移动电话系列

移动电话系列的制作方法同电视系列页面相似，其操作步骤如下。

步骤① 在右侧的导航条中选择第五张幻灯片，然后打开"新建幻灯片"下拉菜单，从中选择"仅标题"菜单项，在第五张幻灯片后插入一张新幻灯片。

步骤② 在"单击此处添加标题"文本框中输入文本"移动电话系列"，设置字体、字号、字体颜色，以及文本框的位置都与前面的幻灯片标题相同。

步骤③ 切换到"开发工具"选项卡，在"控件"功能区单击"其他控件" 按钮，在弹出的"其他控件"列表框中选择"Shockwave Flash Object"选项，鼠标拖动绘制一个适合大小的播放动画矩形区域，如图 6-79 所示。

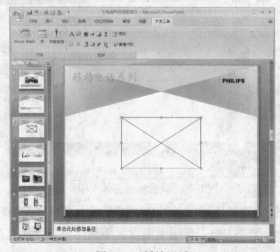

图 6-79 播放区域

步骤④ 双击这个矩形区域，打开"Microsoft Visual Basic"界面，在"属性"窗口中选择"自定义"项，然后单击其右侧的 **...** 按钮，打开"属性页"对话框，在"影片 URL（M）"文本框中输入需要播放 Flash 动画的文件路径：光盘\第 6 章\images\ Phone_banner.swf，如图 6-80 所示。

步骤⑤ 单击 **确定** 按钮返回"Microsoft Visual Basic"界面，在"属性"面板的"Height"项中输入"190"，在"Width"中输入"370"，如图 6-81 所示。

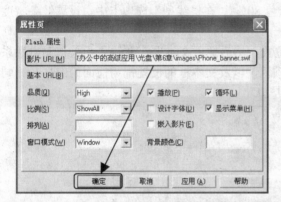

图 6-80　"属性页"对话框

图 6-81　属性面板

步骤⑥ 关闭 Microsoft Visual Basic 窗口并返回幻灯片中，调整 Flash 动画在幻灯片文档中的位置，然后插入横排文本框，并输入相关移动电话系列产品的介绍文本，设置字体、字号、字体颜色，以及文本框的位置都与前面的幻灯片相同，至此移动电话系列页面创建完毕，如图 6-82 所示。

图 6-82　设置效果

5. 制作 CRT 显示器系列

CRT 显示器系列的制作方法同家庭影院系列页面相似，其操作步骤如下。

步骤 1 选中第六张幻灯片，打开"新建幻灯片"下拉菜单，从中选择"仅标题"菜单项，在第六张幻灯片后插入一张新幻灯片。

步骤 2 在"单击此处添加标题"文本框中输入文本"CRT 显示器系列"，设置字体、字号、字体颜色，以及文本框的位置都与前面的幻灯片标题相同。

步骤 3 在幻灯片中绘制一个圆角矩形，然后打开"大小和位置"对话框，设置高度和宽度为为"5 厘米"和"14 厘米"。

步骤 4 打开"设置图片格式"对话框，在"填充"选项卡中，选择"图片或纹理填充"单选按钮，单击"文件"按钮打开"选择图片"对话框，选择路径为"光盘\第 6 章\images"文件夹中的"CRT_banner.gif"图片文件。在"线条颜色"选项卡中，选择"实线"单选按钮，设置颜色为"水绿色，强调文字颜色 5，淡色 80%"；在"线型"选项卡中，设置线条宽度为"3 磅"。

步骤 5 返回幻灯片中，调整图片的位置，然后插入文本框，并输入相关移动电话系列产品的介绍文本，设置字体、字号、字体颜色，以及文本框的位置都与前面的幻灯片相同，如图 6-83 所示，移动电话系列页面创建完毕。

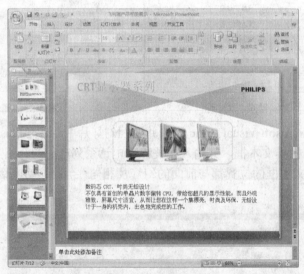

图 6-83　设置效果

6.2.5 产品展示页面的制作

产品展示页面就是前面所创建的相册页面，本节就分别对这些页面进行细化的操作。具体的操作步骤如下。

步骤 1 选择第八张幻灯片，在"单击此处添加标题"文本框中输入文本"家庭影院产品展示"，在"格式"工具栏中设置字体、字号、字体颜色，以及文本框的位置都与前面的幻灯片标题相同。

步骤 2 打开幻灯片中两幅图片的"设置图片格式"对话框，在"颜色和线条"选项卡中，选择"实线"单选按钮，设置线条颜色为"水绿色，强调文字颜色 5，淡色 80%"，在"线型"选项卡中设置"宽度"为"3磅"。设置完毕的幻灯片如图 6-84 所示。

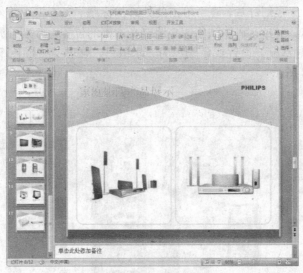

图 6-84　家庭影院产品展示

步骤 ③ 选择第九张幻灯片，在"单击此处添加标题"文本框中输入文本"电视系列产品展示"，设置字体、字号、字体颜色、以及文本框的位置都与前面的幻灯片标题相同。分别打开幻灯片中两幅图片的"设置图片格式"对话框，设置线条颜色为"水绿色，强调文字颜色 5，淡色 80%"，宽度为"3磅"，如图 6-85 所示。

步骤 ④ 选择第 10 张幻灯片，在"单击此处添加标题"文本框中输入文本"DVD 播放器产品展示"，设置字体、字号、字体颜色，以及文本框的位置都与前面的幻灯片标题相同。分别打开幻灯片中两幅图片的"设置图片格式"对话框，设置线条颜色为"水绿色，强调文字颜色 5，淡色 80%"，宽度为"3磅"，如图 6-86 所示。

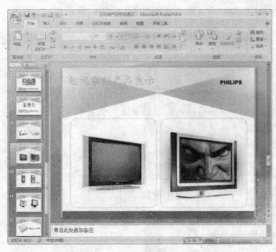
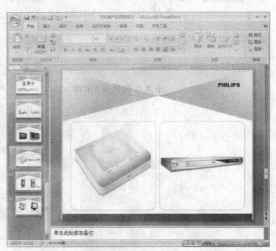

图 6-85　电视系列产品展示　　　　　　　图 6-86　DVD 播放器产品展示

步骤 ⑤ 选择第 11 张幻灯片，在"单击此处添加标题"文本框中输入文本"移动电话产品展示"，设置字体、字号、字体颜色，并调整文本框的位置；分别打开幻灯片中两幅图片的"设置形状格式"对话框，设置线条颜色为"水绿色，强调文字颜色 5，淡色 80%"，宽度为

"3 磅"，如图 6-87 所示。

步骤 6 选择第 12 张幻灯片，在"单击此处添加标题"文本框中输入文本"CRT 显示器产品展示"，设置字体、字号、字体颜色、并调整文本框的位置；分别打开幻灯片中两幅图片的"设置形状格式"对话框，设置线条颜色为"水绿色，强调文字颜色 5，淡色 80%"，宽度为"3 磅"，如图 6-88 所示。

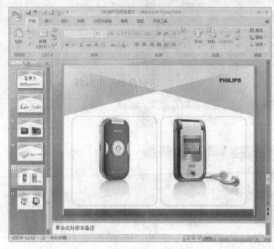 

图 6-87　移动电话产品展示　　　　图 6-88　CRT 显示器产品展示

步骤 7 至此，所有的产品展示页面都创建完毕。

6.2.6　在页面之间创建超链接

创建完成了所有的幻灯片页面，最后就需要在各页面之间创建链接了，其操作步骤如下。

步骤 1 选择第二张幻灯片，在"视听体验无极限——家庭影院系列"文本上单击鼠标右键，在弹出的菜单中选择"超链接"命令，如图 6-89 所示。打开如图 6-90 所示的"插入超链接"对话框。

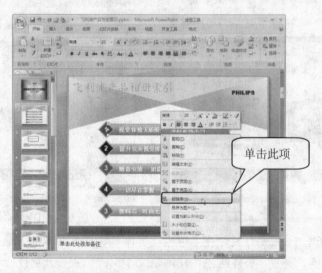

图 6-89　超链接

步骤 2 在左侧的"链接到:"列表框中单击"本文档中的位置"列表项,使其呈反白选中;然后在"请选择文档中的位置"列表框中选择"3.家庭影院系列",如图 6-90 所示。

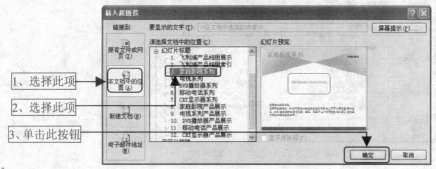

1、选择此项
2、选择此项
3、单击此按钮

图 6-90 插入超链接

步骤 3 单击 确定 按钮插入超链接并返回第二张幻灯片,用同样的方法设置"提升完美视觉体验——电视系列"文本所在的自选图形链接到"4.电视系列"幻灯片。

步骤 4 设置"随意安放 如影随形——DVD 播放器系列"文本所在的自选图形链接到"5.DVD 播放器系列"幻灯片。

步骤 5 设置"一切尽在掌握——移动电话系列"文本所在的自选图形链接到"6.移动电话系列"幻灯片。

步骤 6 设置"数码芯 时尚无铅设计——CRT 显示器系列"文本所在的自选图形链接到"7.CRT 显示器系列"幻灯片,这样索引页同产品介绍页之间就创建了超链接。

步骤 7 选择第三张幻灯片,切换到"插入"选项卡,单击"插图"功能区的"图片"按钮,在打开的"插入图片"对话框中选择路径为"光盘\第 6 章\images"文件夹中的"gogo.gif"图片文件, 单击 插入(S) 按钮,将其插入到幻灯片中,调整位置使其位于右下角,如图 6-91 所示。

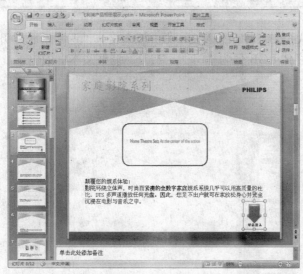

图 6-91 插入图片

步骤 8 在插入的图片上单击鼠标右键,从弹出的菜单中选择"超链接"菜单项,打开"插入超链接"对话框。在左侧的"链接到:"列表框中单击"本文档中的位置"列表项,然后在"请选择文档中的位置"列表框中选择"8.家庭影院产品展示",如图 6-92 所示。

图 6-92　"插入超链接"对话框

步骤⑨　选择第四张幻灯片,插入"gogo.gif"图片文件,并打开"动作设置"图片链接到"9.电视系列产品展示"幻灯片页面。

步骤⑩　选择第五张幻灯片,插入"gogo.gif"图片文件,并打开"动作设置"图片链接到"10.DVD 播放产品展示"幻灯片页面。

步骤⑪　选择第六张幻灯片,插入"gogo.gif"图片文件,并打开"动作设置"图片链接到"11.移动电话产品展示"幻灯片页面。

步骤⑫　选择第七张幻灯片,插入"gogo.gif"图片文件,并打开"动作设置"图片链接到"12.CRT 显示器产品展示"幻灯片页面。

这样产品介绍页面同的产品展示页面之间的超链接就创建完毕。

🔒 小知识

笔者在有 Flash 动画的幻灯片中插入 gogo.gif 图片时,单击  按钮之后,在幻灯片中却找不到所插入的图片,待将 Flash 动画移开之后,才发现图片原来位于动画的下层。

步骤⑬　选择第八张幻灯片,插入文本框并输入文本"返回相册索引",设置字体为"宋体",字号为"16",字体 RGB 值为"0、0、255",调整文本框的位置,如图 6-93 所示。

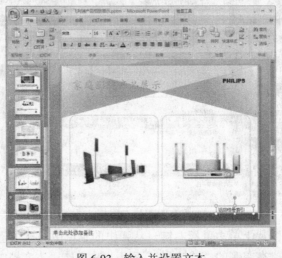

图 6-93　输入并设置文本

步骤 ⑭　选择所输入的文本，打开"插入超链接"，在"链接到"中选择"本文档中的位置"选项，在"请选择文档中的位置"下拉列表框中选择"2.飞利浦相册索引"，如图 6-94 所示。

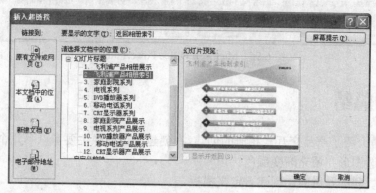

图 6-94　插入超链接

步骤 ⑮　复制创建链接的文本框，将其分别粘贴在第九张、第 10 张、第 11 张和第 12 张幻灯片文档中，这样产品展示页面同相册索引页之间的链接就创建完毕。

步骤 ⑯　至此，产品的交互式相册创建完毕，单击快捷工具栏的"保存"按钮，即可弹出如图 6-95 所示的"另存为"对话框，此处需要从"保存类型"下拉列表中选择"启用宏的 PowerPoint 演示文稿（*.pptm）"列表项。

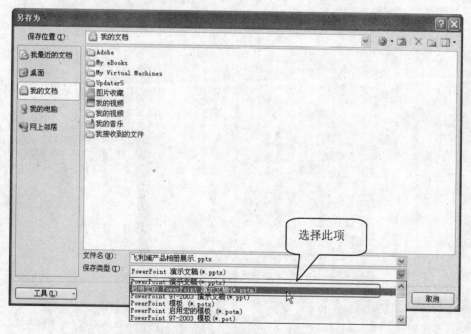

图 6-95　"另存为"对话框

若没有选择保存类型，而是保存为默认的"PowerPoint 演示文稿（*.pptx）"类型的话，那么会弹出如图 6-96 所示的"Microsoft Office PowerPoint"对话框，提示.pptx 类型的演示文稿无法保存启用宏，若要启用宏必须选择其他格式。

图 6-96　Microsoft Office PowerPoint

6.3　实例总结

本章主要是介绍了产品交互式相册的创建,在创建的过程中主要了以下几个方面的内容。

- 绘制自选图形并填充渐变颜色。
- 设置母版和标题母版,创建自定义模板。
- 通过 PowerPoint 所提供的相册功能创建相册框架。
- 通过打开"Microsoft Visual Basic"界面插入 Flash 动画。
- 创建自选图形并填充图片背景。
- 设置图片的超链接。

应该注意的是,在幻灯片中插入 Flash 动画后,在预览演示文稿时,如果改变了 Flash 动画的路径和文件名,将不能在幻灯片中播放,应调整相应的路径和文件名。

第 7 章 项目分析报告

在行政办公中，很多职员会经常接触到向上级进行项目的特点、用途、完成情况以及前景方面的分析，而通过 PowerPoint 2007 制作项目分析报告，可以使内容更加直白，效果更加美观大方。本章将使用 PowerPoint 2007 来制作项目分析报告的幻灯片演示文稿。

7.1 案例分析

同传统的手写项目分析报告相比，使用 PowerPoint 2007 所制作的幻灯片项目分析报告演示文稿更能将枯燥无味的报告变得富有动感和乐趣。本实例使用 PowerPoint 2007 制作的幻灯片项目分析报告效果如图 7-1 所示。

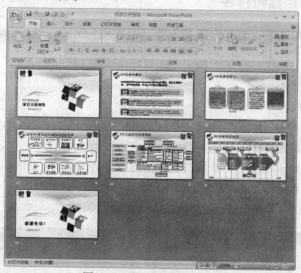

图 7-1　项目分析报告效果

7.1.1　知识点

本实例在标题模板的制作时，除了插入图片外，还通过对自选图形填充图片效果达到一种特殊的图片效果。在演示文稿中也使用插入剪贴画的功能丰富幻灯片的表现力。

在本实例中主要用到了以下的知识点。

- 通过插入图片和绘制自选图形创建幻灯片母版和标题母版。
- 通过在自选图形中设置图片填充效果。
- 自选图形的绘制以及颜色渐变的设置。
- 设置自选图形的填充样式增强页面的立体感。
- 剪贴画的插入和编辑表示供应链管理页面中各环节的图示。
- 直线的插入和调整组合用于表示项目进度页面的时间分隔。

7.1.2 设计思路

本实例中的 ERP 系统实施项目分析报告主要是由项目系统的概念、系统项目特点、计划蓝图以及项目进度等几个基本的要素组成。对于一个具有专业特点的系统项目，在制作时首先应该对该项目的概念、特点、用途等进行讲解，以便于观看者对该项目的功能有大概了解，最后通过项目进度演示文稿体现项目中已完成的部分以及时间、目前的进度和预计最终的完成时间，使人一目了然。

本幻灯片演示文稿页面根据内容依次是：首页→ERP 系统的概念→ERP 系统的特点→运用 ERP 优化企业整体供应链管理→ERP 上线后的系统蓝图→ERP 系统项目进度→结束页。

7.2 案例制作

本实例的制作首先是设置幻灯片的母版和标题母版，然后创建项目分析报告的各个幻灯片页面，最后再添加幻灯片的动画效果和切换效果。下面将分别进行介绍。

7.2.1 设置母版和标题幻灯片

母版和标题母版的设置，首先应该插入背景图片和 LOGO，然后再绘制自选图形并填充图片。

1. 设置母版幻灯片

设置母版具体的操作步骤如下。

步骤① 启动 PowerPoint 2007，切换到"视图"选项卡，在"演示文稿视图"功能区中单击"幻灯片母版"按钮，进入幻灯片母版设计视图。

步骤② 在左侧的导航条中切换到"幻灯片母版"的幻灯片，删除母版中所有的文本框，然后切换到"插入"选项卡，单击"图片"按钮打开如图 7-2 所示的"插入图片"对话框，选择路径为"光盘\第 7 章\images"中的"bg.png"图片文件。

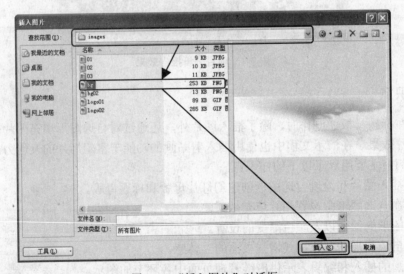

图 7-2 "插入图片"对话框

步骤 ③ 单击 插入(S) 按钮在母版中插入图片文件，然后用鼠标右键单击插入的图片，从快捷菜单中选择"大小和位置"菜单项打开"大小和位置"对话框，切换到"位置"选项卡，设置"水平"和"垂直"位置均为"0"，如图7-3所示。

步骤 ④ 单击 关闭 按钮完成图片的设置，其效果如图7-4所示，

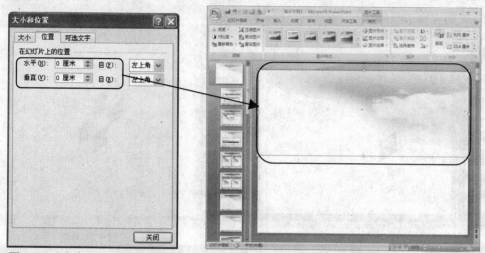

图7-3 "人小和位置"对话框　　　　　　图7-4 插入图片效果

步骤 ⑤ 切换到"开始"选项卡，在"绘图"功能区内单击"形状"按钮，从弹出的菜单中选择"基本图形→菱形"命令，拖动鼠标在文档中绘制一个菱形，打开"大小和位置"对话框，选择"大小"选项卡，设置高度为"4.54厘米"，宽度为"2.61厘米"，如图7-5所示。

步骤 ⑥ 打开"设置形状格式"对话框。在"填充"选项卡中选择"纯色填充"单选按钮，然后打开"颜色"下拉列表，从弹出的下拉菜单中选择"其他颜色"菜单项，打开"颜色"对话框，切换到"自定义"选项卡，设置颜色模式为"RGB"，设置RGB值为"11、23、73"；在"线条颜色"选项卡中选择"无线条"单选按钮，如图7-6所示。

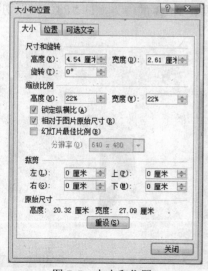
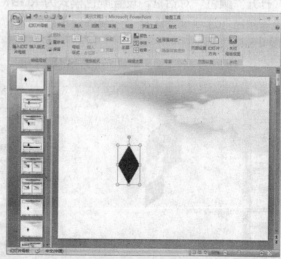

图7-5 大小和位置　　　　　　　　　　图7-6 形状设置效果

步骤 7 单击 关闭 按钮返回幻灯片母版中，拖动菱形的绿色控制点，将其旋转使其如图 7-7 所示。

步骤 8 将所绘制的菱形再复制粘贴三个，设置各菱形颜色的 RGB 值为"77、147、217"；"119、174、38"；"106、147、188"。依次调整各菱形的位置使其如图 7-8 所示。

图 7-7　旋转形状

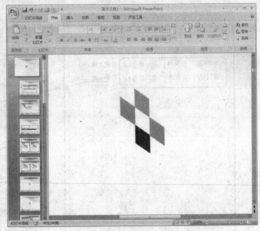

图 7-8　设置形状颜色

小知识

在编辑图形形状时拖动状态栏上的"显示比例"226% ⊖──────⊕按钮，可以使较小的图形以放大显示，从而方便编辑操作。

步骤 9 再绘制一个菱形，打开"大小和位置"对话框，选择"大小"选项卡，设置高度为"1.1 厘米"，宽度为"0.9 厘米"，并调整其位置至如图 7-9 所示位置。

步骤 10 打开"设置形状格式"对话框，在"填充"选项卡中选择"纯色填充"单选按钮，打开"颜色"对话框，设置颜色模式为 RGB，设置 RGB 的值为"11、23、73；切换到"线条颜色"选项卡，选择"无线条"单选按钮。

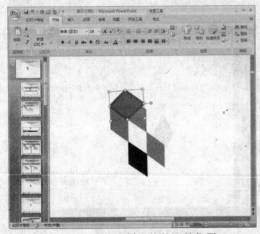

图 7-9　绘制形状并调整位置

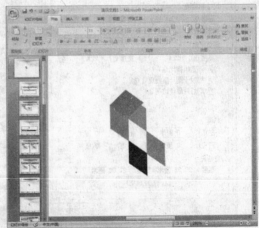

图 7-10　设置形状格式

步骤 ⑪ 单击 关闭 按钮返回幻灯片母版中，将所绘制的菱形再复制粘贴两个，设置各菱形颜色的 RGB 值为"36、83、76"；"77、121、143"。依次调整各菱形的位置和叠放次序使其如图 7-11 所示。

图 7-11 设置形状颜色

步骤 ⑫ 按住 Ctrl 键依次选择绘制的所有菱形，松开 Ctrl 键；然后单击鼠标右键，从弹出的快捷菜单中依次选择"组合→组合"命令将图形组合（如图 7-12 所示），然后调整位置，使其位于母版幻灯片的左上方，如图 7-13 所示。

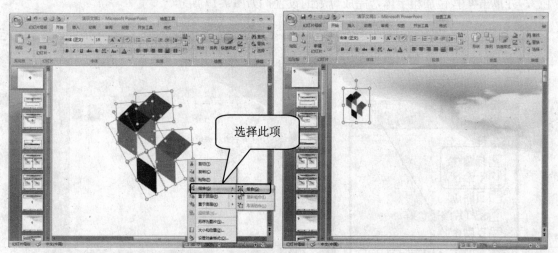

图 7-12 组合图形　　　　　图 7-13 调整位置

步骤 ⑬ 切换到"插入"选项卡，单击"插图"功能区的"图片"按钮打开"插入图片"对话框，选择路径为"光盘\第 7 章\images"文件夹中的"logo02.gif"图片文件，如图 7-14 所示。

步骤 ⑭ 单击 插入(S) 按钮在母版中插入公司 LOGO 的图片文件，右键单击该图片选择"大小和位置"菜单项打开"大小和位置"对话框，设置缩放比例的"高度"和"宽度"位置为"40%"，如图 7-15 所示。

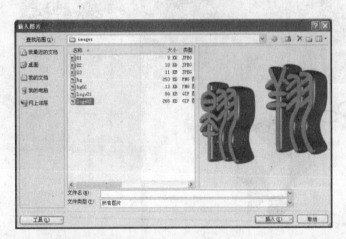

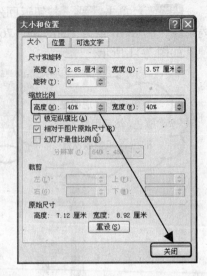

图 7-14　插入 Logo　　　　　　　　　　图 7-15　"大小和位置"对话框

步骤 ⑮ 调整图片的位置使其位于母版的右上方，然后在"幻灯片母版"选项卡中单击"母版版式"按钮，打开"母版版式"对话框，选择"标题"和"文本"复选框，如图 7-16 所示。

步骤 ⑯ 单击 ⟨ 确定 ⟩ 按钮返回母版中，将光标定位到"单击此处编辑母版标题样式"文本框，然后在"字体"功能区设置字体为"宋体（标题）"，字号为"28"，字体颜色为"蓝色"，并单击 **B** 按钮加粗字体，完成母版的设置，如图 7-17 所示。

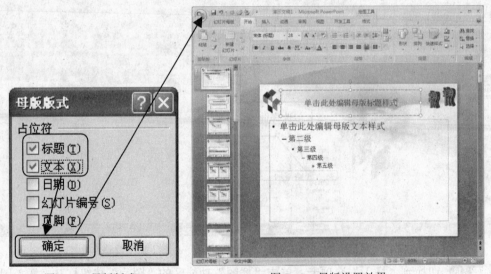

图 7-16　母版版式　　　　　　　　　图 7-17　母版设置效果

2. 设置标题幻灯片

设置完毕母版后，就可以设置标题母版了，其具体的操作步骤如下。

步骤 ❶ 首先，在左侧的导航条中单击"标题幻灯片"，切换到标题幻灯片版式设置界面。然后，在幻灯片的空白处单击鼠标右键，从弹出的快捷菜单中选择"设置背景格式"菜单项，打开"设置背景格式"对话框。再后，选择"隐藏背景图形"复选框，单击 关闭 按钮，完成设置。最后，删除当前幻灯片中所有的文本框，如图 718 和图 7-19 所示。

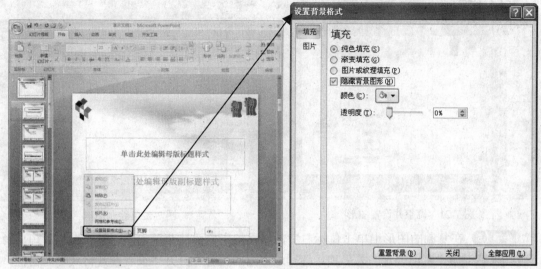

图 7-18　设置背景格式菜单　　　　　　　　　　图 7-19　隐藏背景图形

步骤 ② 切换到"插入"选项卡，单击"插图"功能区的"图片"按钮，打开"插入图片"对话框，选择路径为"光盘\第 7 章\images"文件夹中的"bg.png"、"bg02.png"和"logo01.gif"图片文件，如图 7-20 所示。

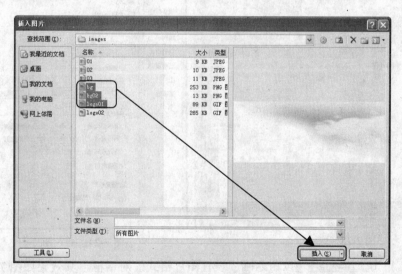

图 7-20　插入图片

步骤 ③ 单击 插入(S) 按钮在标题母版中插入图片文件，将"logo.gif"图片放置于标题母版的左上方，然后再调整"bg02.png"图像的位置，调整它们的位置后，选中插入的"bg.png"图像将其叠放次序设置为"置于底层"，如图 7-21 所示。

步骤 ④ 复制在"母版幻灯片"中绘制的菱形，将其粘贴在标题母版中，如图 7-22 所示。

255

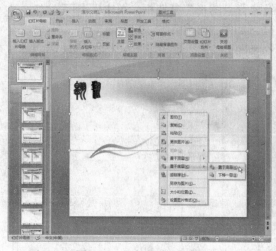

图 7-21 调整并设置图形

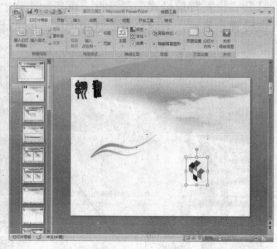

图 7-22 绘制图形

步骤⑤ 在复制的图形上单击鼠标右键，将鼠标指向快捷菜单中的"组合"菜单项，单击级联菜单中的"取消组合"菜单项。选择最上方的菱形，打开"设置图片格式"对话框，选择"图片或纹理填充"单选按钮，单击"文件"按钮，打开"选择图片"对话框，选择"01.jpg"图片文件，如图 7-23 和图 7-24 所示。

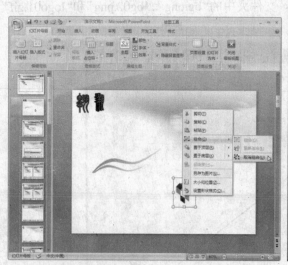

图 7-23 取消组合

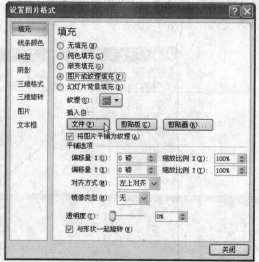

图 7-24 插入图片

步骤⑥ 单击 插入(S) 按钮返回"设置图片格式"对话框，其效果如图 7-25 所示。

步骤⑦ 同样的方法再设置两个菱形的填充效果分别为"光盘\第 7 章\images"文件夹中的"02.jpg"和"03.jpg"图片文件，设置完毕后的效果如图 7-26 所示。

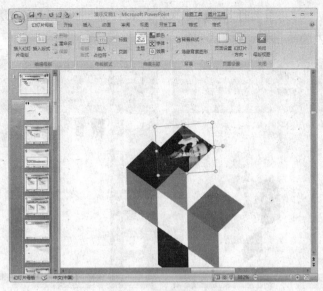

图 7-25　图片设置效果

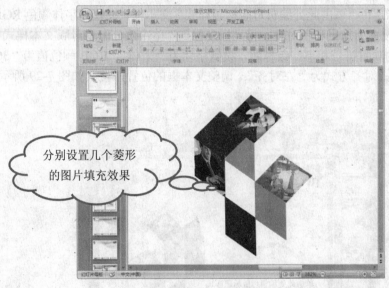

分别设置几个菱形
的图片填充效果

图 7-26　插入图片

　　向右下方的菱形中插入图片后，需要在"设置图片格式"对话框内取消对"与形状一起旋转"复选框的选中，否则图片将会与菱形的旋转方向一起旋转，不符合正常的观看习惯。

步骤 8　调整四个菱形的高度和宽度分别为"4.64 厘米"和"2.66 厘米"，三个菱形的高度和宽度分别为"3.3 厘米"和"4.2 厘米"，并将它们组合在一起，如图 7-27 所示。

步骤 9　在"幻灯片母版"选项卡的"母版版式"功能区，选中"标题"复选框，然后打开"插入占位符"下拉菜单选择其中的"文本"菜单项，拖动鼠标在幻灯片中绘制出一个文本框，如图 7-28 所示。

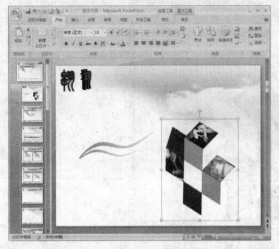 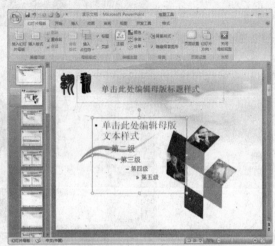

图 7-27　调整图形并组合　　　　　　　　　　图 7-28　插入标题和文本

步骤 ⑩ 将光标定位"单击此处编辑母版标题样式"文本框，设置其字体颜色 RGB 值为"11、23、73"，并设置为加粗和左对齐；将光标定位到"单击此处编辑母版文本样式"文本框，删除文本框中的项目符号和下一级标题，设置字体为"宋体"，RGB 颜色值为"36、83、178"，字号为"16"，对齐方式为"左对齐"；调整文本框的位置，使其如图 7-29 所示。

图 7-29　标题母版设置效果

 小知识

　　如果在母版中设置了标题和副标题的字体样式，那么在创建幻灯片演示文稿时，就不用再分别设置每一个幻灯片页面中的标题和副标题的字体样式，以达到提高工作效率的目的。

7.2.2　创建项目系统概念页面

设置完毕母版和标题母版后，下面就对 ERP 系统概念的内容进行创建，其具体的操作步骤如下。

步骤① 在"幻灯片母版"选项卡中单击"关闭母版视图"按钮关闭母版视图，在左侧的导航条中删除仅有的一张幻灯片，打开"新建幻灯片"下拉菜单，单击其中的"标题幻灯片"菜单项，创建一张标题幻灯片。

图 7-30　创建标题幻灯片

步骤② 在"单击此处添加标题"文本框中输入文本"ERP 系统实施项目分析报告"，并选中"ERP 系统实施"文本，设置英文字体为"Verdana"，字型为"常规"，字体颜色的 RGB 值为"51、51、153"；选中"项目分析报告"，设置字体为"黑体"，字号为"36"；"ERP 系统实施"和"项目分析报告"之间使用 Enter 键分隔，设置效果如图 7-31 所示。

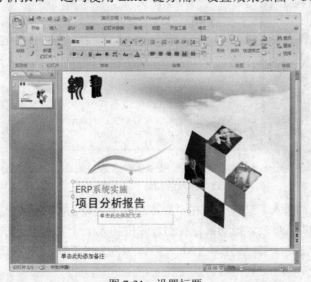

图 7-31　设置标题

步骤③ 在"单击此处添加文本"中输入文本"翱翔实业有限公司",如图 7-32 所示,第一张幻灯片设置完毕。

图 7-32　标题幻灯片设置效果

步骤④ 在"新建幻灯片"下拉菜单中选择"仅标题"菜单项,插入第二张幻灯片,然后在"单击此处添加标题"文本框中输入文本"ERP 系统的概念",如图 7-33 所示。

图 7-33　插入新幻灯片并设置文本

步骤⑤ 切换到"插入"选项卡,在"文本"功能区单击"文本框"按钮,从下拉菜单中选择"横排文本框"菜单项,拖动鼠标在幻灯片中插入一个文本框,并输入 ERP 的介绍文本,设置字体为"华文仿宋",字号为"20",字体颜色为"黑色,文字 1",并单击 **B** 按钮将字体加粗显示,如图 7-34 所示。

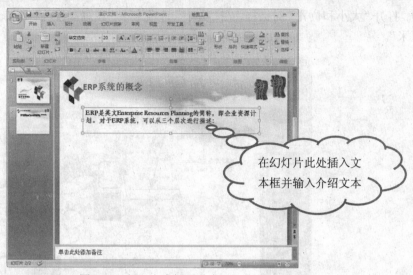

图 7-34 插入文本框和文本

步骤 6 在"绘图"工具栏中单击"形状"按钮,在弹出的菜单中选择"矩形→圆角矩形"命令,拖动鼠标在文档中绘制一个圆角矩形。

步骤 7 用鼠标右键单击所绘制的圆角矩形,选择"大小和位置"菜单项打开"大小和位置"对话框,选择"大小"选项卡,设置高度为"3.21 厘米",宽度为"19.81 厘米",如图7-35 所示。

图 7-35 绘制并设置形状

步骤 8 单击 关闭 按钮关闭"大小和位置"对话框,选择所绘制的圆角矩形,切换到"格式"选项卡,在"形状样式"功能区中单击"形状填充"按钮打开"形状填充"下拉菜单,将鼠标指向其中的"纹理"菜单项,单击级联菜单中的"水滴"菜单项,如图 7-36 所示。

步骤 9 切换到"插入"选项卡,在"插图"功能区单击"形状"按钮打开"形状"下拉菜单,从中选择"圆角矩形"菜单项,拖动鼠标在幻灯片中绘制一个圆角矩形。

步骤 10 在绘制的圆角矩形上单击鼠标右键,从弹出的菜单中选择"大小和位置"菜单项，打开"大小和位置"对话框，在"大小"选项卡中，设置高度为"2.31厘米"，宽度为"2.45厘米"。

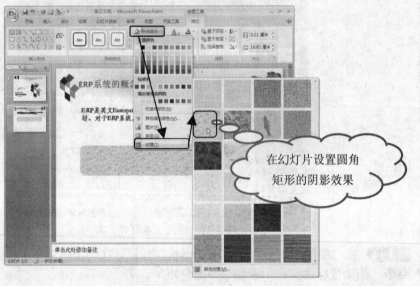

图 7-36　设置形状纹理

步骤 ⑪　在绘制的圆角矩形上单击鼠标右键，从弹出的菜单中选择"设置图片格式"菜单项，打开"设置图片格式"对话框，在"填充"选项卡中，选择"图片或纹理填充"单选按钮，然后单击"纹理"按钮，从弹出的列表中选择"绿色大理石"列表项，如图 7-37 所示。

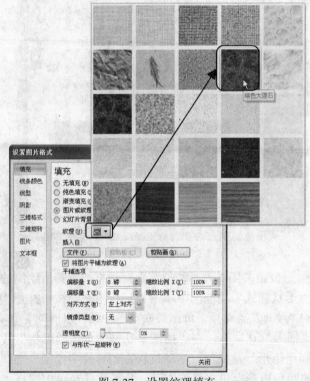

图 7-37　设置纹理填充

步骤⑫ 同时选中所绘制的两个圆角矩形，单击鼠标右键，在弹出的菜单中选择"组合→组合"命令，将两个图形组合在一起，如图 7-38 所示。

步骤⑬ 选中已经组合的自选图形，单击"复制"按钮，再单击"粘贴"按钮两次复制两个同样的图形，并分别调整其位置如图 7-39 所示。

图 7-38　组合图形

图 7-39　复制图形

步骤⑭ 切换到"插入"选项卡，单击"文本框→横排文本框"命令在幻灯片中插入三个文本框，分别调整位于蓝色圆角矩形的上方，输入相应的介绍文本，并设置字体为"宋体（标题）"，字号为"20"，字型为"加粗"，字体颜色为"白色，背景 1"，如图 7-40 所示。

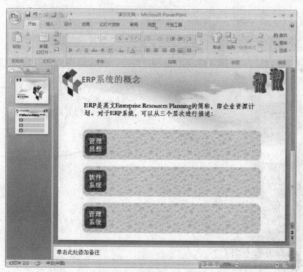

图 7-40　设置字体

步骤⑮ 再插入三个文本框并分别输入相应的文本，设置字体为"宋体（正文）"，字号为"16"，字体颜色为"深蓝"，调整其位置使其如图 7-41 所示，系统概念页面创建完毕。

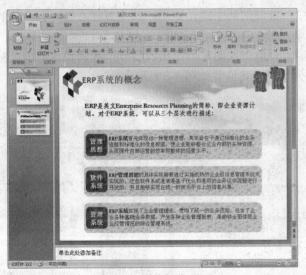

图 7-41　系统概念页面

7.2.3　制作项目系统特点页面

项目系统页面中主要特点的文本介绍都是位于自选图形上方，所以在输入文本之前，先应该创建相应的自选图形，具体操作步骤如下。

步骤 ❶ 插入一张"仅标题"版式的幻灯片，然后在"单击此处添加标题"文本框中输入文本"ERP 系统的特点"，如图 7-42 所示。

图 7-42　插入幻灯片并设置标题

步骤 ❷ 绘制一个高度为"8.44 厘米"，宽度为"5.37 厘米"的圆角矩形，并在"设置形状格式"对话框的"线条颜色"选项卡内选择"无线条"单选按钮，如图 7-43 所示。

步骤 ❸ 再绘制一个高度为"8.28 厘米"，宽度为"5.21 厘米"的圆角矩形，在"设置形状格式"对话框的"填充"选项卡中，选择"纯色填充"单选按钮，填充颜色的 RGB 值为"60、161、230"，并调整位置使其叠放于上一个圆角矩形的上方，如图 7-44 所示。

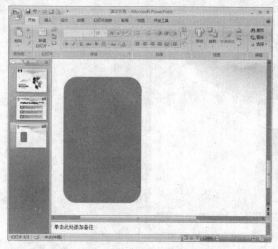

图 7-43　绘制并设置圆角矩形

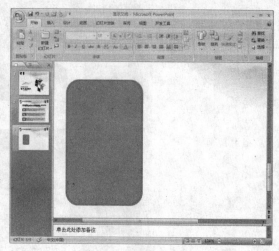

图 7-44　叠放圆角矩形

步骤 ④ 再绘制一个高度为"2.1 厘米"、宽度为"5.4 厘米"的圆角矩形；设置其"渐变填充"的"预设颜色"为"薄雾浓云"，"光圈 1"颜色的 RGB 值分为"60、161、230"，光圈 2 的 RGB 颜值为"155、207、243"，结束位置分别为 100%；"线条颜色"为"无线条"，如图 7-45 所示。

步骤 ⑤ 设置完毕后，调整圆角矩形的位置使其叠放在前一个圆角矩形的正下方，如图 7-46 所示。

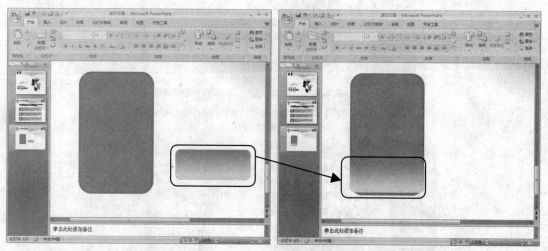

图 7-45　绘制并设置矩形　　　　　　　　　　　图 7-46　调整矩形位置

步骤 ⑥ 拖动圆角矩形上黄色的控制点，使其形状边角柔化，如图 7-47 所示。

步骤 ⑦ 切换到"格式"选项卡，打开"形状样式"功能区的"形状效果"下拉菜单，将鼠标指向"柔化边缘"菜单项，选择级联菜单中的"5 磅"，如图 7-48 所示。

步骤 ⑧ 将该圆角矩形再复制一个，并使其叠放在之前圆角矩形的正上方。在"开始"选项卡的"绘图"功能区打开"排列"下拉菜单，将鼠标指向其中的"旋转"菜单项，选择级联菜单中的"垂直旋转"菜单项，如图 7-49 所示。

图 7-47　调节形状

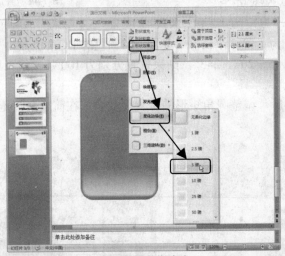

图 7-48　柔化边缘

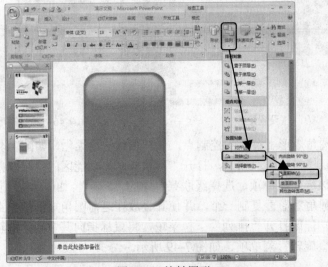

图 7-49　旋转图形

步骤 9 选择所绘制的四个圆角矩形，打开"绘图"功能区的"排列"下拉菜单，其中的"组合"命令将其组合，如图 7-50 所示。

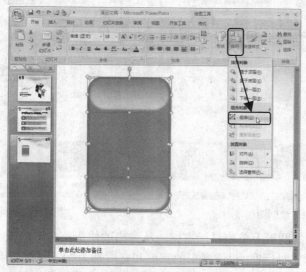

图 7-50 组合图形

步骤 10 同样的方法通过填充不同的颜色再绘制三个相同大小的圆角矩形，分别调整其位置使其如图 7-51 所示。

图 7-51 设置效果

步骤 11 在"绘图"工具栏单击"形状"按钮，从弹出的菜单中选择"椭圆"命令，按住 Shift 键拖动鼠标，在文档中绘制一个圆形，打开"设置形状格式"对话框，在"填充"选项卡中选择"纯色填充"单选按钮，然后打开"颜色"下拉列表，选择"白色，背景 1，深色 15%"；在"线条颜色"选项卡中，选择"无线条"单选按钮，如图 7-52 所示。

步骤 12 切换到"格式"选项卡，打开"形状效果"下拉列表，将鼠标指向其中的"棱台"菜单项，再从级联菜单中选择"圆"，如图 7-53 所示。

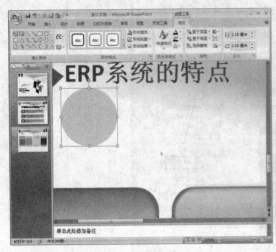 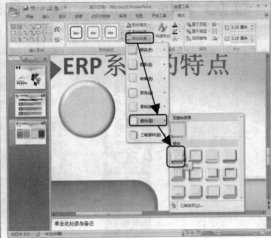

图 7-52　绘制图形　　　　　　　　　　　　　　图 7-53　形状效果

步骤 ⑬　在绘制的圆形上单击鼠标右键，从弹出的快捷菜单中选择"大小和位置"菜单项，打开"大小和位置"对话框，设置圆形的高度和宽度都为"1.5 厘米"；然后按组合键 Ctrl+C 复制圆形三次，将它们次序位于前面创建的圆形上方，调整效果如图 7-54 所示。

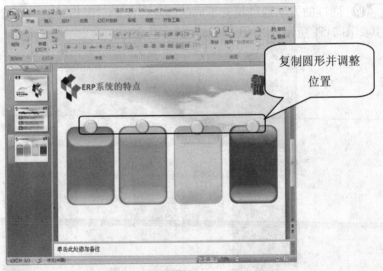

图 7-54　复制图形

步骤 ⑭　在插入的四个圆形上分别单击鼠标右键，从弹出的快捷菜单中选择"编辑文字"菜单项，分别输入相应文本"1"、"2"、"3"、"4"，设置字体为字体"Arial"，字号为"20"，字体颜色为"黑色，文字 1"，如图 7-55 所示。

步骤 ⑮　切换到"插入"选项卡，在"文本"功能区依次单击"文本框→横排文本框"命令，拖动鼠标在幻灯片中插入四个文本框，分别输入相应的文本，设置字体为"宋体（正文）"，字号为"14"，字体颜色的 RGB 值为"41、41、41"。

图 7-55 编辑文字

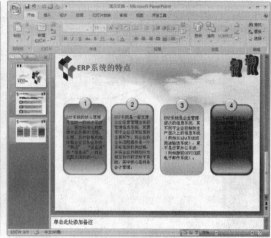

图 7-56 输入文本

步骤 ⑯ 选中之前组合在一起的四个圆角矩形，按住 Ctrl 不放选中插入的文本框，单击鼠标右键，依次选择快捷菜单中的"组合→组合"菜单项，将它们组合在一起，至此系统特点页面创建完毕，其效果如图 7-57 所示。

图 7-57 系统特点页面

7.2.4 设置项目系统用途页面

创建完毕系统特点页面之后，下面介绍一下项目系统用途页面的设置，具体的操作步骤如下。

步骤 ❶ 插入版式为"仅标题"的第四张幻灯片，然后在"单击此处添加标题"文本框中输入文本"运用 ERP 优化企业整体供应链管理"，如图 7-58 所示。

步骤 ❷ 在文档中绘制一个圆角矩形，打开"大小和位置"对话框，选择"大小"选项卡，设置高度为"1.01 厘米"，宽度为"14.77 厘米"，如图 7-59 所示。

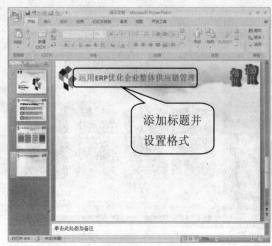

图 7-58　添加标题

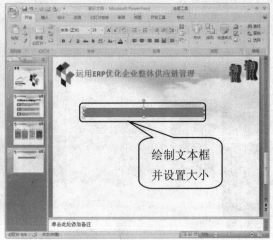

图 7-59　绘制并设置圆角矩形

步骤 ③ 打开"设置形状格式"对话框，在"填充"选项卡中选择"纯色填充"单选按钮；在"线条颜色"选项卡中，选择"实线"单选按钮，"颜色"为"白色，背景1"；在"线型"选项卡中，设置"宽度"为"3 磅"。单击 [关闭] 按钮完成设置，拖动黄色控制点，其效果如图 7-60 所示。

步骤 ④ 切换到"格式"选项卡，打开"形状效果"下拉菜单，将鼠标指向其中的"阴影"菜单项，然后单击"外部"命令区的"右下斜偏移"菜单项，如图 7-61 所示。

图 7-60　设置圆角矩形格式

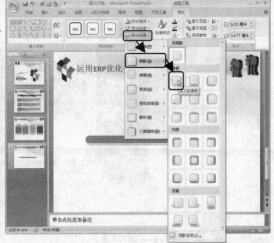

图 7-61　设置形状效果

步骤 ⑤ 在圆角矩形上单击鼠标右键，在弹出的菜单中选择"编辑文字"命令，添加文本"报告系统"，设置字体为"宋体（标题）"，字号为"20"，字体颜色为"白色，背景1"，并单击 S 按钮设置文本的阴影效果，如图 7-62 所示。

步骤 ⑥ 打开"形状"下拉菜单，在"箭头总汇"功能区单击"上箭头"命令，拖动鼠标在文档中绘制一个上箭头，如图 7-63 所示。

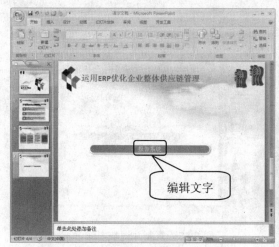

图 7-62 插入并设置文本

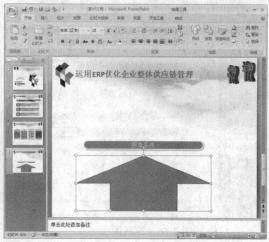

图 7-63 绘制上箭头

步骤 7 选择所绘制的箭头，打开"大小和位置"对话框，选择"大小"选项卡，设置高度为"1.88 厘米"，宽度为"14.81 厘米"，如图 7-64 所示。

步骤 8 打开"设置形状格式"对话框，在"填充"选项卡中选择"渐变填充"单选按钮，然后从"预设颜色"下拉列表中选择"薄雾浓云"，然后设置光圈 1 的 RGB 值为"77、147、217"，"结束位置"是 30%，"透明度"为 40%；光圈 2 为"白色，背景 1"，透明度和结束位置均为 100%，如图 7-65 所示。

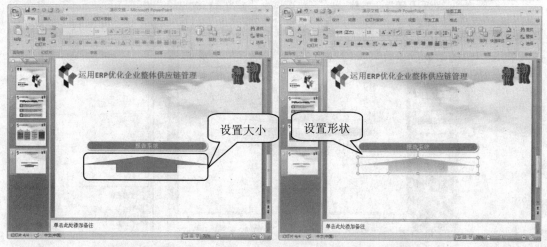

图 7-64 绘制图形   图 7-65 设置图形格式

步骤 9 单击 关闭 按钮，返回幻灯片。将绘制的上箭头再复制一个，打开"排列"下拉菜单，依次选择"旋转→垂直旋转"菜单项，然后调整箭头的位置使其如图 7-66 和图 7-67所示。

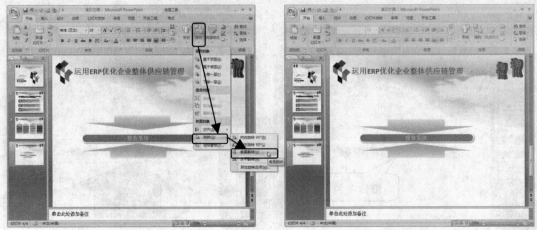

图 7-66 旋转图形   图 7-67 复制并调整图形

步骤 ⑩ 切换到"插入"选项卡，单击"图片"功能区的"剪贴画"按钮（如图 7-68 所示），打开如图 7-69 所示的"剪贴画"任务窗格。

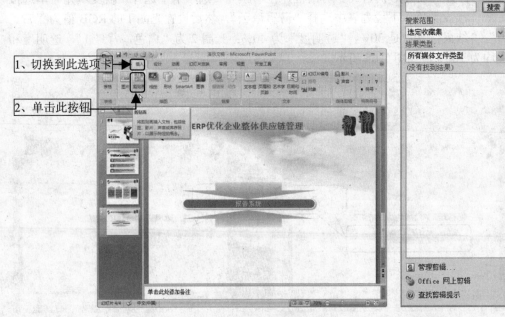

图 7-68 打开剪贴画任务窗格   图 7-69 剪贴画

步骤 ⑪ 在"搜索范围"下拉列表中勾选"Web 收藏集"（如图 7-70 所示）；从"结果类型"下拉列表中选择"所有媒体"，然后单击 搜索 按钮载入剪贴画，双击图片即可将其插入到幻灯片中，如图 7-71 所示。

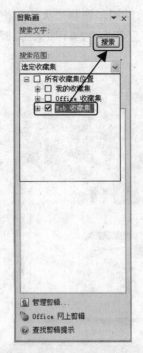

图 7-70　选择搜索范围　　　　　　　　图 7-71　搜索结果

步骤 ⑫ 如果搜索到的剪帖画比较少，那么在"剪贴画"任务窗格中，单击"管理剪辑"链接，可以打开如图 7-72 所示的"Microsoft 剪辑管理器"，界面与 Windows 的资源管理器类似，在左侧的目录树中选择一个 Web 收藏夹下的子文件夹，即可在右侧窗格中显示该文件夹包含的剪贴画列表。选择 1 张图片，单击鼠标右键选择"复制"菜单项，返回幻灯片中单击"粘贴"按钮，即可将所选剪贴画插入到幻灯片之中。

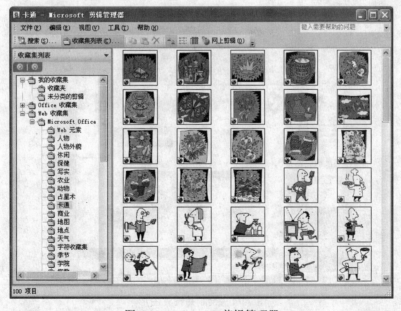

图 7-72　Microsoft 剪辑管理器

步骤⑬ 按住 Ctrl 键依次选择所插入的八幅剪贴画，选择"大小和位置"命令打开"大小和位置"对话框，选择"大小"选项卡，设置高度都为"2.44 厘米"，调整图片的位置使其如图 7-73 所示。

图 7-73　设置形状格式

步骤⑭ 在文档中绘制一个圆角矩形，打开"设置形状格式"对话框，在"填充"选项卡中选中"纯色填充"单选按钮，然后设置"颜色"为"白色，背景 1"；切换到"线条颜色"选项卡，选中"实线"单选按钮，设置"颜色"为"黑色，文字 1"；在"线型"选项卡中，设置"宽度"为 3 磅。打开"大小和位置"对话框，设置矩形的高度和宽度分别为"4.5 厘米"和"4.2 厘米"，如图 7-74 所示。

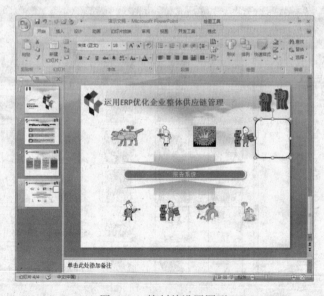

图 7-74　绘制并设置图形

步骤 ⑮ 将剪贴画的叠放次序设置为置于顶层，然后拖动圆角矩形，使剪贴画位于其上方，如图 7-75 和图 7-76 所示。

图 7-75 将图形置于顶层   图 7-76 设置图形格式

步骤 ⑯ 同样的方法复制七个相同的圆角矩形，分别将剩余的七幅剪贴画放置在各圆角矩形上方，将它们两两组合在一起后调整位置使其如图 7-77 所示。

图 7-77 叠放图形并调整位置

步骤 ⑰ 再绘制两个相同的圆角矩形，分别放置在幻灯片的左右两侧，如图 7-78 所示。

步骤 ⑱ 切换到"插入"选项卡，单击"文本框→横排文本框"按钮分别在圆角矩形上插入文本框，并输入相应的文本，设置字体为"华文仿宋"，字号"20"，设置完毕之后，将文本框、剪贴画和图形组合在一起，最后效果如图 7-79 所示

图 7-78　复制圆角矩形

图 7-79　输入文本并设置字体

步骤 ⑲ 在两个圆角矩形上单击鼠标右键，从弹出的快捷菜单中选择"编辑文字"菜单项，分别在两个矩形框内输入文本"供应商"、"客户"，设置字体为"华文仿宋"，字号"20"，字体颜色"黑色，文字 1"，字体格式为"加粗"，如图 7-80 所示。

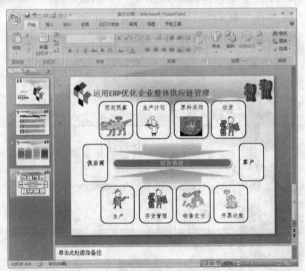

图 7-80　输入文本并设置字体

步骤 ⑳ 在"绘图"功能区打开"形状"下拉菜单，选择"箭头总汇→燕尾形"命令，在文档中绘制一个燕尾形箭头，设置其高度为"1.25 厘米"、宽度为"1.11 厘米"；将"纯色填充"的 RGB 值设为"77、147、217"；"线条颜色"格式为"无线条"，如图 7-81 所示。

步骤 ㉑ 复制该燕尾形箭头，将其"水平旋转"后再调整其位置，至此，系统用途页面创建完毕，如图 7-82 所示。

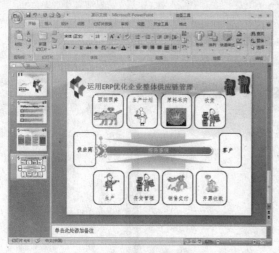
图 7-81 绘制燕尾形符号

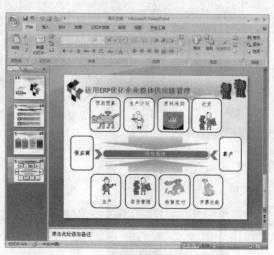
图 7-82 复制符号并调整符号位置

7.2.5 创建系统上线后的蓝图页面

创建系统上线后的系统蓝图页面主要是绘制矩形，并设置矩形的填充、线条颜色，然后再输入相应的介绍文本。具体的操作步骤如下。

步骤 1 插入第五张幻灯片，版式为"仅标题"，然后在"单击此处添加标题"文本框中输入文本"ERP 上线后的系统蓝图"，如图 7-83 所示。

步骤 2 在文档中绘制一个矩形，打开"大小和位置"对话框，设置其高度为"11.15 厘米"，宽度为"19.21 厘米"，如图 7-84 所示。

图 7-83 设置标题

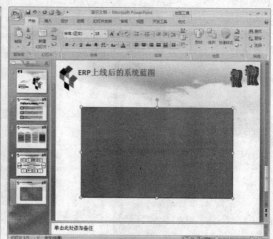
图 7-84 绘制并设置文本

步骤 3 打开"设置形状格式"对话框，在"填充"选项卡中选择"无填充"单选按钮；在"颜色和线条"选项卡中，选择"实线"单选按钮，然后设置"颜色"的 RGB 值为"77、147、217"；在"线型"选项卡中，从"短画线类型"列表中选择"画线-点"，"宽度"为"2.25磅"，如图 7-85 所示。

图 7-85　设置图形格式

步骤4 在幻灯片中再绘制一个矩形，打开"大小和位置"对话框设置高度和宽度分别为"9.2 厘米"和"14.78 厘米"；打开"设置形状格式"对话框，在"填充"选项卡中选择"纯色填充"单选按钮，然后设置颜色 RGB 值为"221、221、221"，在"线条颜色"选项卡中选择"实线"单选按钮，为"白色，背景 1，深色 25%"；在"线型"选项卡中设置"宽度"为"3 磅"，然后调整矩形的位置使其效果如图 7-86 所示。

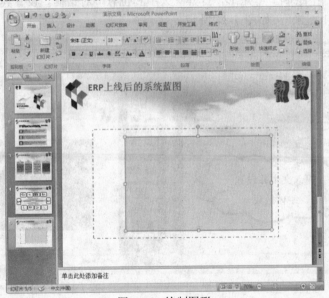

图 7-86　绘制图形

步骤5 在所绘制的矩形上方再绘制七个矩形：设置矩形为"纯色填充"填充，填充颜色为"白色，背景 1"；"实线"线条的颜色为"黑色，文字 1"；"宽度"为"2.25 磅"，使其全部位于上一个矩形中，如图 7-87 所示。

图 7-87 绘制矩形框

步骤 ⑥ 在幻灯片中绘制三个矩形，设置线条颜色为"海绿"，粗细为"1.75 磅"，"渐变填充"的"预设颜色"为"茵茵绿原"，"类型"为"路径"，"光圈 1"的结束位置为 100%，设置完毕后调整图形的大小和位置，使其如图 7-88 所示。

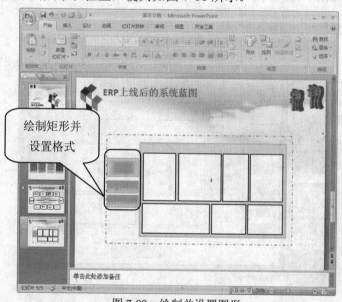

图 7-88 绘制并设置图形

步骤 ⑦ 在幻灯片中绘制五个矩形，设置线条颜色为"黑色，文字 1"，粗细为"1.75 磅"，打开"设置形状格式"对话框，设置"纯色填充"的颜色为"白色，背景 1，深色 15%"，设置完毕后调整矩形的大小位置，使其如图 7-89 所示。

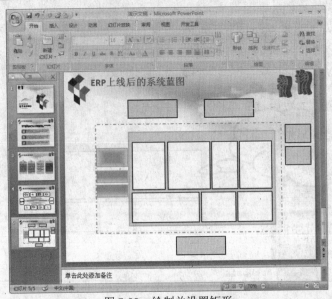

图 7-89 绘制并设置矩形

步骤 8 在幻灯片的左侧依次绘制六个矩形，设置线条颜色为"淡蓝"，粗细为"1.75 磅"，设置"渐变填充"的"预设颜色"为"雨后初晴"，"类型"为"路径"，设置完毕后调整矩形的大小位置，使其如图 7-90 所示。

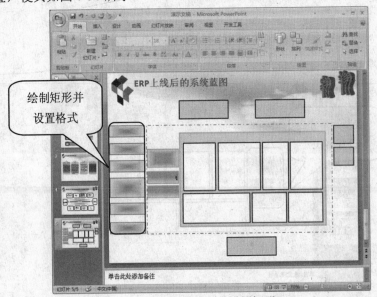

图 7-90 绘制并设置矩形

步骤 9 打开"形状"下拉列表，从中选择"箭头总汇→下箭头"命令，在文档中绘制两个下箭头，然后打开"设置形状格式"对话框，设置填充颜色为"绿色"，线条颜色为"浅绿色"，粗细为"1.75 磅"，设置完毕后调整各下箭头的位置使其如图 7-91 所示。

图 7-91　绘制并设置上箭头

步骤 ⑩ 再打开"形状"下拉菜单，从中选择"箭头总汇→上下箭头"命令，在文档中绘制三个下箭头，然后打开"设置形状格式"对话框，设置填充颜色为"绿色"，线条颜色为"浅绿色"，粗细为"1.75 磅"，设置完毕后调整各上下箭头的位置使其如图 7-92 所示。

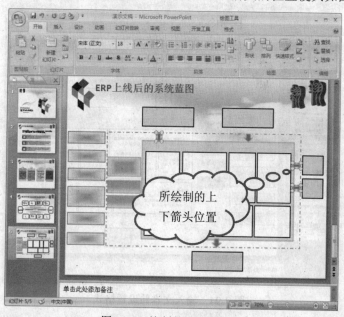

图 7-92　绘制并设置双箭头

步骤 ⑪ 依次在各矩形上单击鼠标右键，在弹出的菜单中选择"编辑文字"命令，分别添加文本，设置字体为"华文楷体"，字号为"14"，字体颜色为"黑色，文字 1"，如图 7-93 所示。

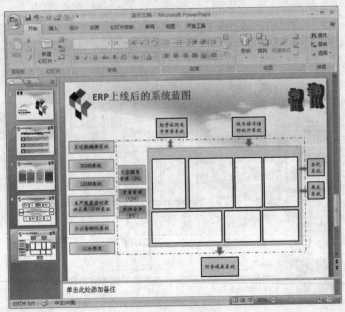

图 7-93　添加并编辑文本

步骤 ⑫ 在幻灯片中部的七个白色矩形中也分别添加文本，设置字体为"华文楷体"，字号为"11"，字体颜色为"黑色，文字 1"，并对标题字体进行加粗设置，如图 7-94 所示。

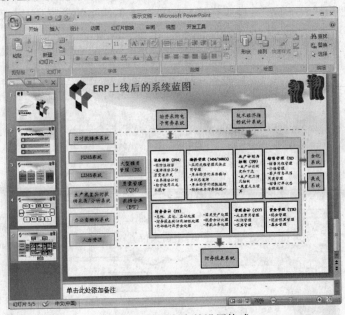

图 7-94　输入文本并设置格式

步骤 ⑬ 在幻灯片中插入五个文本框并分别输入文本，设置字体为"华文楷体"，字体颜色为"黑色，文字 1"，字号分别为"14"和"12"，并对标题字体进行加粗设置，调整文本框的位置使其如图 7-95 所示，上线后的系统蓝图页面创建完毕。

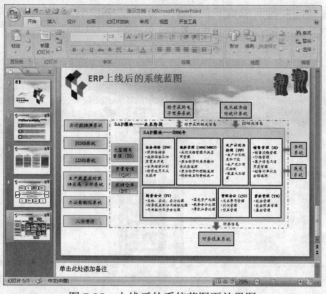

图 7-95　上线后的系统蓝图页效果图

7.2.6　制作项目进度页面

创建完毕系统上线后的系统蓝图页面之后，下面就要制作项目进度页面了，具体的操作步骤如下。

步骤 1　插入第六张版式为"仅标题"的幻灯片，然后在"单击此处添加标题"文本框中输入文本"ERP系统项目进度"，如图 7-96 所示。

步骤 2　打开"绘图"功能区的"形状"下拉菜单，单击"线条"列表区的"直线"列表项，拖动鼠标在幻灯片中绘制一条垂直的直线，打开"大小和位置"对话框，设置宽度为"13.49 厘米"，打开"设置形状格式"对话框，设置线条颜色为"浅蓝"，"短画线类型"为"方点"，粗细为"1.75 磅"，如图 7-97 所示。

图 7-96　设置标题

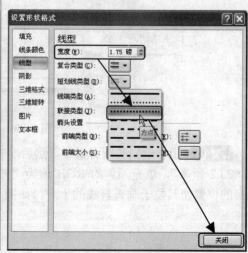

图 7-97　设置线条颜色和线型

283

步骤 3 单击 [关闭] 按钮完成直线的绘制，如图 7-98 所示。复制 12 条相同的直线，并调整各自的位置成等距离平行，如图 7-99 所示。

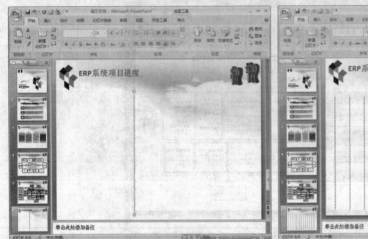

图 7-98　设置直线格式　　　　　　　　　　图 7-99　复制直线

步骤 4 再在幻灯片中绘制一条水平的直线，设置宽度为"21.43 厘米"，并设置线条颜色为"浅蓝"，"短画线类型"样式为"方点"，粗细为"1.75 磅"，并调整位置位于前 13 条直线的下方，如图 7-100 所示。

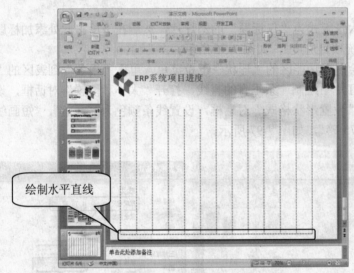

图 7-100　设置水平直线

步骤 5 组合绘制的所有直线，然后绘制一个矩形，设置矩形的高度为"1.24 厘米"，宽度"23.2 厘米"，填充颜色的 RGB 值为"77、147、217"，"线条颜色"为"无线条"，调整矩形的位置使其位于垂直直线的上方，如图 7-101 所示。

284

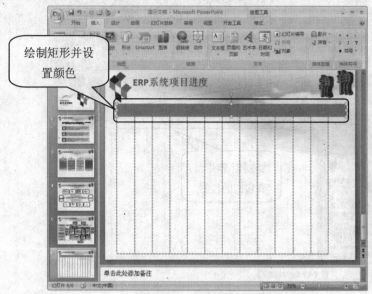

图 7-101 绘制并设置矩形

步骤 6 再绘制一个矩形，设置矩形的高度为"1.24 厘米"，宽度"0.19 厘米"，打开"设置形状格式"对话框，设置"渐变填充"的"预设颜色"为"银波荡漾"，然后调整矩形的位置使其位于上一个矩形的左侧方，如图 7-102 所示。

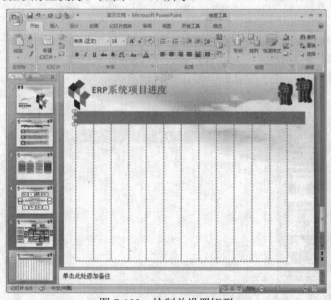

图 7-102 绘制并设置矩形

步骤 7 同样的方法再绘制 12 个相同的矩形，并调整各自的位置成等距离平行，如图 7-103 所示。

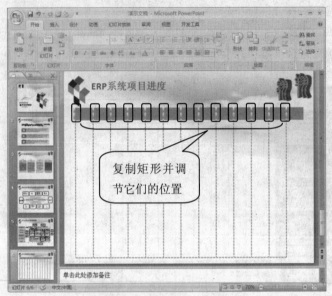

图 7-103　调节矩形位置

步骤 8　在矩形框上单击鼠标右键，从弹出的"菜单"中选择"编辑文字"菜单项，在矩形框内输入文本"1 月、2 月、3 月……12 月、1 月"，每个矩形之间使用空格分隔，并设置字体为"华文仿宋"，字号为"18"，字体颜色为"白色，背景 1"，"对齐方式"为"左对齐"，如图 7-104 所示。

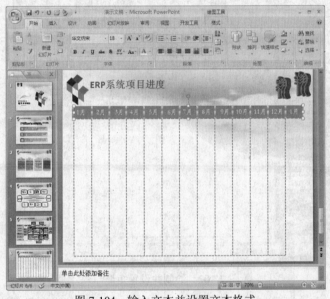

图 7-104　输入文本并设置文本格式

步骤 9　在"绘图"功能区打开"形状"下拉菜单，从弹出的菜单中选择"箭头总汇→五边形"命令，拖动鼠标在文档中绘制一个五边形，并设置其高度为"6.6 厘米"，宽度为"4.3厘米"，设置"渐变填充"的"预设颜色"为"碧海青天"，"光圈 1"的 RGB 颜色值为"230、186、0"，透明度 30%，"光圈 2"和"光圈 3"的 RGB 颜色值均为"255、218、63"，"线条颜色"为"无线条"，如图 7-105 所示。

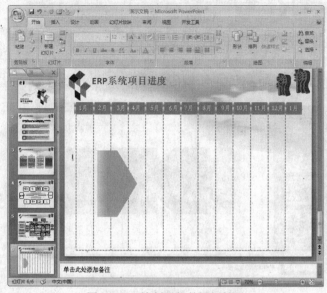

图 7-105　绘制形状并设置效果

步骤 ⑩ 在文档中再绘制一个高度为"6.6 厘米"、宽度为"5.2 厘米"的五边形，设置"渐变填充"的"预设颜色"为"碧海青天"，"光圈 1"的 RGB 颜色值为"0、102、153"，"光圈 2"的 RGB 颜色值均为"0、153、230"，"线条颜色"为"无线条"，并调整五边形的位置使其如图 7-106 所示。

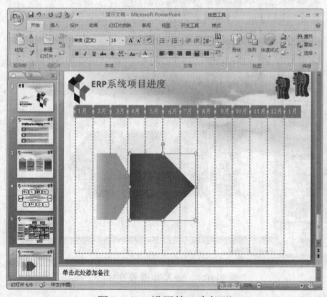

图 7-106　设置第二个矩形

步骤 ⑪ 同样的方法再绘制两个类似的五边形，高度均为"6.6 厘米"，宽度分别为"6.9厘米"和"5 厘米"，"渐变填充"的"预设颜色"均为"碧海青天"，第一个五边形的"光圈1"RGB 颜色为"139、195、139"，"光圈 2"和"光圈 3"的 RGB 颜色为"0、153、0"；第二个五边形的"光圈 1"颜色 RGB 值为"255、102、204"，其余光圈的颜色为"214、0、147"，设置完毕后分别调整五边形的位置，如图 7-107 所示。

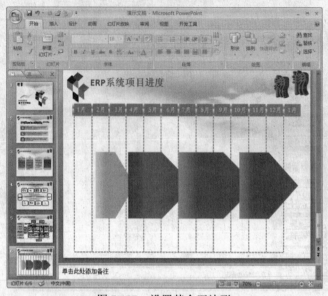

图 7-107　设置其余五边形

步骤 ⑫ 在五边形上单击鼠标右键，从右键菜单中选择"编辑文字"命令在所绘制的五边形上输入相应的文本，设置文本字体为"华文楷体"，字号为"12"，字体颜色为"白色"，并单击 **B** 按钮将字体加粗显示，其效果如图 7-108 所示。

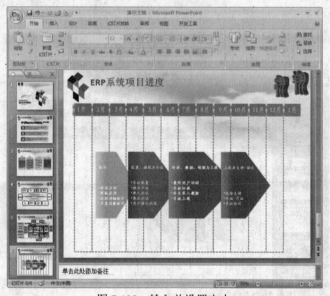

图 7-108　输入并设置文本

步骤 ⑬ 在幻灯片中绘制一个高度为"1.39 厘米"、宽度"4.07 厘米"的圆角矩形，设置矩形的"渐变填充"颜色的 RGB 值同前面所绘制的第一个五边形相同，设置完毕后调整其位置如图 7-109 所示。

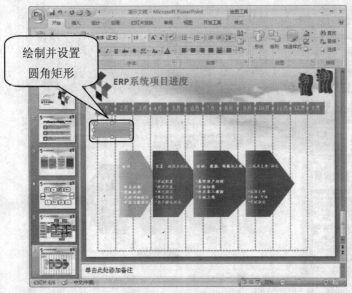

图 7-109　设置圆角矩形

步骤 ⑭ 同样的方法再绘制四个相同大小的圆角矩形，其填充颜色的 RGB 值同前面所绘制的五边形相同，分别调整其位置，如图 7-110 所示。

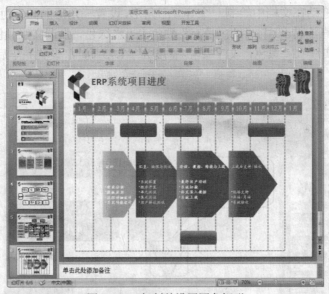

图 7-110　复制并设置圆角矩形

步骤 ⑮ 选择"编辑文字"命令在所绘制的圆角矩形上输入相应的文本，设置文本字体为"华文楷体"，字号为"12"，并单击 **B** 按钮将字体加粗显示，其效果如图 7-111 所示。

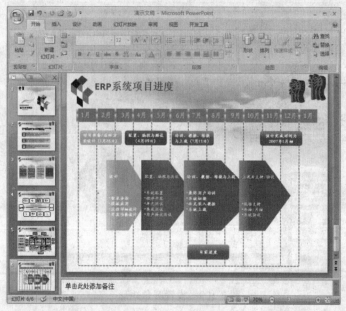

图 7-111 输入并编辑文本

步骤 16 在 "绘图" 功能区打开 "形状" 下拉菜单，从弹出的菜单中选择 "基本形状→等腰三角形" 命令，拖动在文档中绘制一个等腰三角形，设置三角形的高度为和宽度均为 "1.39 厘米"，并将其 "垂直旋转 90°"，"纯色填充" 颜色为 "水绿色，强调文字颜色 5，淡色 40%"，"线条颜色" 为 "实线"、"黑色，文字 1"，宽度为 "1.75 磅"，设置完毕后调整其位置如图 7-112 所示。

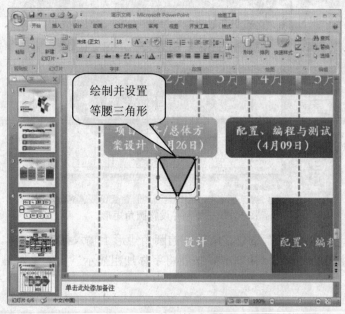

图 7-112 绘制等腰三角形

步骤 17 同样的方法再绘制四个同样的三角形，分别调整到合适的位置，需要注意的是位于下方的三角形不需要旋转，效果如图 7-113 所示。

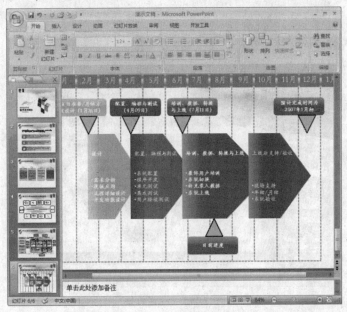

图 7-113　复制等腰三角形

步骤 ⑱ 在"绘图"功能区打开"形状"下拉菜单，在弹出的菜单中选择"箭头总汇→圆角右箭头"命令，在文档中绘制一个箭头；再打开"排列"下拉菜单，依次单击"旋转→水平翻转"菜单项，翻转后拖动箭头的绿色控制点将其旋转到相应的位置；设置其填充颜色和线条颜色的样式与等腰三角形相同，如图 7-114 所示。

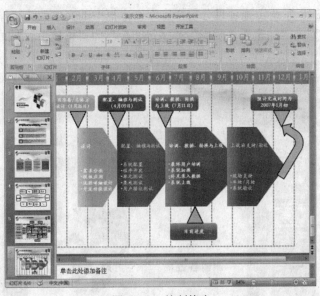

图 7-114　绘制箭头

步骤 ⑲ 在幻灯片文档的下方位置分别插入两个文本框，输入文本"2006"和"2007"，设置字体为"Arial"，字号为"18"，字体格式为"加粗"，依次调整各自的位置，如图 7-115 所示，项目进度页面制作完毕。

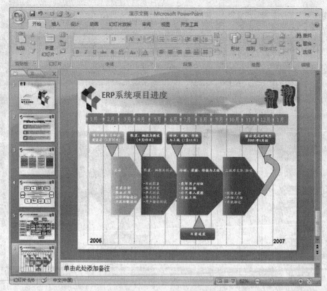

图 7-115   设置效果

7.2.7   结束页的制作

结束页的制作同首页相似，具体的操作步骤如下。

步骤 ①   在幻灯片左侧的导航条中复制第一张幻灯片，然后将其粘贴到演示文稿的最后，作为第七张幻灯片。

步骤 ②   将"ERP 系统实施项目分析报告"文本框中的文本改为"谢谢各位！"，并设置"字号"为 36，字型为"加粗"、"阴影"，"字符间距"为"稀疏"，结束页幻灯片设置完毕，如图 7-116 所示。

图 7-116   结束页设置效果

7.2.8 设置自定义动画

在幻灯片中添加自定义动画可以使演讲的内容有层次地出现，以便于演讲者的讲解和调动观众的兴趣。设置自定义动画，其操作步骤如下。

步骤① 切换到"动画"选项卡，单击"自定义动画"按钮打开"自定义动画"任务窗格。

步骤② 在第一张到第七张幻灯片中，分别将其设置标题内容的"进入"动画效果全都设置为"滑翔"，在"自定义动画"任务窗格中的"开始"和"速度"下拉列表中分别选择"之前"、"快速"，如图 7-117 所示。

步骤③ 设置第一张幻灯片和第七张幻灯片的副标题文本内容的动画效果都为"淡出式回旋"，在"自定义动画"任务窗格中的"开始"和"速度"下拉列表中分别选择"之后"、"中速"，如图 7-118 所示。

步骤④ 设置第二张幻灯片中文本的动画效果都为"翻转式由远及近"，在"开始"和"速度"下拉列表中分别选择"之后"、"快速"；设置自选图形的动画效果都为"光速"，在"开始"和"速度"下拉列表中分别选择"之后"、"中速"，如图 7-119 所示。

图 7-117　动画一　　　　图 7-118　动画二　　　　图 7-119　动画三

步骤⑤ 设置第三张幻灯片中文本和自选图形的动画效果都为"向内溶解"，在"开始"和"速度"下拉列表中分别选择"之后"、"中速"。

步骤⑥ 设置第四张幻灯片中自选图形的动画效果都为"随机线条"，在"开始"、"方向"和"速度"下拉列表中分别选择"之后"、"垂直"和"快速"；设置箭头的动画效果都为"滑翔"，在"开始"和"速度"下拉列表中分别选择"之后"、"快速"。

步骤⑦ 设置第五张幻灯片的所有自选图形的动画效果都为"玩具风车"，在"开始"和

"速度"下拉列表中分别选择"之后"、"中速"。

步骤 8 设置第六张幻灯片的所有自选图形的动画效果都为"浮动",在"开始"和"速度"下拉列表中分别选择"之后"、"快速"。

步骤 9 设置完毕自定义动画,单击"保存"按钮保存幻灯片文档。

需要说明的一点是:在设置动画的过程中,如果按照动画的播放顺序依次设计,那么无需调整顺序;否则,设置完动画之后,则应单击⬆按钮或⬇按钮,重新排序动画。

7.3 实例总结

本章介绍了项目分析报告演示文稿制作,主要用到了以下几个方面的内容。

- 设置自选图形的图片填充,创建更好的效果。
- 自选图形的绘制以及阴影的设置。
- 组合自选图形。
- 在幻灯片中插入剪贴画并进行编辑。
- 插入直线并对直线进行编辑。

在学习幻灯片的过程中,只要能掌握基本图形的绘制方法,对相应知识点融会贯通,并且掌握对图形的效果处理,然后灵活应用,那么一个好的幻灯片演示文稿也就可以轻松地创建出来了。

第8章　旅游线路推广

近年来，旅游成为人们休闲的重要方式，旅行社行业竞争日益白热化，因而旅游线路的选择和推广就显得尤为重要。本章将使用 PowerPoint 2007 制作旅游线路推广的幻灯片演示文稿。

8.1　案例分析

使用 PowerPoint 2007 制作幻灯片，可以使各条旅游线路的特色更加富有视觉冲击力，从而更加吸引旅行者的关注。本实例使用 PowerPoint 2007 制作的旅游线路推广幻灯片效果如图 8-1 所示。

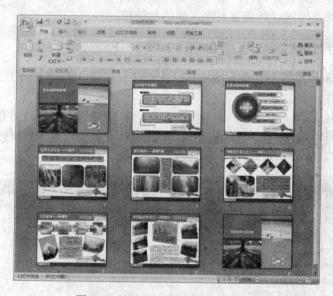

图 8-1　旅游线路推广演示文稿效果

8.1.1　知识点

在本章的制作中，除了用到自选图形的绘制、组合和图片的插入，以及设置填充效果外，还使用了阴影的设置和三维效果的设置来丰富图片的表现力。

在本实例中主要用到了以下的知识点。

- 通过插入图片和绘制图形，设置母版和标题母版。
- 通过组合直线创建图形，制作旅行社的概况演示文稿。
- 通过艺术字的创建和编辑，对九寨沟线路介绍进行点缀。
- 自选图形的图片填充效果点缀蜀南竹海以及其他各线路的风景介绍。

- 通过文本框格式的设置，介绍主要旅游线路。
- 通过自选图形和图片的阴影效果创建海螺沟线路景点图片的阴影效果。
- 设置图形的三维效果样式创建稻城亚丁线路景点图片的三维效果。
- 设置自选图形的超链接创建页面之间的相互联系。

8.1.2　设计思路

在关于制作以游线路的推广为主题的幻灯片时,首先应准备一些各旅游景点的图片素材,然后根据各条线路的目的地分别创建各个幻灯片页面。由于各地的景色不同,在各页面风格上也应该采取不同的颜色风格,图片的表现手法也应该有所区别。

本幻灯片演示文稿页面根据内容依次是:首页→旅行社概况→主要推广的旅游线路→九寨沟→蜀南竹海→峨眉山→海螺沟→稻城亚丁→结束页。

8.2　案例制作

在制作时,首先应该设置幻灯片的母版和标题母版,然后再分别对各幻灯片页面进行制作,最后设置各线路页面同线路查询页面之间的超链接。

8.2.1　制作幻灯片母版

在启动 PowerPoint 2007 后,会自动新建一个幻灯片文档,直接进入幻灯片母版中进行编辑即可。具体的操作步骤如下。

步骤 ① 启动 PowerPoint 2007,单击快捷工具栏的 按钮,打开"另存为"对话框,在"保存位置"下拉列表框中选择合适的保存路径,然后在文件名文本框中输入"旅游线路推广",如图 8-2 所示,单击 保存(S) 按钮。

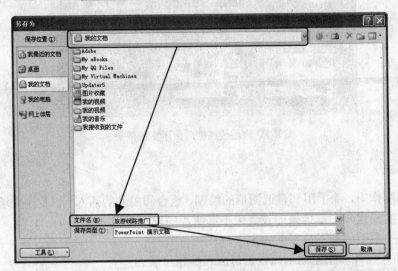

图 8-2　"另存为"对话框

步骤 ② 切换到"视图"选项卡,单击"演示文稿视图"功能区的"幻灯片母版"按钮进入幻灯片母版视图,切换到"幻灯片母版"幻灯片,然后删除母版中所有的文本框。

步骤 ③ 在"开始"选项卡的"绘图"功能区单击"形状"按钮,打开形状下拉菜单,单击矩形□按钮,拖动在幻灯片中绘制一个矩形,设置矩形"大小"的高度为"2.96 厘米",宽度为"20.47 厘米";设置"线条颜色"为"无线条";"纯色填充"颜色的 RGB 值依次为"113、94、230",设置完毕之后,调整矩形的位置使其位于母版的左上方。

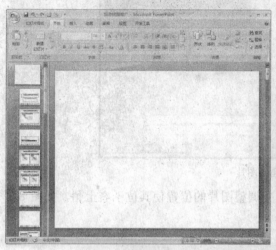
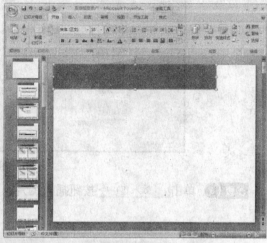

图 8-3　删除文本框　　　　　　　　图 8-4　绘制并设置矩形

步骤 ④ 用同样的方法再绘制一个高度为"2.96 厘米",宽度为"0.61 厘米"的矩形,设置"线条颜色"为"无线条","纯色填充"颜色的 RGB 值依次为"64、186、210",调整矩形的位置使其位于幻灯片上方,如图 8-5 所示。

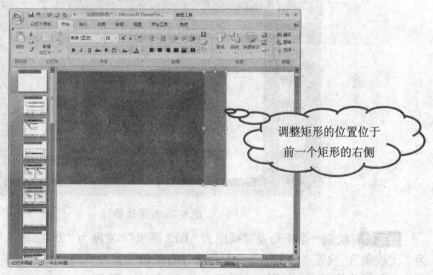

调整矩形的位置位于前一个矩形的右侧

图 8-5　设置矩形

步骤 ⑤ 切换到"插入"选项卡,单击"插图"功能区的"图片"按钮打开"插入图片"对话框,在"查找范围"下拉列表框中选择路径为"光盘\第 8 章\images"文件夹下的"pic04.jpg"图片文件,如图 8-6 所示。

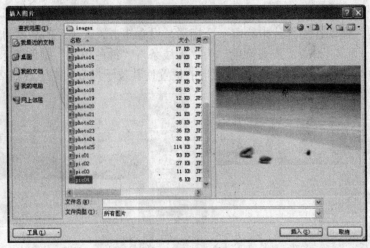

图 8-6　插入图片

步骤 6　单击 [插入(S)] 按钮插入图片，并调整图片的位置使其位于右上角，如图 8-7 所示。

图 8-7　设置效果

步骤 7　绘制一个矩形设置高度为 "1.12 厘米"，宽度为 "25.42 厘米"，设置 "线条颜色" 为 "无线条"，设置 "纯色填充" 颜色的 RGB 值依次为 "18、68、88"，调整矩形的位置使其位于幻灯片的下方，如图 8-8 所示。

步骤 8　绘制一个矩形设置高度为 "1.12 厘米"，宽度为 "4.66 厘米"，设置 "线条颜色" 为 "无线条"，设置 "纯色填充" 颜色的 RGB 值依次为 "152、193、61"，调整矩形的位置使其位于幻灯片的左下方，如图 8-9 所示。

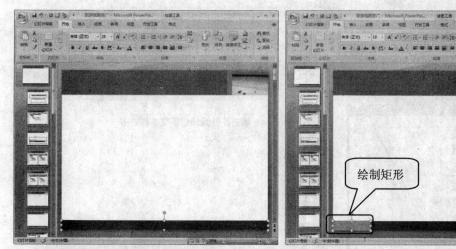

图 8-8　设置矩形位置　　　　　　　　　　　图 8-9　绘制并设置矩形

步骤 9　切换到"插入"选项卡，单击"插图"功能区的"图片"按钮，打开"插入图片"对话框，选择路径为"光盘\第 8 章\images"文件夹下的"logo.gif"和"pic03.jpg"图片文件，单击 **插入(S)** 按钮插入图片，设置"logo.gif"图片的缩放率为"50%"，然后分别调整图片的位置使其位于图片的左下方，如图 8-10 所示。

图 8-10　插入并设置图片

步骤 10　在"幻灯片母版"选项卡中，单击"母版版式"按钮打开"母版版式"对话框，选择"标题"和"文本"复选框，如图 8-11 所示。单击 **确定** 按钮返回幻灯片中，选择"单击此处编辑母版标题样式"文本框，设置字号为"32"，字体颜色为"白色，背景 1"，并单击阴影 **S** 按钮设置阴影，然后选择"单击此处编辑母版文本样式"文本框，设置字体为"微软雅黑"，字号为"32"，字体颜色为"黑色，文字 1"，如图 8-12 所示，母版设置完毕。

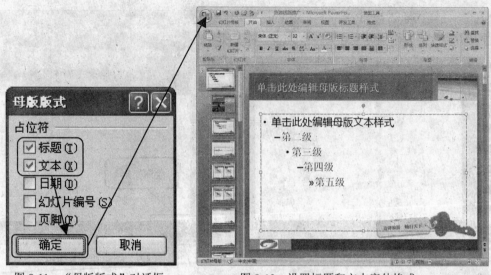

图 8-11　"母版版式"对话框　　　　图 8-12　设置标题和文本字体格式

步骤 ⑪ 切换到"标题幻灯片",在"幻灯片母版"选项卡的"背景"功能区选中"隐藏背景图形"复选框,然后删除标题母版中所有的文本框。

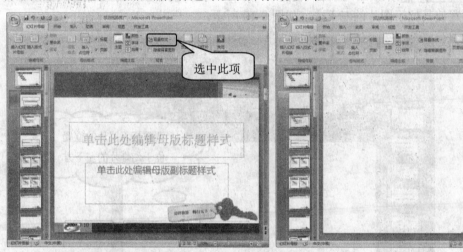

图 8-13　标题幻灯片　　　　　　　图 8-14　删除文本框

步骤 ⑫ 绘制一个高度为"9.32 厘米",宽度为"14.18 厘米"的矩形,然后设置"线条颜色"为"无线条","纯色填充"颜色的 RGB 值依次为"113、94、230",调整矩形的位置使其位于的幻灯片左上方,如图 8-15 所示。

步骤 ⑬ 再绘制一个矩形设置高度为"9.74 厘米",宽度为"11.24 厘米",设置线条颜色为"无线条颜色",设置填充颜色的 RGB 值依次为"152、193、61",调整矩形的位置使其位于的幻灯片右下方,如图 8-16 所示。

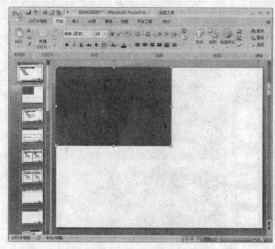
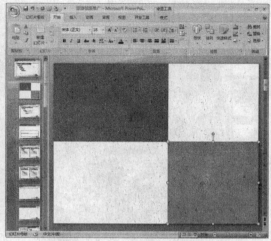

图 8-15　绘制并调节矩形　　　　　　　　　　　　图 8-16　绘制并设置矩形

步骤 ⑭ 切换到"插入"选项卡,单击"图片"按钮打开"插入图片"对话框。在"查找范围"下拉列表框中选择路径为"光盘\第 8 章\images"文件夹下的"logo.gif"、"pic01.jpg"和"pic02.jpg"图片文件,单击 插入(S) 按钮插入图片,然后分别调整图片在幻灯片中的位置,将左上角的矩形和"pic02.jpg"图片的叠放次序为"置于底层",其效果如图 8-17 所示。

图 8-17　插入图片并设置叠放次序

步骤 ⑮ 绘制一个矩形,并设置其高度为"1 厘米",宽度为"14.17 厘米",设置"线条颜色"为"无线条","纯色填充"颜色为"黑色,文字 1",透明度为"48%",并调整矩形的位置使其位于的幻灯片左中部,如图 8-18 所示。

步骤 ⑯ 再绘制一个高度为"1 厘米",宽度为"11.22 厘米"的矩形,设置"线条颜色"为"无线条","纯色填充"颜色的 RGB 值依次为"64、186、210",调整矩形的位置使其位于幻灯片的右中部,如图 8-19 所示。

图 8-18　绘制并设置矩形一

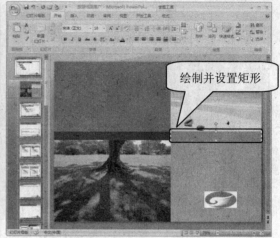

图 8-19　绘制并设置矩形二

步骤 ⑰　切换到"幻灯片母版"选项卡，在"母版版式"功能区选中"标题"复选框，然后单击"插入占位符"按钮打开"插入占位符"下拉菜单，选择"文本"命令，拖动鼠标在幻灯片中绘制一个文本框。

步骤 ⑱　"单击此处编辑母版标题样式"文本框的样式不必更改，选择"单击此处编辑母版文本样式"文本框，设置字体为"微软雅黑"，字号为"18"，字体颜色为"白色，背景1"，如图 8-20 所示，标题母版设置完毕。

图 8-20　标题母版设置效果

8.2.2　制作旅行社概况

设置完毕母版和标题母版后，下面就对旅行社概况的内容进行创建。具体的操作步骤如下。

步骤 ❶　在"幻灯片母版"选项卡中单击"关闭母版视图"按钮关闭母版视图，进入演示文稿。删除原有幻灯片，然后打开"新建幻灯片"下拉菜单，单击其中的"标题幻灯片"

新建一副标题幻灯片。在"单击此处添加标题"文本框中输入"省内旅游线路推广"，在"单击此处添加文本"文本框中输入文本"边锋国际旅行社"，如图8-21所示。

图8-21　首页设置效果

步骤 2　在"开始"选项卡的"幻灯片"功能区单击"新建幻灯片"按钮，从打开的"新建幻灯片"下拉菜单中选择"仅标题"菜单项新建一张只有标题版式的幻灯片。在"单击此处添加标题"文本框中输入文本"边锋旅行社概况"，如图8-22所示。

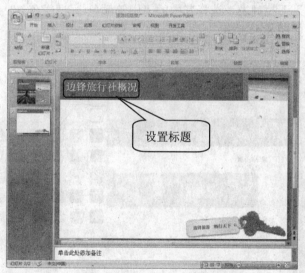

图8-22　仅标题版式幻灯片

步骤 3　切换到"插入"选项卡，单击"文本"功能区的"文本框"按钮，从下拉列表中选择"横排文本框"，拖动鼠标在幻灯片中插入一个文本框，并输入文本"旅行社介绍"，设置字体为"华文中宋"，字号为"18"，字体颜色为"黑色，文字1"，并单击加粗 **B** 按钮设置字体加粗效果；复制并粘贴该文本框，然后更改其文本为"旅行社业务"，最后分别调整文本框的位置，如图8-23所示。

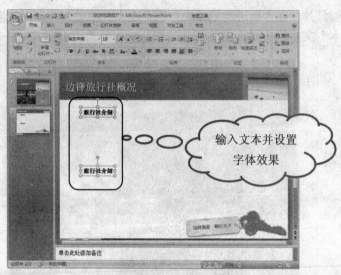

图 8-23 插入文本框

步骤④ 打开"绘图"功能区的"形状"下拉菜单,选择其中的"圆角矩形"菜单项,拖动鼠标在文档中绘制一个圆角矩形;然后用鼠标单击该圆角矩形,从弹出的快捷菜单中选择"大小和位置"菜单项,在"大小"选项卡中设置矩形的高度和宽度分别为"3.6 厘米"和"17.87 厘米"。

步骤⑤ 单击 关闭 按钮,关闭"大小和位置"选项卡。选中圆角矩形,打开"绘图"功能区的"快速样式"下拉列表,选择其中的"中等颜色-强调颜色 5"列表项,为圆角矩形快速设置填充颜色,如图 8-24 所示。

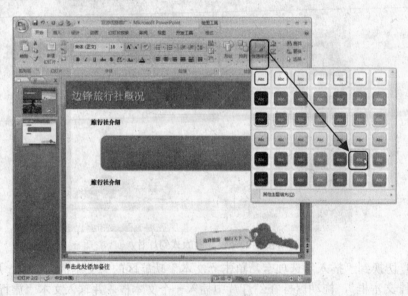

图 8-24 快速样式

步骤⑥ 在圆角矩形上单击鼠标右键,从弹出的快捷菜单中选择"设置形状格式"菜单项打开"设置形状格式"对话框,切换到"三维格式"选项卡。在"棱台"区域,打开"顶端"下拉列表,从中选择"冷色斜面"列表项,然后设置"轮廓线"区域的"大小"的值为

"2磅"，其余选项保留默认设置即可，如图 8-25 所示。

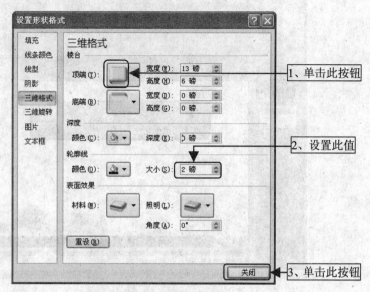

图 8-25　设置形状格式

步骤 7 单击 关闭 按钮，关闭"设置形状格式"对话框，调整圆角矩形的位置使其如图 8-26 所示。

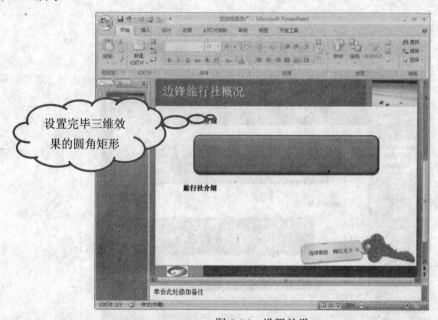

图 8-26　设置效果

步骤 8 在圆角矩形上单击鼠标右键，从弹出的菜单中选择"编辑文字"菜单项，输入相应的文本并设置字体为"宋体（正文）"，字号为"18"，文本颜色为"白色，背景 1"，对齐方式为"文本左对齐"，调整文本框的位置和大小，如图 8-27 所示。

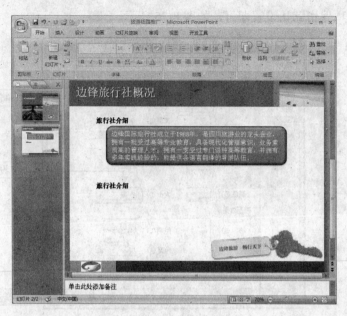

图 8-27　输入并设置文本

步骤 ⑨　在文档中绘制一个圆角矩形，打开"大小和位置"对话框，设置圆角矩形的高度为"3.6 厘米"，宽度为"17.87 厘米"；在"快速样式"中设置颜色为"强烈效果-强调颜色5"，如图 8-28 所示。

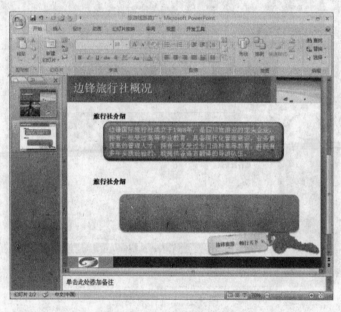

图 8-28　设置图形快速填充

步骤 ⑩　打开"设置形状格式"对话框，切换到"三维格式"选项卡，在"棱台"区域的"顶端"下拉列表中选择"角度"；然后设置"轮廓线"区域的"大小"为"1.5 磅"，如图8-29 所示。

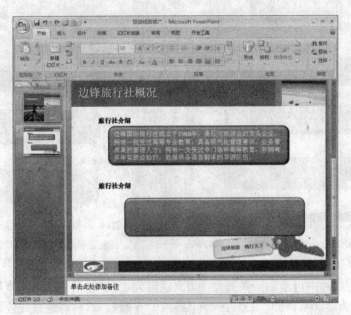

图 8-29　设置图形格式

步骤 ⑪　选择"编辑文字"命令，在圆角矩形中输入相应的文本，设置字体为"宋体（正文）"，字号为"18"，文本颜色为"白色，背景 1"，调整文本框的位置和大小，如图 8-30 所示。

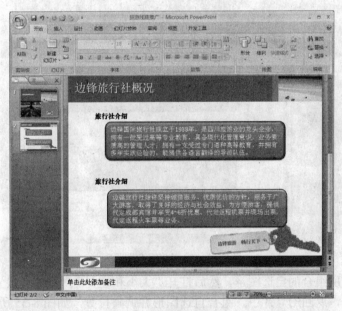

图 8-30　输入并设置文本

步骤 ⑫　在"形状"下拉列表中单击直线 ╲ 按钮，绘制一条垂直的直线（如图 8-31 所示），设置高度为 0，宽度为"2.6 厘米"，线条颜色 RGB 值为"204、153、255"，"宽度"为"6 磅"，如图 8-32 所示。

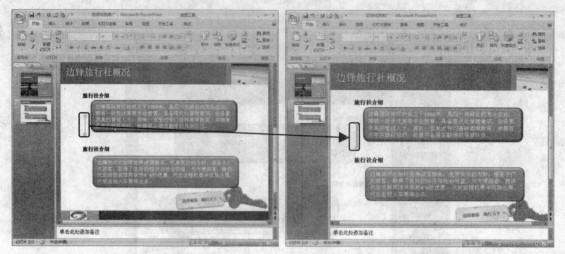

图 8-31 绘制直线   图 8-32   设置直线

步骤 13 在幻灯片中再绘制一条高度为 0、宽度为 "5.6 厘米" 的水平直线，设置 "线条颜色" 的 RGB 值为 "204、153、255"，"宽度" 为 "6 磅"，然后调整直线位置位于上一条垂直直线的下方，然后将这两条直线组合，调整位置使其如图 8-33 所示。

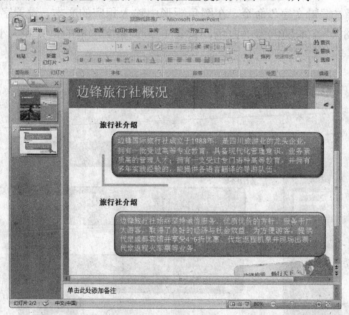

图 8-33   绘制并组合图形

步骤 14 复制所组合的自选图形，然后打开 "大小和位置" 对话框，设置旋转为 "180°"（如图 8-34 所示），返回幻灯片中，组合自选图形并调整位置，如图 8-35 所示。

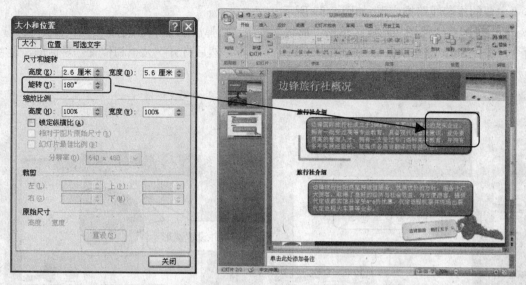

图 8-34 旋转图形   图 8-35 设置效果

步骤 ⑮ 使用同样的方法再绘制一条垂直直线和一条水平的直线,设置线条颜色的 RGB 值为"152、193、61",高度和宽度同前面的直线相同,然后将其组合并复制旋转,然后调整位置如图 8-36 所示,旅行社概况页面创建完毕。

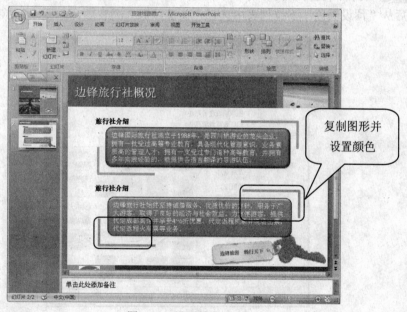

图 8-36 设置效果

8.2.3 设置旅游线路推广

旅行社概况页面创建完毕后,下面就该制作旅游线路推广页面了,页面的设置主要是自选图形的绘制和操作,具体的操作步骤如下。

步骤 ① 插入一张"仅标题"版式的幻灯片,在"单击此处添加标题"文本框中输入文本"主要的旅游线路推广",如图 8-37 所示。

步骤 ② 在"绘图"功能区单击"形状"按钮,从弹出的菜单中选择"基本形状→椭圆"命令,按住 Shift 键拖动鼠标在文档中绘制一个圆形,然后打开"大小和位置"对话框,设置矩形的高度和宽度均为"8.89 厘米",如图 8-38 所示。

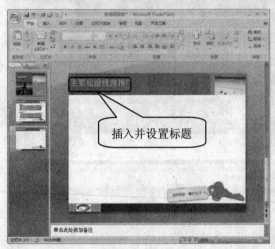
图 8-37 设置标题

图 8-38 绘制并设置图形

步骤 ③ 打开"设置形状格式"对话框,在"填充"选项卡中选中"渐变填充"单选按钮,然后从"预设颜色"下拉列表中选择"茵茵绿原"列表项,如图 8-39 所示。

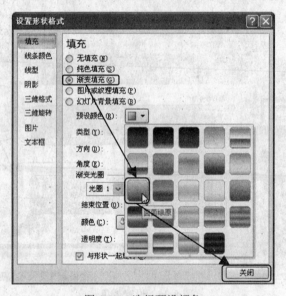
图 8-39 选择预设颜色

步骤 ④ 单击 关闭 按钮,返回幻灯片。切换到"格式"选项卡,打开"形状样式"功能区的"形状填充"下拉列表,将鼠标指向"渐变"菜单项,选择级联菜单中的"中心辐射",如图 8-40 所示。

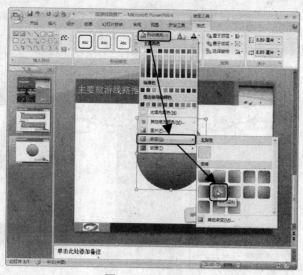

图 8-40　选择渐变

步骤 ⑤ 用鼠标右键单击圆形，从快捷菜单中选择"设置形状格式"菜单项，打开"设置形状格式"对话框。在"渐变光圈"功能区打开"光圈"下拉列表，选择"光圈 2"列表项，如图 8-41 所示。

步骤 ⑥ 打开"颜色"下拉列表，选择"其他颜色"列表项，打开"颜色"对话框，切换到"自定义"选项卡，设置 RGB 值为"0、102、0"，如图 8-42 所示。

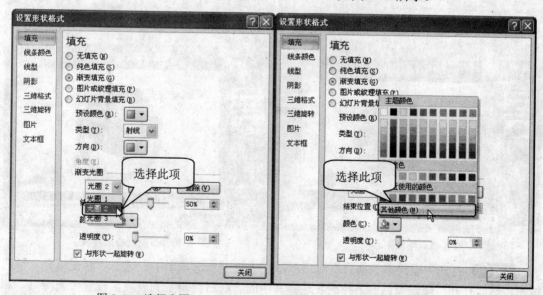

图 8-41　选择光圈　　　　　　　　图 8-42　选择颜色

步骤 ⑦ 单击 确定 按钮返回"设置形状格式"对话框中；切换到"线条颜色"选项卡选择"实线"单选按钮，"颜色"为"白色，背景 1"；切换到"线型"选项卡，设置"宽度"为"2.25 磅"，如图 8-43 所示，单击 关闭 按钮返回幻灯片中，并调整圆形的位置，如图 8-44 所示。

| 图 8-43　设置线条颜色 | 图 8-44　设置效果 |

步骤 8 在"绘图"功能区单击"形状"按钮打开"形状"下拉菜单，从弹出的菜单中选择"基本形状→同心圆"命令，按住 Shift 键拖动鼠标在文档中绘制一个同心圆，然后打开"大小和位置"对话框，设置同心圆的高度和宽度都为"10.6 厘米"，如图 8-45 所示。

步骤 9 按住黄色的控制点不放，拖动鼠标使同心圆的厚度变薄，如图 8-46 所示。

图 8-45　绘制同心圆

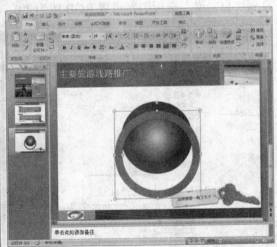

图 8-46　改变同心圆厚度

步骤 10 打开"设置形状格式"对话框，在"填充"选项卡中，选中"渐变填充"单选按钮，然后打开"预设颜色"下拉列表选择其中的"红日西斜"列表项，设置"光圈 1"和"光圈 4"的 RGB 值为"152、193、61"；"光圈 2"、"光圈 3"和"光圈 5"的 RGB 值为"101、129、40"。最后，切换到"线条颜色"选项卡，选择"无线条"单选按钮，设置效果如图 8-47所示。

图 8-47　设置颜色

步骤 ⑪ 在幻灯片中绘制一个圆角矩形，然后打开"大小和位置"对话框，设置其高度为"1.39 厘米"，宽度为"10.51 厘米"，如图 8-48 所示。

步骤 ⑫ 打开"设置形状格式"对话框，在"填充"选项卡中选择"渐变填充"单选按钮，从"预设颜色"下拉列表中选择"金乌坠地"列表项，设置"光圈 1"～"光圈 4"的 RGB颜色均为"152、193、61"，"光圈 5"和"光圈 6"的颜色为"249、252、244"；切换到"线条颜色"选项卡，选择"实线"单选按钮，从"颜色"下拉列表中选择"白色，背景 1，深色 50%"；切换到"线型"选项卡，设置"宽度"为"3 镑"，设置完毕的效果如图 8-49 所示。

图 8-48　绘制圆角矩形

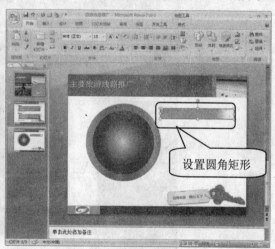

图 8-49　设置圆角矩形格式

步骤 ⑬ 返回幻灯片中将此圆角矩形复制两个，然后调整圆角矩形在幻灯片中的位置，如图 8-50 所示。

图 8-50　复制图形并调整位置

步骤 ⑭ 再复制一个相同大小的圆角矩形，更改"光圈 1"～"光圈 4"RGB 值为"203、254、174"，"光圈 5"和"光圈 6"的 RGB 颜色值为"252、255、251"，如图 8-51 所示。

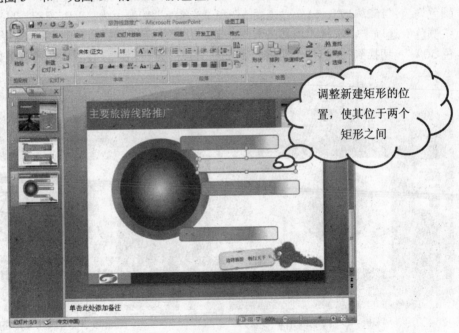

图 8-51　复制并重新设置光圈

步骤 ⑮ 再将此圆角矩形复制一个，然后调整一下复制后的圆角矩形在幻灯片的位置，如图 8-52 所示。

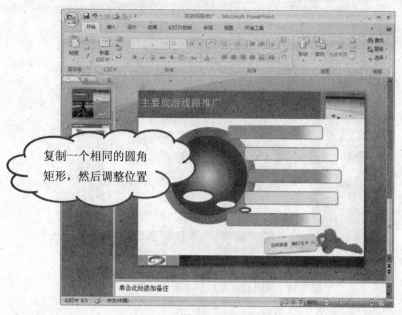

图 8-52 复制图形

步骤 ⑯ 在圆形上单击鼠标右键，从快捷菜单中选择"编辑文字"命令，然后输入文本"边锋旅游线路一览"，设置字体为"黑体"，字号为"32"，字体颜色为"白色，背景 1"，并单击阴影 **S** 按钮设置字体的阴影效果，调整文本框的位置，如图 8-53 所示。

图 8-53 编辑文字

步骤 ⑰ 依次在创建的圆角矩形上单击鼠标右键，在弹出的菜单中选择"编辑文字"命令，分别在圆角矩形中添加相应的文本，都设置字体为"黑体"，字号为"18"，字体颜色为"黑色，文字 1"，如图 8-54 所示，旅游线路推广页面创建完毕。

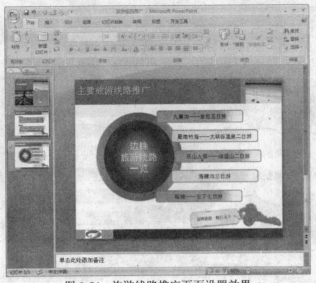

图 8-54　旅游线路推广页面设置效果

8.2.4　创建各条旅游线路

本小节就对在旅游线路推广页面中所提及的旅游线路分别进行创建，共包含五个页面，即"九寨沟"、"蜀南竹海"、"峨眉山"、"海螺沟"和"稻城亚丁"。

1.　九寨沟线路介绍

本页面以"世界水景之王—九寨沟"为标题创建幻灯片页面，其具体的操作步骤如下。

步骤 ①　插入一张"仅标题"版式的幻灯片，在"单击此处添加标题"文本框中输入文本"世界水景之王—九寨沟"；切换到"插入"选项卡，单击"文本框"按钮，从下拉列表中选择"横排文本框"插入文本框，输入相应的九寨沟介绍的文本，设置字体为"幼圆"，字号为"12"，字体颜色的 RGB 值为"51、102、204"，如图 8-55 所示。

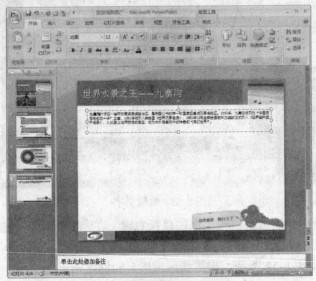

图 8-55　输入标题并插入文本

步骤 2 用鼠标右键单击该文本框打开"设置形状格式"对话框，在"填充"选项卡中，选择"纯色填充"单选按钮，然后设置填充颜色为"深蓝，文字 2，淡色 60%"；在"线条颜色"选项卡中，选择"实线"单选按钮，然后设置"颜色"为"蓝色"；在"线型"选项卡中设置"宽度"为"3 磅"，文本框的设置效果如图 8-56 所示。

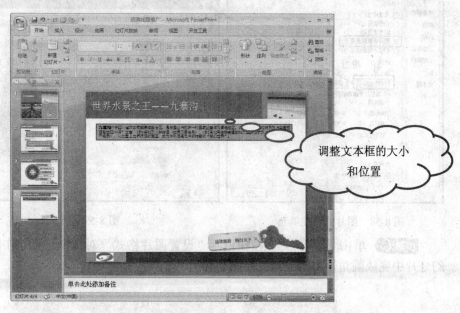

图 8-56　设置文本框

步骤 3 在幻灯片中按住 Shift 键绘制一个的圆角矩形，设置圆角矩形的宽度和高度都为"8 厘米"，并设置"线条颜色"为"蓝色"，"宽度"为"3 磅"，如图 8-57 所示。

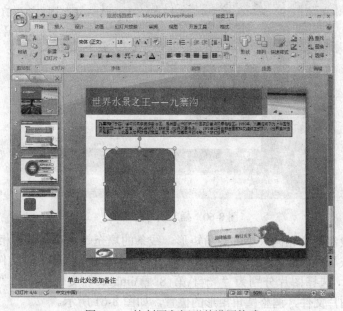

图 8-57　绘制圆角矩形并设置格式

步骤 4 打开"设置图片格式"对话框，选择"图片或纹理填充"单选按钮，单击"文件"按钮打开"插入图片"对话框（如图 8-58 所示），在"查找范围"下拉列表框中选择路径为"光盘\第 8 章\images"文件夹下的"photo01.jpg"图片文件，如图 8-59 所示。

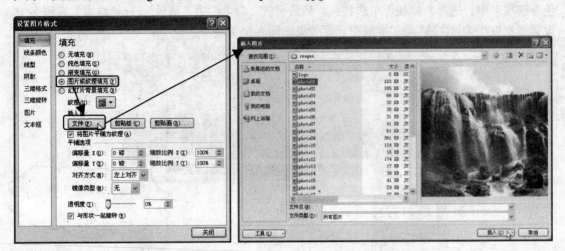

图 8-58　图片或纹理填充　　　　　　　　　　　图 8-59　插入图片

步骤 5 单击 插入(S) 按钮返回"设置图片格式"对话框，再单击 关闭 按钮返回幻灯片中完成圆角矩形的设置，如图 8-60 所示。

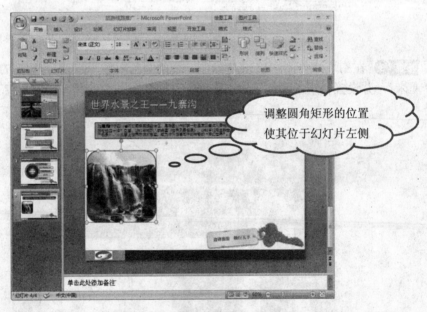

图 8-60　插入图片的效果

步骤 6 再绘制两个相同大小的圆角矩形，线条的填充颜色和粗细也相同，然后依次打开"设置形状格式"对话框，选择"图片或纹理填充"单选按钮，单击"文件"按钮打开"插入图片"对话框，选择图片分别为"光盘\第 8 章\images"文件夹下的"photo02.jpg"和"photo03.jpg"图片文件，调整圆角矩形的位置，如图 8-61 所示。

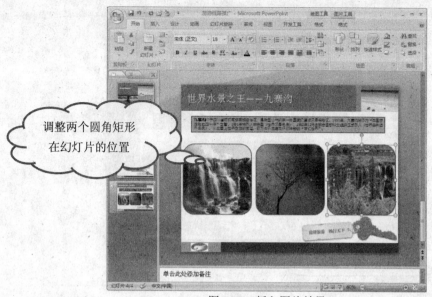

图 8-61　插入图片效果

步骤 ⑦ 切换到"插入"选项卡，单击"文本"功能区的"艺术字"按钮，打开"艺术字"下拉列表，选择第 4 行第 5 列的样式（如图 8-62 所示），即可在幻灯片中显示"请在此键入您自己的内容"文本框，用于插入艺术字，如图 8-63 所示。

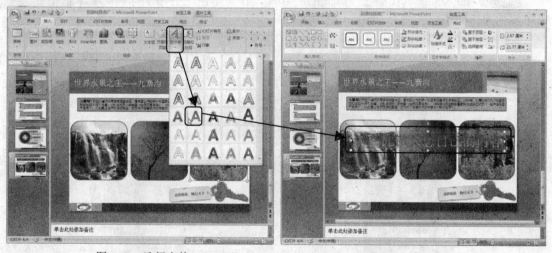

图 8-62　选择字体　　　　　　　　　　　图 8-63　编辑文本

步骤 ⑧ 将光标定位在"请在此键入您自己的内容"文本框，输入文本"五岳归来不看山，九寨归来不看水！"，设置字体为"华文行楷"，字号为"20"，调整艺术字的位置，然后单击绿色的控制点将其旋转，至此，九寨线路页面创建完毕，如图 8-64 所示。

小知识

如果需要自定义艺术字，可以选中相应的文本，然后切换到"格式"选项卡，在"艺术字样式"功能区设置"文本填充"、"文本轮廓"和"文本样式"。

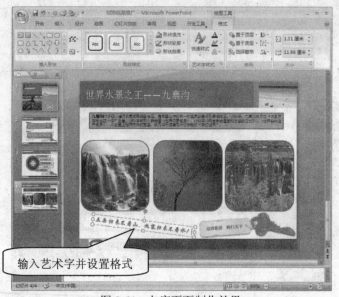

图 8-64　九寨页面制作效果

2. 蜀南竹海线路介绍

创建蜀南竹海线路的介绍页面，其操作步骤如下。

步骤 ① 插入一张"仅标题"版式的幻灯片，在"单击此处添加标题"文本框中输入文本"绿的海洋—蜀南竹海"，如图 8-65 所示。

图 8-65　插入图形

步骤 ② 在幻灯片中绘制一个高度为"5.94 厘米"，宽度为"9.67 厘米"的圆角矩形，并设置其"线条颜色"为"绿色"，"宽度"为"3 磅"，如图 8-66 所示。

步骤 ③ 打开"设置图片格式"对话框，在"填充"选项卡中选中"图片或纹理填充"单选按钮，单击 文件(F)… 按钮打开"插入图片"对话框，在"查找范围"下拉列表框中选择路径为"光盘\第 8 章\images"文件夹下的"photo04.jpg"图片文件，如图 8-67 所示。

320

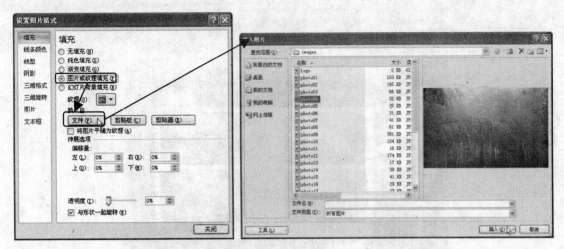

图 8-66　图片或纹理填充　　　　　　　　　　　　　　图 8-67　插入图片

步骤④ 单击 插入(S) 按钮返回"设置图片格式"对话框，单击 确定 按钮返回幻灯片中完成圆角矩形的设置，并调整圆角矩形位置位于幻灯片的左上侧，如图 8-68 所示。

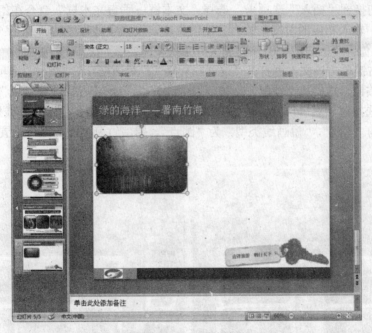

图 8-68　插入图片效果

步骤⑤ 再复制三个相同的圆角矩形，然后依次打开"设置图片格式"对话框，分别选择图片为"光盘\第 8 章\images"文件夹下的"pic05.jpg"、"pic06.jpg"和"pic07.jpg"图片文件，调整圆角矩形的位置，如图 8-69 所示。

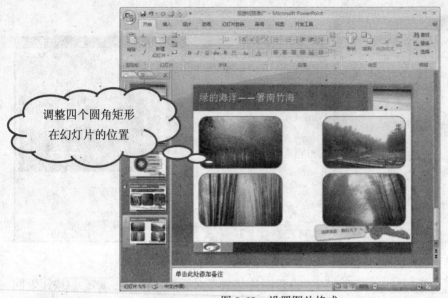

图 8-69　设置图片格式

步骤 ⑥　切换到"插入"选项卡，选择"文本框→垂直文本框"命令在幻灯片中插入一个垂直文本框，输入相应的对蜀南竹海介绍的文本，设置字体为"幼圆"，字号为"12"，字体颜色的 RGB 值为"0、102、0"，如图 8-70 所示。

步骤 ⑦　右键单击该文本框打开"设置图片格式"对话框，在"填充"选项卡中选择"纯色填充"单选按钮，然后从"颜色"下拉列表中选择"浅绿"；在"线条颜色"选项卡中，选中"实线"单选按钮，然后设置颜色的 RGB 值分为"153、204、0"；在"线型"选项卡中，设置"宽度"为"3 磅"，"短画线类型"为"圆点"。蜀南竹海页面的最终设置效果如图 8-71 所示。

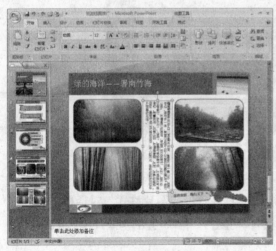

图 8-70　输入并设置文本

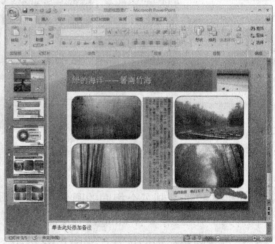

图 8-71　蜀南竹海设置效果

3. 峨眉山线路介绍

创建峨眉山线路的介绍页面，其操作步骤如下。

步骤 ①　插入一张"仅标题"版式的幻灯片，在"单击此处添加标题"文本框中输入文本"佛教四大名山之首——峨眉山"。

步骤② 在幻灯片中绘制一个菱形，并设置其高度和宽度都为"6厘米"，如图8-72所示。

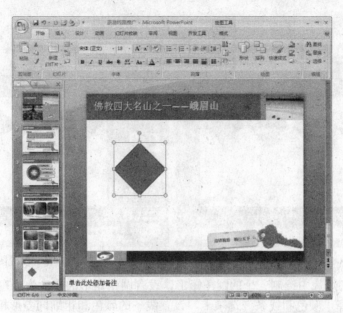

图8-72 绘制菱形并设置其大小

步骤③ 打开"设置图片格式"对话框，在"填充"选项卡中选择"图片或纹理填充"单选按钮，单击"文件"按钮打开"插入图片"对话框，选择路径为"光盘\第8章\images"文件夹下的"photo08.jpg"图片文件；在"线条颜色"选项卡中，选择"实线"单选按钮，从"颜色"下拉列表中选择"橙色"；在"线型"选项卡中，设置"宽度"为"3磅"，如图8-73所示。

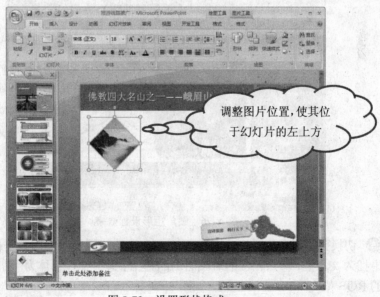

图8-73 设置形状格式

步骤④ 复制三个菱形（如图8-74所示），然后依次打开"插入图片"对话框，分别选择位于"光盘\第 8 章\images"文件夹下的"Photo09.jpg"、"Photo10.jpg"和"Photo11.jpg"图片文件，并调整它们的位置，如图 8-75 所示。

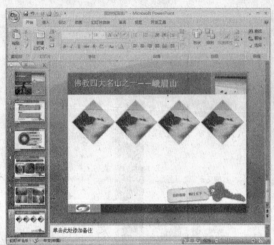 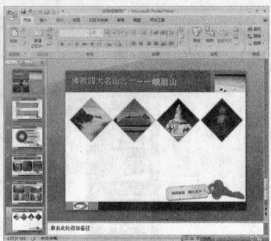

图 8-74　复制图形　　　　　　　　　　　　　　图 8-75　设置图片

步骤⑤ 在幻灯片中绘制一个的圆角矩形，设置圆角矩形的高度为"7.8 厘米"，宽度为"10.7 厘米"选择"颜色和线条"选项卡，设置线条的颜色和粗细同菱形相同，打开"图片或纹理填充"下的"插入图片"对话框，设置填充图片的路径为"光盘\第 8 章\images"文件夹下的"Photo12.jpg"图片文件，完成设置后的效果如图 8-76 所示。

图 8-76　圆角矩形设置效果

步骤⑥ 切换到"插入"选项卡，选择"文本"功能区的"文本框→横排文本框"命令在幻灯片中插入文本框，输入相应的对峨眉山的介绍文本，设置字体为"幼圆"，字号为"12"，字体颜色的 RGB 值为"102、51、0"，如图 8-77 所示。

步骤⑦ 用鼠标右键单击该文本框打开"设置图片格式"对话框，在"填充"选项卡中选择"纯色填充"单选按钮，设置"颜色"的 RGB 值分别为"204、153、0"；在"线条颜色"选项卡中，选择"实线"单选按钮，设置颜色为"橙色，强调文字颜色6，深色25%"；在"线型"选项卡中，设置"宽度"为"3磅"，"短画线类型"为"短画线"，如图8-78所示。

图 8-77　输入文本并设置效果　　　　　　　　图 8-78　设置效果

步骤 8 切换到"插入"选项卡，打开"艺术字"下拉列表，打开"艺术字库"文本框，选择第3行第4列的样式，然后输入文本"三峨之秀甲天下，何须涉海寻蓬莱！"，设置字体为"华文彩云"，字号为"16"，如图8-79所示。

图 8-79　插入艺术字

步骤 9 切换到"格式"选项卡，打开"艺术字样式"功能区的"文本轮廓"下拉列表，选择其中的"蓝色"菜单项（如图8-80所示）；打开"文本效果"对话框，将鼠标指向其中的"转换"菜单项，选择"跟随效果"中的"按钮"列表项，如图8-81所示。

图 8-80　文本轮廓

图 8-81　文本效果

步骤 ⑩ 调整插入艺术字的位置，峨眉山介绍页面创建完毕，如图 8-82 所示。

图 8-82　峨眉山介绍页面制作效果

4. 海螺沟线路介绍

创建海螺沟线路的介绍页面，其操作步骤如下。

步骤 ❶ 插入一张"仅标题"版式的新幻灯片，在"单击此处添加标题"文本框中输入文本"白色童话—海螺沟"，如图 8-83 所示。

步骤 ❷ 在"绘图"功能区打开"形状"下拉菜单，从弹出的菜单中选择"基本形状→十字型"命令，拖动鼠标在幻灯片中绘制一个十字型。然后打开"大小和位置"对话框，设置十字型的高度为"4.5 厘米"，宽度为"6 厘米"，如图 8-84 所示。

图 8-83 插入幻灯片并设置标题

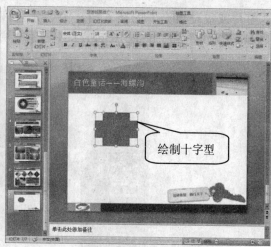

图 8-84 绘制图形并设置大小

步骤 ③ 打开"设置图片格式"对话框，在"填充"选项卡中选中"图片或纹理填充"单选按钮，然后单击"文件"按钮，从"插入图片"对话框中选择路径为"光盘\第 8 章\images"文件夹下的"photo13.jpg"图片文件（如图 8-85 所示）；在"线条颜色"选项卡，选中"实线"单选按钮，设置颜色为"白色，背景 1，深色 35%"；在"线型"选项卡中，设置"宽度"为"3 磅"。单击 关闭 按钮完成十字型的设置，调整图形位于幻灯片左上角，如图 8-86 所示。

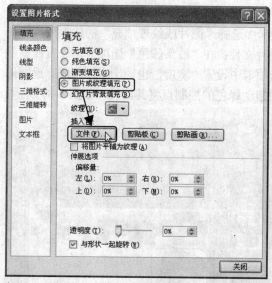

图 8-85 "设置图片格式"对话框

图 8-86 设置效果

选择所绘制的十字型，根据幻灯片的实际需要，单击拖动黄色控制点可以调整十字型的样式大小。

步骤 ④ 再复制三个相同的十字型，然后依次打开"设置图片格式"对话框，分别选择

"图片或纹理填充"的插入图片为"光盘\第 8 章\images"文件夹下的"photo14.jpg"、"photo15.jpg"和"photo16.jpg"图片文件,并调整十字型的位置,如图 8-87 所示。

图 8-87 复制图形并更改插入图片

步骤 ⑤ 打开"形状"下拉列表,从弹出的列表中选择"基本形状→折角形"命令,拖动鼠标在幻灯片中绘制一个折角图形,如图 8-88 所示。

步骤 ⑥ 打开"大小和位置"对话框,设置折角形的高度为"8 厘米",宽度为"6 厘米";打开"设置图片格式"对话框,在"填充"选项卡中选择"图片或纹理填充"的插入图片为光盘\第 8 章\images"文件夹下的"photo17.jpg"图片文件;在"线条颜色"选项卡中设置线条颜色和十字型相同,透明度为 10%;在"线型"选项卡中设置"宽度"也同十字型相同。返回幻灯片中,拖动黄色的控制点调整折角的幅度,并拖动绿色的控制点将其旋转,如图 8-89 所示。

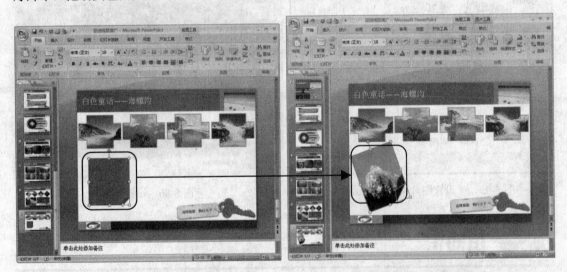

图 8-88 绘制折角图形   图 8-89 设置折角图形格式

步骤 ⑦ 在幻灯片中再绘制一个折角形,设置高度为"5.5 厘米",宽度为"7.33 厘米",设置"线条颜色"和"宽度"同上一个折角形相同,线条"透明度"为"20%",并选择图片分别为"光盘\第 8 章\images"文件夹下的"photo18.jpg"图片文件作为填充效果,返回幻灯片中,调整折角形的位置,并单击绿色的控制点将其旋转,如图 8-90 所示。

图 8-90　设置图形

步骤 8 单击"文本框"按钮,从下拉列表中选择"横排文本框"命令,拖动鼠标在幻灯片中插入文本框,输入对海螺沟介绍的相应文本,设置字体为"幼圆",字号为"12",字体颜色的 RGB 值都为"41、41、41",如图 8-91 所示。

图 8-91　输入文本并设置字体

步骤 9 打开文本框的"设置图片格式"对话框,在"填充"选项卡,选择"纯色填充"单选按钮,然后设置颜色为"白色,背景 1,深色 25%";在"线条颜色"选项卡中,设置颜色为"白色,背景 1,深色 50%",透明度为"50%";在"线型"选项卡中,选择"短画线类型"为"短画线","宽度"为"3磅",如图8-92所示。

图 8-92　设置文本框样式

步骤 ⑩　按住 Ctrl 键选择位于幻灯片左侧的两个十字型,在"绘图"功能区"形状效果" 按钮,将鼠标指向下拉列表中的"阴影"菜单项,再选择级联菜单中的"右上斜偏移"命令,如图8-93所示。

步骤 ⑪　按住 Ctrl 键再次选择位于幻灯片左侧的两个十字型,单击鼠标右键,从弹出的快捷菜单中选择"设置图片格式"对话框,切换到"阴影"选项卡,设置"大小"为"103%",距离为"3磅",如图8-94所示。

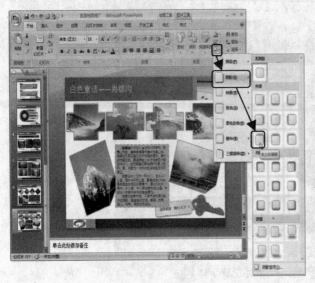

图 8-93　选择阴影效果

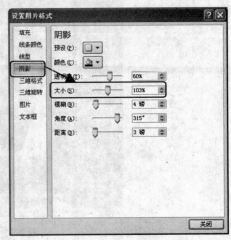

图 8-94　设置图片格式

步骤 ⑫　选择位于幻灯片右侧的两个十字型,设置阴影样式为"向上"偏移动;然后打开"设置图片格式"对话框,设置大小为"103%",调整后的阴影效果如图8-95所示。

图 8-95 调整阴影效果

步骤 ⑬ 选择位于幻灯片左侧的折角形，设置阴影样式为"向左偏移"，选择位于幻灯片右侧的折角形，设置阴影样式为"向右偏移"；打开"设置形状格式"的"阴影"选项卡，设置"大小"为"5磅"，至此海螺沟线路介绍页面创建完毕，如图8-96所示。

图 8-96 海螺沟页面设置效果

5. 稻城亚丁线路介绍

下面介绍最后一个线路介绍页面——稻城亚丁线路介绍的制作，操作步骤如下。

步骤 ① 插入一张"仅标题"版式的新幻灯片，在"单击此处添加标题"文本框中输入文本"未经触动的净土——稻城亚丁"；从"形状"下拉列表中选择"流程图→流程图：卡片"

命令，拖动鼠标在幻灯片中绘制一个卡片，如图 8-97 所示。

步骤 ② 打开"大小和位置"对话框，设置卡片的高度为"7.49 厘米"，宽度为"10 厘米"；打开"设置图片格式"对话框，在"填充"选项卡中设置填充图片为"光盘\第 8 章\images\photo25.jpg"；在"线条颜色"选项卡中，选择"无线条"单选按钮。返回幻灯片中之后，调整卡片的位置位于幻灯片的中上方，如图 8-98 所示。

图 8-97　绘制图形　　　　　　　　　　　　图 8-98　设置图片格式

步骤 ③ 选择所绘制的卡片，切换到"图片工具"的"格式"选项卡，打开"图片效果"下拉列表，将鼠标指向"预设"菜单项，从级联菜单中选择"预设 1"，如图 8-99 所示。

步骤 ④ 打开"图片效果"下拉列表，将鼠标指向"三维旋转"列表项，选择"透视"功能区的"左透视"列表项，如图 8-100 所示。

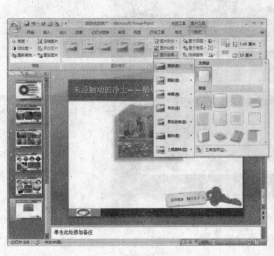

图 8-99　预设　　　　　　　　　　　　　图 8-100　左透视

步骤 ⑤ 用鼠标右键单击图片，从快捷菜单中选择"设置图片格式"菜单项，打开"设置图片格式"对话框，在"阴影"选项卡中，设置颜色为"深红"、大小"103%"、距离为"4磅"，如图 8-101 所示。

步骤 6 在"三维旋转"选项卡中设置 X 为"30°"，Y 为"10°"；在"图片"选项卡中，设置"对比度"为"10%"，如图 8-102 所示。

图 8-101 三维旋转

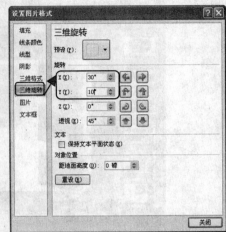
图 8-102 图片对比度

步骤 7 在幻灯片中再绘制三个卡片设置卡片的高度都为"4.5 厘米"，宽度都为"6 厘米"；"线条颜色"都为"无线条"；图片填充分别为"光盘\第 8 章\images"文件夹下的"photo19.jpg"、"photo20.jpg"、"photo21.jpg"，调整各自的位置如图 8-103 所示。

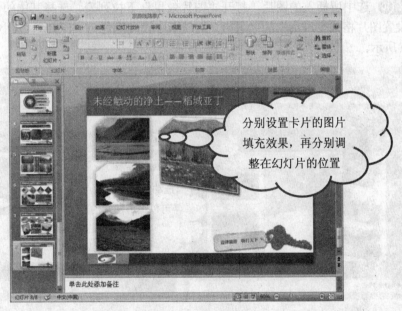
图 8-103 调整卡片填充效果和位置

步骤 8 同样的方法分别设置三个卡片的"图片效果"为"预设 9"；并在"设置图片格式"对话框的"阴影"选项卡中设置颜色为"深红"、大小为"103%"，效果如图 8-104 所示。

图 8-104 设置图片效果

步骤 9 在幻灯片中再绘制两个卡片，设置高度为"5 厘米"、宽度为"6.67 厘米"，"线条颜色"都为"无线条"，依次设置它们的填充图片分别为"光盘\第 8 章\images"文件夹下的"pic22.jpg"、"pic23.jpg"，调整位置在幻灯片的右侧，如图 8-105 所示。

步骤 10 选中所插入的图片，打开"图片效果"下拉列表，选择其中的"预设 12"；然后在"设置图片格式"对话框的"阴影"选项卡中设置颜色为"深红"、大小为"103%"，如图 8-106 所示。

图 8-105 插入图片　　　　　　　　　　　　　　图 8-106 设置图片效果

步骤 11 切换到"插入"选项卡，打开"文本框"下拉菜单，从中选择"横排文本框"命令，拖动鼠标在幻灯片中插入文本框，输入对稻城亚丁的介绍文本，设置字体为"幼圆"，字号为"12"，字体颜色的 RGB 值为"255、51、204"，如图 8-107 所示。

图 8-107　插入文本框并设置文本

步骤 ⑫ 打开文本框的"设置图片格式"对话框,在"填充"选项卡中,选择"纯色填充"单选按钮,设置 RGB 颜色为"255、204、255",透明度 50%;在"线条颜色"选项卡中,选择"实线"单选按钮,并设置颜色 RGB 值为"255、204、255";在"线型"选项卡中,设置宽度为"3 磅",短画线类型为"方点"。最后调整文本框的位置使其位于幻灯片的中下方,至此,稻城亚丁线路介绍页面创建完毕,如图 8-108 所示。

图 8-108　稻城亚丁设置效果

在设置文本框的填充颜色时,透明度设置越高,所设置的填充颜色在视觉上就越淡,所以,此处设置透明度就是使填充颜色作为文字的背景而显得更加柔和。

8.2.5　结束页制作

制作完毕各条旅游线路的介绍页面后,就该制作结束页了。结束页的创建非常简单,只是输入标题和副标题的文本内容。其操作步骤如下。

步骤① 切换到"开始"选项卡,单击"新建幻灯片"按钮打开"新建幻灯片"下拉菜单,选择其中的"标题幻灯片"命令插入幻灯片,如图 8-109 所示。

步骤② 在"单击此处添加标题"文本框中输入文本"欢迎您来电咨询!",在"单击此处添加文本"中输入文本"边锋国际旅行社",如图 8-110 所示,结束页幻灯片设置完毕。

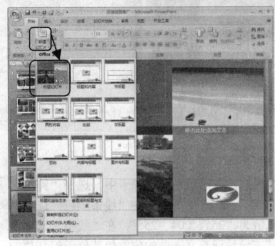

图 8-109　新建标题幻灯片　　　　　　　　　图 8-110　输入文本

8.2.6　创建超链接

创建完毕各幻灯片页面以后,就要对各条旅游线路同旅游线路推广页面之间创建超链接,操作步骤如下。

步骤① 选择第三张幻灯片,在"九寨沟·牟尼沟五日游"文本所在的自选图形上单击鼠标右键,在弹出的菜单中选择"超链接"命令,如图 8-111 所示。

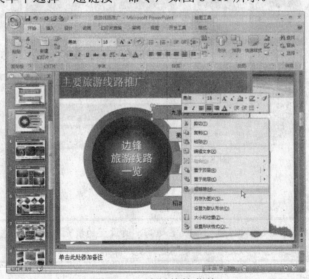

图 8-111　右键快捷菜单

步骤② 打开"插入超链接"对话框,在链接到项目中选择"本文档中的位置",然后在

"请选择文档中的位置"列表框中选择"4.世界水景之王—九寨沟"（如图 8-112 所示），单击 确定 按钮完成设置。

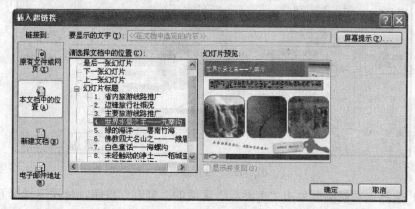

图 8-112　插入超链接

步骤 ❸　使用同样的方法，设置"蜀南竹海•大峡谷温泉二日游"文本所在的自选图形链接到"5.绿的海洋—蜀南竹海"幻灯片；"乐山大佛•峨眉山二日游"文本所在自选图形链接到"6.佛教四大名山之首—峨眉山"幻灯片；"海螺沟三日游"文本所在的自选图形的超链接为"7.白色童话—海螺沟"幻灯片；"稻城•亚丁七日游"文本所在的自选图形的超链接为"未经触动的净土—稻城亚丁"幻灯片，如图 8-113 所示。

步骤 ❹　选择第四张幻灯片，打开"形状"下拉菜单，在弹出的菜单中选择"箭头总汇→右箭头"命令，拖动鼠标在幻灯片中绘制一个燕尾形箭头，设置箭头的高度为"2.2 厘米"，宽度为"4.5 厘米"，设置填充颜色为"浅绿"，线条颜色为"绿色"，宽度为"2 磅"。在右箭头上单击鼠标右键，在弹出的菜单中选择"编辑文字"命令，输入文本"单击返回线路查询"，设置字体为"黑体"，字号为"12"，字体颜色同线条颜色相同，如图 8-114 所示。

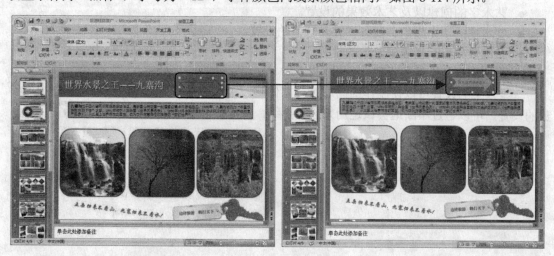

图 8-113　绘制图形　　　　　　　　　　　　图 8-114　编辑图形

步骤 ❺　在右箭头上单击鼠标右键，在弹出的菜单中选择"超链接"命令打开"插入超链接"对话框，在"请选择文档中的位置"列表框中选择"3.主要的旅游线路推广"幻灯片页面（如图 8-115 所示），单击 确定 按钮完成设置。

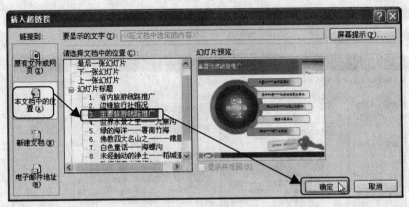

图 8-115 设置超链接

步骤 ⑥ 选择该右箭头，单击"剪贴板"区域的"复制"按钮，依次选择第五张至第八张幻灯片，分别单击"粘贴"命令粘贴到这些幻灯片的同一个位置。

步骤 ⑦ 至此，幻灯片页面创建完毕，单击快捷工具栏的"保存"按钮保存幻灯片文档。

8.3 实例总结

本章介绍了一个旅游线路推广的幻灯片页面的制作过程，主要用到了以下几个方面的内容。

- 自选图形三维效果的创建。
- 自选图形阴影效果的创建。
- 阴影效果工具栏中参数的设置。
- 直线的创建、编辑和组合。
- 艺术字的创建以及艺术效果的设置。
- 文本框的填充颜色、线条样式及颜色的设置。
- 三维效果工具栏中项参数的设置。
- 自选图形超链接的设置。

三维效果的设置可以使制作的图形具有立体感，应着重掌握"三维效果"工具栏中的参数的设置，可以通过不断地尝试运用来逐步熟练，从而提高图形绘制的水平。

第9章 生产计划报告

在企业的发展过程中，一般各部门都需要在岁末制订下一年的发展规划，包括生产、销售等各方面的内容，总结以往的不足和成绩，为新的一年制订确实可行的目标。本章就通过使用 PowerPoint 2007 介绍制作生产计划报告的幻灯片演示文稿。

9.1 案例分析

本实例是三维药业有限公司生产部的一份生产计划报告，报告的具体内容是对药品的种植、研发和生产在新的一年中计划生产的数量和种类进行了详细的介绍，完成后的页面效果如图 9-1 所示。

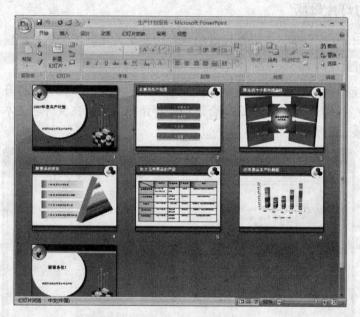

图 9-1 生产计划报告制作效果

9.1.1 知识点

在本实例的制作中，绘制各种类型的自选图形是必不可少的。除此之外，还用到的知识点如下。

- 组合自选图形并设置叠放次序创建立体图形
- 棱锥形图示的制作创建新药品研发页面的图示效果
- 设置三维效果创建中药种植基地的介绍页面
- 通过表格的创建和设置对药品产量页面进行系统的介绍

● 通过图表的插入和设置对药品的生产比例进行直观的分析

其中，棱锥形图示和表格的创建都是第一次用到的知识点，应重点掌握。

9.1.2 设计思路

本实例是有关药品生产的计划报告，该计划的具体内容包括了生产范围的介绍、增加中药种植基地计划、新药品的研发计划、药品产量计划等页面。从药品的种植到研发以及产量等方面都做了详细的介绍。

本幻灯片演示文稿页面根据内容依次是：首页→主要生产范围→新增加四个中药种植基地→新药品的研发→加大五种药品的产量→历年药品生产比例图→结束页。

9.2 案例制作

本实例主要分为棱锥形图示的制作、表格的编辑和图表的插入三个重点步骤组成。下面就详细的介绍各个幻灯片页面的制作。

9.2.1 创作幻灯片母版

首先要制作幻灯片母版，主要是通过绘制自选图形并将其组合进行创建。

1. 创建母版

步骤 1 启动 PowerPoint 2007，单击快捷工具栏的"保存"按钮，打开"另存为"对话框，在"保存位置"下拉列表框中选择合适的保存路径，然后在文件名文本框中输入"生产计划报告"，如图 9-2 所示，单击 保存(S) 按钮。

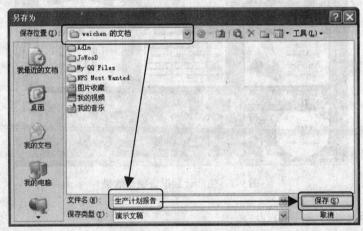

图 9-2 "另存为"对话框

步骤 2 切换到"视图"选项卡，在"演示文稿视图"功能区单击"幻灯片母版"按钮，在左侧的导航列表中切换到"幻灯片母版"，删除所有的文本框，如图 9-3 所示。

步骤 3 切换到"开始"选项卡，单击"绘图"功能区的"形状"按钮打开"形状"下拉菜单，从下拉列表中选择"矩形→圆角矩形"列表项，拖动鼠标在幻灯片中绘制一个圆角矩形，如图 9-4 所示。

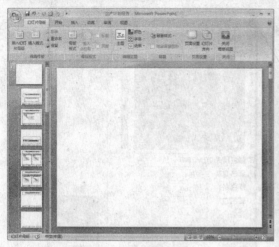

图9-3 删除文本框

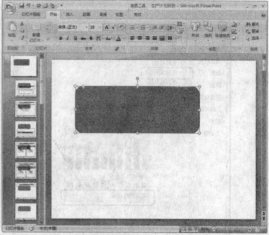

图9-4 绘制圆角矩形

步骤④ 用鼠标右键单击圆角矩形，从右键菜单中选择"大小和位置"菜单项打开"大小和位置"对话框，在"大小"选项卡中设置高度为"2.87"厘米，宽度为"23.78 厘米"，如图9-5 所示。

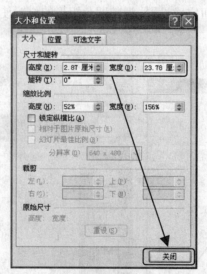

图9-5 大小和位置

步骤⑤ 用鼠标右键单击圆角矩形，从右键菜单中选择"设置形状格式"菜单项打开"设置形状格式"对话框。在"填充"选项卡中，选中"纯色填充"单选按钮，打开"颜色"下拉列表，从下拉列表中选择"其他颜色"菜单项，如图9-6 所示。

步骤⑥ 打开"颜色"对话框，切换到"自定义"选项卡，从"颜色模式"下拉列表中选择"RGB"列表项，分别设置 RGB 值为"54、160、72"，如图9-7 所示。

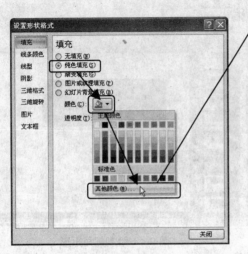
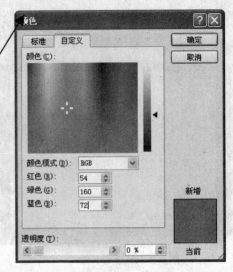

图 9-6　选择填充颜色　　　　　　　　　　　　　图 9-7　"颜色"对话框

步骤 7 单击 确定 按钮返回"设置形状格式"对话框，切换到"线条颜色"选项卡，选择"无线条"单选按钮，如图 9-8 所示。

步骤 8 单击 关闭 按钮完成设置，调整圆角矩形的位置使其位于母版左上方，如图 9-9 所示。

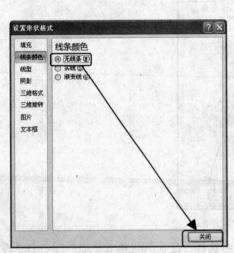
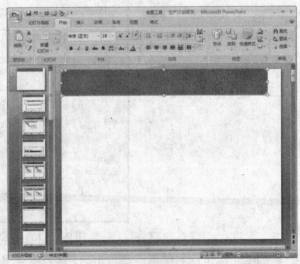

图 9-8　无线条　　　　　　　　　　　　　　　图 9-9　设置效果

步骤 9 打开"形状"下拉列表，单击矩形 □ 选项，拖动鼠标在母版中绘制一个矩形；打开"大小和位置"对话框，设置高度为"0.32 厘米"，宽度为"23.78 厘米"，如图 9-10 所示。

步骤 10 打开"设置形状格式"对话框，在"填充"选项卡中，选择"纯色填充"单选按钮，设置填充颜色的 RGB 值为"0、70、0"；在"线条颜色"选项卡中，选中"无线条"单选按钮；调整矩形的位置使其位于圆角矩形的上方，如图 9-11 所示。

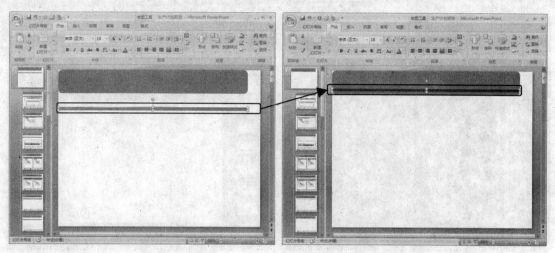

图 9-10　绘制矩形并设置大小　　　　　　　　图 9-11　设置形状格式和位置

步骤 ⑪　复制圆角矩形和矩形（如图 9-12 所示）；设置圆角矩形的高度为 "1.56 厘米"，宽度为 "25.41 厘米"；设置矩形的高度为 "0.32 厘米"，宽度为 "25.41 厘米"；使矩形叠放置于圆角矩形之上，并调整它们的位置位于母版正下方，如图 9-13 所示。

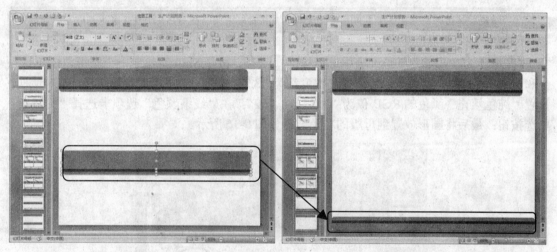

图 9-12　复制图形　　　　　　　　　　　图 9-13　调整图形大小和位置

步骤 ⑫　再绘制一个矩形，打开 "大小和位置" 对话框，在 "大小" 选项卡中设置高度和宽度分别为 "14.7 厘米" 和 "25.41 厘米"；在 "位置" 选项卡中，设置水平和垂直分别为 0 和 "2.78 厘米"，如图 9-14 所示。

步骤 ⑬　打开 "设置形状格式" 对话框，在 "填充" 选项卡中选择 "纯色填充" 单选按钮，然后从 "颜色" 下拉列表中选择 "白色，背景 1"；在 "线条颜色" 选项卡中，选择 "无线条" 单选按钮，矩形的最后效果如图 9-15 所示。

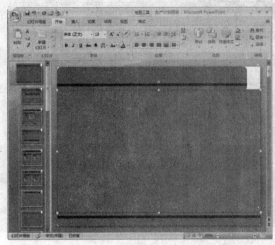
图 9-14　绘制矩形并设置大小和位置

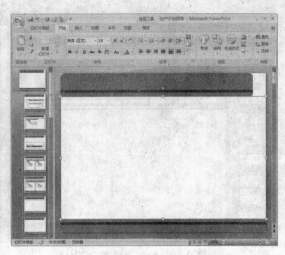
图 9-15　设置矩形格式

 小知识

所绘制的白色矩形是为了表现母版上方的圆角矩形和中间的矩形阴影，使母版更具有立体的效果。

步骤 ⑭ 在"形状"下拉列表中选择椭圆○选项，按住 Shift 键绘制一个圆形，打开"大小和位置"对话框，设置圆形的高度和宽度都为"3.28 厘米"；打开"设置形状格式"对话框，设置"纯色填充"颜色的 RGB 值为"52、118、52"；在"线条颜色"选项卡选择"无线条"单选按钮；最后将圆形放置到母版的右上方，如图 9-16 所示。

图 9-16　绘制圆形

步骤 ⑮ 复制该圆形，将其"纯色填充"颜色的 RGB 值改为"白色，背景 1"，然后将其叠放在之前圆形的上方，并调整其位置使其如图 9-17 所示，然后再同时选择两个圆形，单击鼠标右键，从弹出的菜单中选择"组合→组合"命令将两个圆形组合。

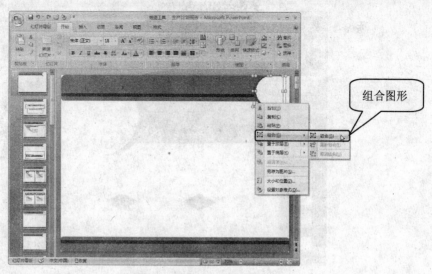

图 9-17　复制并组合图形

2. 创建立体图形

单个立体图形主要是通过一个菱形和两个平行的组合所创建的，然后在由多个立体图形进行组合，其具体的操作步骤如下。

步骤 ❶　在"绘图"功能区打开"形状"下拉列列表，从中选择"基本形状→菱形"命令，拖动鼠标在母板中绘制一个菱形。打开"大小和位置"对话框，在"大小"选项卡中设置菱形的高度和宽度分别为"0.68 厘米"和"1.38 厘米"；打开"设置形状格式"对话框，在"填充"选项卡中选中"纯色填充"单选按钮，设置 RGB 颜色值为"52、118、52"；在"线条颜色"选项卡中，选择"无线条"单选按钮，如图 9-18 所示。

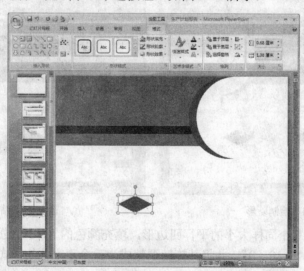

图 9-18　绘制菱形并设置格式

步骤 ❷　复制该菱形，粘贴两次后，分别打开"设置形状格式"对话框，在"填充"选项卡中，分别更改"纯色填充"的 RGB 值为"234、234、234"和"51、51、51"，如图 9-19所示。

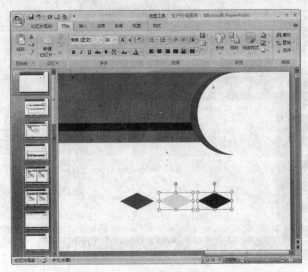

图 9-19 复制图形并更改颜色

步骤 3 再绘制一个菱形，打开"设置形状格式"对话框，设置"纯色填充"颜色的 RGB 值为"52、118、52"；在"线条颜色"选项卡中，选择"无线条"单选按钮；打开"大小和位置"对话框，设置四边形的高度和宽度分别为"1.04 厘米"和"0.68 厘米"；将其旋转后，放置于如图 9-20 所示位置。

步骤 4 复制并粘贴之前绘制的菱形，分别它们的"设置形状格式"对话框，设置"纯色填充"颜色的 RGB 值分别为"192、192、192"和"51、51、51"，如图 9-21 所示。

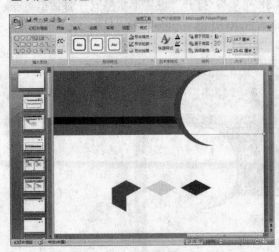

图 9-20 绘制菱形

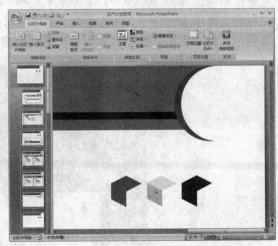

图 9-21 粘贴菱形

步骤 5 再绘制三个同样大小的平行四边形，填充颜色的 RGB 值分别为"0、70、0"，"192、192、192"，"0、0、0"，并将其旋转调整成为三个正方体的样式，如图 9-22 所示。

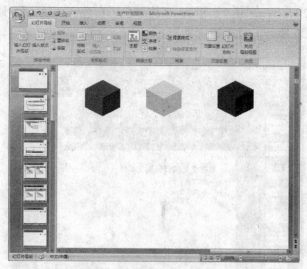

图 9-22 复制并调整图形位置

步骤 **6** 将每个正方体内的三个菱形组合在一起，调整它们的摆放位置为"品"字型（如图 9-23 所示），然后将其放置到母版的右上角，其效果如图 9-24 所示。

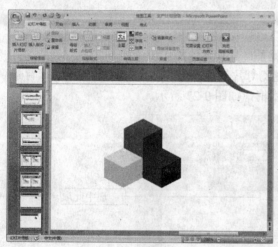

图 9-23 组合图形

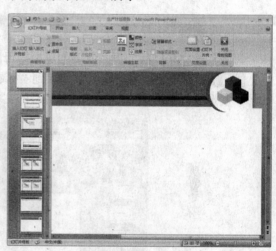

图 9-24 调整图形位置

步骤 **7** 切换到"幻灯片母版"选项卡，单击"母版版式"功能区的"母版版式"按钮，选择"标题"和"文本"复选框，如图 9-25 所示。

图 9-25 "母版版式"对话框

步骤 **8** 单击 确定 按钮返回母版，设置"单击此处编辑母版标题样式"的字体为"宋体（标题）"、字号"20"、字型为"加粗"、字体颜色"白色，背景1"，最后调整各文本框的位置使其效果如图9-26所示，母版设置完毕。

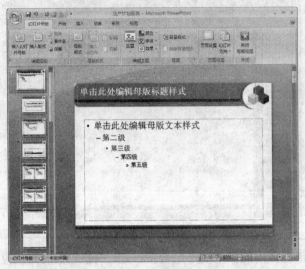

图9-26　设置效果

9.2.2　创建标题幻灯片

母版创建完毕以后，下面就要创建标题母版了，其具体的操作步骤如下。

步骤①　在左侧的导航面板中切换到"标题幻灯片"，选中"背景"功能区的"隐藏背景图形"复选框，然后删除标题母版中所有的文本框，如图9-27所示。

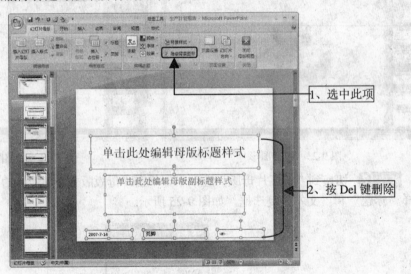

图9-27　设置标题幻灯片

步骤②　切换到"开始"选项卡并打开"形状"下拉菜单，单击其中的矩形□菜单项，拖动在标题母版中绘制一个矩形；然后打开"大小和位置"对话框，设置高度为"16.83厘米"，宽度为"25.41厘米"；打开"设置形状格式"对话框，设置"纯色填充"颜色的RGB值为"54、160、72"；在"线条颜色"选项卡中选中"无线条"单选按钮，最后调整矩形的位置，如图 9-28 所示。

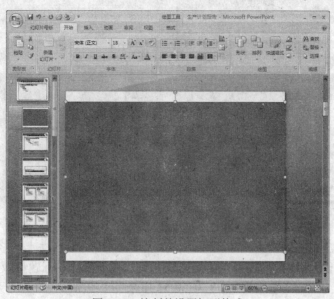

图 9-28　绘制并设置矩形格式

步骤 3　绘制一个高度为 "0.61 厘米"、宽度为 "23.45 厘米" 的矩形，打开 "设置形状格式" 对话框，设置 "纯色填充" 颜色的 RGB 值为 "52、118、52"，"线条颜色" 为 "无线条"；复制该矩形，并打开 "大小和位置" 对话框，更改其高度为 "0.32 厘米"、宽度 "25.41 厘米" 的矩形；最后，分别调整各自的位置，如图 9-29 所示。

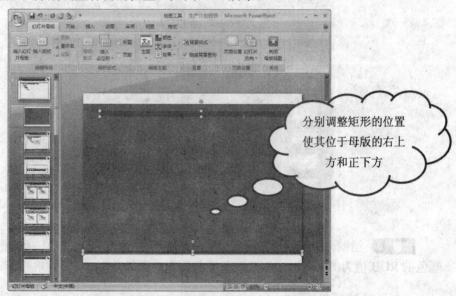

分别调整矩形的位置
使其位于母版的右上
方和正下方

图 9-29　绘制并设置矩形

步骤 4　绘制一个圆角矩形，设置高度为 "1.56 厘米"、宽度为 "25.41 厘米"；"纯色填充" 颜色的 RGB 值为 "0、70、0"；"线条颜色" 为 "无线条"；调整圆角矩形的位置使其位于标题母版的正下方，然后单击鼠标右键，在弹出的菜单中选择 "叠放次序→置于底层" 命令（如图 9-30 所示）将圆角矩形置于底层，其效果如图 9-31 所示。

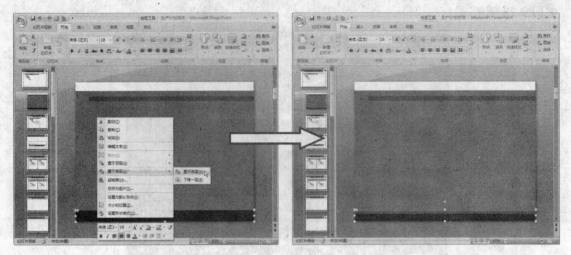

图 9-30　置于底层　　　　　　　　　　　　图 9-31　效果

步骤 ⑤ 在"形状"下拉列表中单击矩形□按钮，拖动鼠标在标题母版中绘制一个矩形，然后设置矩形高度为"7.33 厘米"、宽度为"8.51 厘米"；"线条颜色"为"无线条"；"纯色填充"颜色的 RGB 值为"0、70、0"，最后调整矩形的位置，如图 9-32 所示。

图 9-32　绘制图形

步骤 ⑥ 绘制一个椭圆形，设置高度为"15.07 厘米"、宽度为"16.06 厘米"；"纯色填充"颜色的 RGB 值为"0、70、0"；"线条颜色"为"无线条"，如图 9-33 所示。

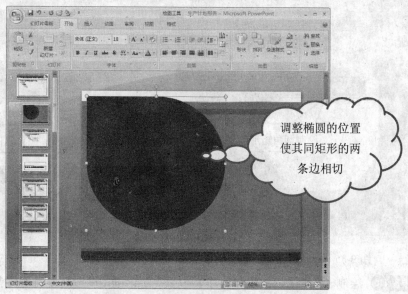

图 9-33 调整图形位置

步骤 ⑦ 分别复制矩形和椭圆，更改"纯色填充"颜色的 RGB 值为"白色，背景 1"，调整位置和叠放次序使其位于前面创建的矩形和椭圆形上方，如图 9-34 所示。

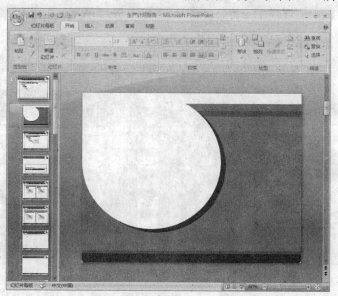

图 9-34 复制图形更改填充和位置

步骤 ⑧ 绘制一个圆角矩形，设置高度为"2.1 厘米"、宽度为"23.48 厘米"；"纯色填充"颜色的 RGB 值为"0、70、0"；"线条颜色"为"无线条"，最后调整圆角矩形的位置，如图 9-35 所示。

步骤 ⑨ 绘制一个矩形，设置高度为"0.61 厘米"，宽度为"23.45 厘米"，无线条颜色，填充颜色的 RGB 值为"192、192、192"，调整矩形的位置，如图 9-36 所示

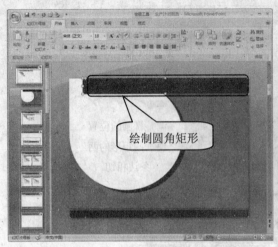
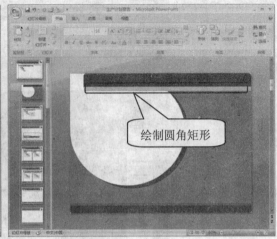

图 9-35 绘制并设置圆角矩形　　　　　　　图 9-36 绘制并设置圆角矩形二

步骤 ⑩ 绘制一个圆形，打开"大小和位置"对话框，设置高度和宽度都为"4.38 厘米"；打开"设置形状格式"对话框，在"填充"选项卡中选择"渐变填充"单选按钮，从"预设颜色"下拉列表中选择"茵茵绿园"列表项，然后设置"光圈 1"和"光圈 2"的 RGB 颜色为"54、160、72"，光圈 3 的颜色为"白色，背景 1，深色 5%"。最后，返回幻灯片中，调整圆形的位置使其位于幻灯片左上方，如图 9-37 和图 9-38 所示。

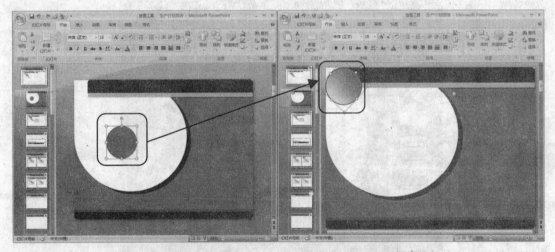

图 9-37 绘制圆形　　　　　　　　　　图 9-38 设置形状格式

步骤 ⑪ 在导航面板中切换到"幻灯片母版"，复制上一节绘制的正方体；切换回"标题幻灯片"，在幻灯片空白处单击鼠标右键，从快捷菜单中选择粘贴菜单项，将母版幻灯片中的正方体粘贴到标题母版，如图 9-39 和图 9-40 所示。

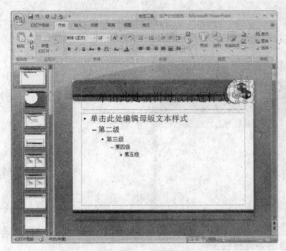

图 9-39　复制图形

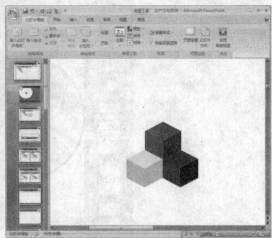

图 9-40　粘贴图形并调整位置

步骤 ⑫ 复制一个浅灰色的正方体，并将所复制正方体左侧平行四边形的填充颜色 RGB 值设置为"234、234、234"，调整其位置如图 9-41 所示。

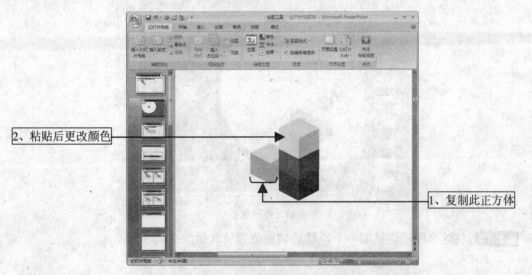

2、粘贴后更改颜色

1、复制此正方体

图 9-41　复制图形并调整位置

步骤 ⑬ 将上一步所设置填充颜色的正方体复制一个，调整它的位置后将其放置在标题母版的左上方，如图 9-42 所示。

 小知识

　　在对所绘制的正方体进行位置调整时，有时需要正方体的底部区域覆盖另一个正方体的顶部，可以将被覆盖正方体的叠放次序设置为"下移一层"，或者将要覆盖正方体的叠放次序设置为"上移一层"即可。

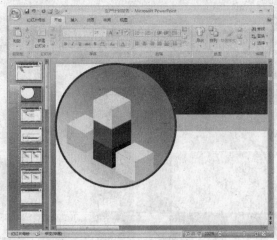

图 9-42　复制图形并调整位置

步骤 ⑭ 同样的方法再绘制 16 个正方体，并将其叠放组合为如图 9-43 所示的形状。

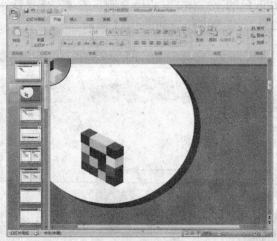

图 9-43　叠放形状

步骤 ⑮ 将这个图形再复制一个，然后调整位置使其如图 9-44 所示。

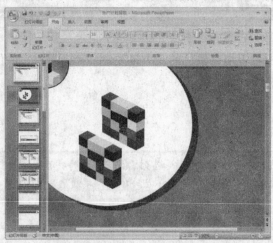

图 9-44　复制图形

步骤 ⑯ 再绘制八个相同的正方体，调整各自的位置，然后将其组合放置到如图 9-45 所示的位置。

图 9-45　绘制长方体

步骤 ⑰ 将图形组合在一起，并调整位置至标题母版的右下角；打开"形状"下拉菜单，单击其中的箭头 按钮，拖动鼠标在标题母版中绘制一个垂直向上的箭头，如图 9-46 所示。

步骤 ⑱ 打开"大小和位置"对话框，设置高度为"4.86 厘米"；打开"设置形状格式"对话框，设置"纯色填充"线条颜色 RGB 值为"192、192、192"；在"线型"选项卡中，设置"短画线类型"为"方点"，"宽度"为"2.25 磅"，然后调整箭头的位置，如图 9-47 所示。

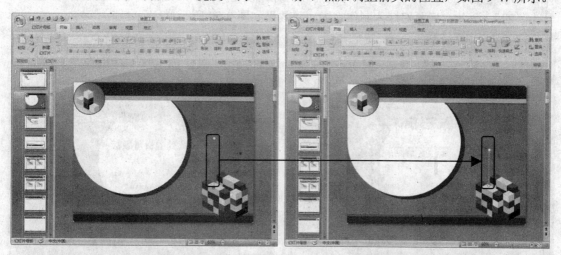

图 9-46　绘制箭头　　　　　　　　　　图 9-47　设置箭头样式

步骤 ⑲ 再绘制一个垂直朝上的箭头，设置"高度"为"7.88 厘米"，"线条颜色"RGB 值为 234、234、234，"短画线类型"为"实线"，"宽度"为"0.75 磅"，然后调整箭头的位置。

步骤 ⑳ 再绘制一个垂直朝上的箭头，设置"高度"为"5.49 厘米"，"线条颜色"RGB 值为 234、234、234，"短画线类型"为方点，"宽度"为 0.25 磅，然后调整箭头的位置。

步骤 ㉑ 再绘制一个垂直朝上的箭头，设置"高度"为"5.89 厘米"，"线条颜色"RGB

值为"192、192、192","短画线类型"为方点,"宽度"为1.5磅,然后调整箭头的位置,其效果如图9-48所示。

图9-48 绘制箭头

步骤 22 在"母版版式"功能区选择"标题"复选框,然后打开"插入占位符"下拉菜单,选择其中的"文本"菜单项,拖动鼠标在幻灯片中绘制一个文本框,删除文本框中的下级标题,只保留主标题,如图9-49所示。

步骤 23 设置"单击此处编辑母版标题样式"的字体格式为"宋体(标题)"、加粗,字体RGB颜色为"0、70、0",对齐方式为左对齐;设置"单击此处编辑母版文本样式"的字号为"20",至此,标题幻灯片制作完毕,其效果如图9-50所示。

图9-49 插入标题并绘制文本框

图9-50 删除下级文本

9.2.3 制作生产范围幻灯片

设置完毕母版和标题母版后,下面就对首页和"生产范围"幻灯片页面的内容进行创建,其具体的操作步骤如下。

步骤 1 在"幻灯片母版"选项卡中，单击"关闭母版视图"按钮关闭母版。在幻灯片左侧的导航面板中单击鼠标右键，从弹出的快捷菜单中选择"删除幻灯片"菜单项，然后打开"新建幻灯片"下拉菜单，单击其中的"标题幻灯片"菜单项，新建一标题幻灯片，如图9-51和图9-52所示。

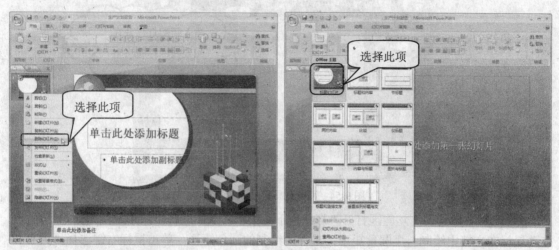

图 9-51　删除幻灯片　　　　　　　　　　　图 9-52　新建标题幻灯片

步骤 2 在"单击此处添加标题"文本框中输入文本"2007 年度生产计划"，在"单击此处添加文本"中输入文本"三维药业股份有限公司生产部"，如图 9-53 所示，首页创建完毕。

图 9-53　创建首页

步骤 3 打开"新建幻灯片"下拉菜单，从中选择"仅标题"版式，在演示文稿中新建一副仅标题版式的幻灯片，然后在"单击此处添加标题"文本框中输入文本"主要的生产范围"，如图 9-54 所示。

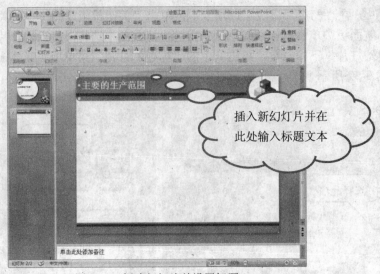

图 9-54　新建幻灯片并设置标题

步骤④　在"绘图"功能区打开"形状"下拉菜单，从中选择"矩形→圆角矩形"命令，拖动鼠标在文档中绘制一个圆角矩形；选择所绘制的圆角矩形，单击鼠标右键选择"大小和位置"菜单项打开"大小和位置"对话框，在"尺寸"选项卡中设置高度为"1.68 厘米"，宽度为"12.92 厘米"，如图 9-55 和图 9-56 所示。

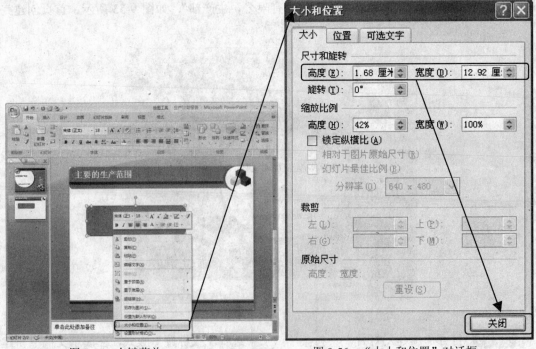

图 9-55　右键菜单　　　　　　　　　图 9-56　"大小和位置"对话框

步骤⑤　单击 关闭 按钮，返回幻灯片。然后在圆角矩形上单击鼠标右键，从快捷菜单中选择"设置形状格式"菜单项，打开"设置形状格式"对话框。在"填充"选项卡中选中"纯色填充"单选按钮，然后打开"颜色"下拉列表选择"其他颜色"列表项，在"颜色"

对话框中设置 RGB 颜色为"52、118、52";切换到"线条颜色"选项卡,选择"无线条"
单选按钮,单击 关闭 按钮返回幻灯片,调整图形位置后如图 9-57 所示。

图 9-57　调整图形位置

步骤 ⑥ 选中圆角矩形,在"绘图"功能区单击"形状效果"按钮打开"形状效果"下
拉菜单,将鼠标指向"映像"菜单项,再选择"紧密映像,接触"菜单项为圆角矩形设置映
像效果;再打开"形状"效果下拉菜单,依次选择"棱台→圆"菜单项为图形设置棱台效果。
设置完毕之后圆角矩形的效果,如图 9-59 所示。

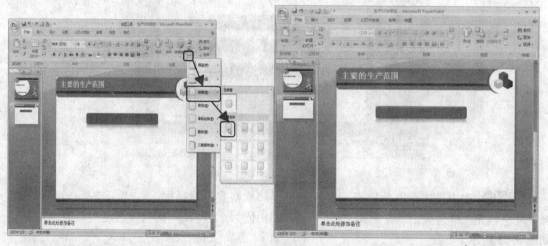

图 9-58　设置形状效果　　　　　　　　　　图 9-59　形状效果

步骤 ⑦ 在"形状"下拉菜单中单击椭圆 ◯ 菜单项,拖动鼠标在幻灯片中绘制一个椭圆;
打开"大小和位置"对话框,设置高度和宽度分别为"0.39 厘米"和"0.63 厘米"、旋转为
317°;打开"设置形状格式"对话框,在"填充"选项卡中选中"渐变填充"单选按钮,从
"预设颜色"下拉列表中选择"茵茵绿原";"光圈 1"的 RGB 值为"白色,背景 1","结束
位置"为"1%";"光圈 2"和"光圈 3"的 RGB 颜色都为"54、160、72";在"线条颜色"
选项卡中选择"无线条"单选按钮,如图 9-60 所示。

步骤 8 调整椭圆的位置到圆角矩形的左上方，如图 9-61 所示。

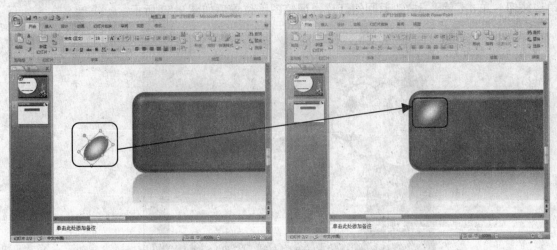

图 9-60　设置形状格式　　　　　　　　　　图 9-61　调整形状位置

步骤 9 将所绘制的圆角矩形和椭圆分别复制两个，调整位置如图 9-62 所示。

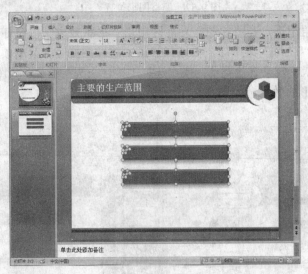

图 9-62　复制图形

步骤 10 选中第二个圆角矩形，打开"设置形状格式"对话框，在"填充"选项卡中选择"纯色填充"单选按钮，设置其"颜色"的 RGB 值为"89、89、89"，"透明度"为"30%"，如图 9-63 所示。

步骤 11 选中第二个椭圆，打开"设置形状格式"对话框，在"填充"选项卡中选择"渐变填充"单选按钮，然后从"预设颜色"下拉列表中选择"茵茵绿原"列表项，设置"光圈1"的"颜色"为"白色，背景 1"；光圈 2 的 RGB 颜色为"89、89、89"，结束位置 100%，如图 9-64 所示。

步骤 12 设置完毕之后，然后复制第二组图形，并分别调整它们的位置如图 9-65 所示。

步骤 13 在圆角矩形上单击鼠标右键，从弹出的快捷菜单中选择"编辑文字"命令，然后分别输入相应的文本，并设置字体为"仿宋-GB2312"，字号为"24"；设置字体之后，分别选择每组图形当中的圆角矩形和椭圆，然后单击"排列"下拉菜单中的"组合"菜单项，将它们组合在一起。至此，生产范围幻灯片创建完毕，如图 9-66 所示。

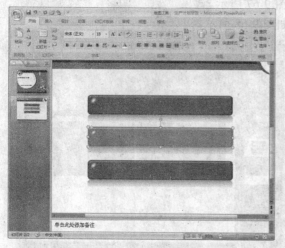

图 9-63　设置圆角矩形格式

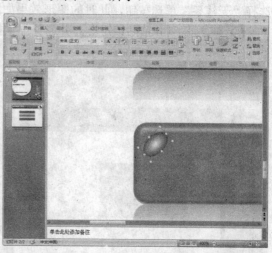

图 9-64　设置椭圆格式

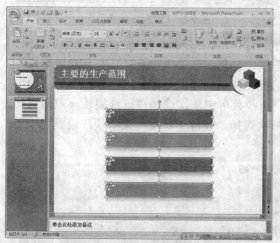

图 9-65　复制图形并调整位置

图 9-66　生产页面效果

9.2.4　设计有三维效果的幻灯片

对所绘制的自选图形进行不同的三维效果设置，然后添加说明形的文本，其具体的操作步骤如下。

步骤① 插入一张仅有标题版式的幻灯片，然后在"单击此处添加标题"文本框中输入文本"增加四个中药种植基地"。

步骤② 打开"形状"下拉菜单，单击其中的矩形□菜单项，拖动鼠标绘制一个矩形；用鼠标右键单击该矩形，选择快捷菜单中的"大小和位置"对话框，在"大小"选项卡中设置高度和宽度分别为"6.44 厘米"和"10.88 厘米"。

步骤③ 用鼠标右键单击该矩形，从快捷菜单中选择"设置形状格式"菜单项，打开"设置形状格式"对话框，在"填充"选项卡中选中"渐变填充"单选按钮，从"预设颜色"下拉列表中选择"雨后初晴"列表项,设置"光圈1"和"光圈2"的RGB颜色值为"52、118、52","光圈3"和"光圈4"的RGB颜色值为"54、160、72";切换到"线条颜色"选项卡,选择"无线条"单选按钮,此时的图形效果如图9-67所示。

步骤④ 复制并粘贴该矩形,并调整位置如图9-68所示。

图9-67 绘制图形

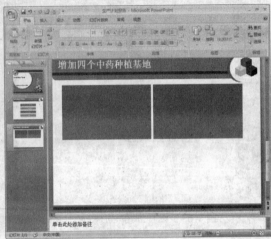

图9-68 设置形状颜色

步骤⑤ 选择左侧的矩形,单击"绘图"功能区的"形状效果"按钮,打开"形状效果"下拉菜单,将鼠标指向其中的"三维旋转"菜单项,再从级联菜单中选择"右向对比透视"菜单项;再打开"形状效果"下拉菜单,依次选择"棱台→草皮"菜单项,如图9-69所示。

步骤⑥ 选中右侧的矩形,从"形状效果"下拉菜单中依次选择"三维旋转→左向对比透视"菜单项;再从"形状效果"下拉菜单中依次选择"棱台→草皮"菜单项,设置完毕之后的图形效果如图9-70所示。

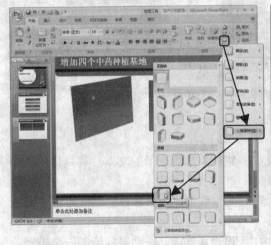

图9-69 复制图形并调整位置

图9-70 形状效果

步骤⑦ 在设置三维旋转之后的矩形上单击鼠标右键,从快捷菜单中选择"设置形状格式"菜单项,打开"设置形状格式"选项卡并切换到"三维旋转"菜单项,分别设置两个矩形的"Y"轴旋转角度为5.4°(如图9-71所示),最后的设置效果如图9-72所示。

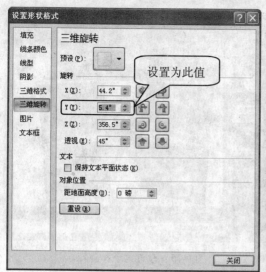

图 9-71 三维旋转

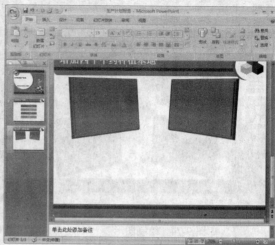

图 9-72 设置效果

步骤 8 复制两个矩形，然后打开"排列"下拉菜单，依次选择其中的"旋转→垂直翻转"菜单项，如图 9-73 所示。

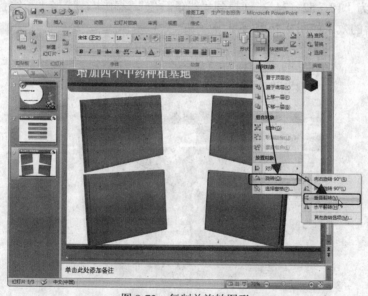

图 9-73 复制并旋转图形

步骤 9 打开"形状"下拉菜单，在弹出的菜单中选择"箭头总汇→十字箭头标注"命令，拖动鼠标在幻灯片中绘制一个十字箭头，如图 9-74 所示。

步骤 10 在十字型箭头上单击鼠标右键，从弹出的快捷菜单中选择"大小和位置"菜单项，打开"大小和位置"对话框。在"大小"选项卡中设置高度和宽度均为"12.02 厘米"，旋转为 45°，如图 9-75 所示。

图 9-74　绘制图形

图 9-75　设置大小和旋转

步骤 **11**　打开"设置形状格式"对话框，在"填充"选项卡中选中"渐变填充"单选按钮，从"预设颜色"下拉列表中选择"雨后初晴"列表项，从"类型"下拉列表中选择"路径"，设置"光圈 1"和"光圈 2"的 RGB 颜色为"54、160、72"，"光圈 3"和"光圈 4"的 RGB 颜色值为"18、52、24"；切换到"线条颜色"选项卡，选择"无线条"单选按钮，调整图形位置后的效果如图 9-76 所示。

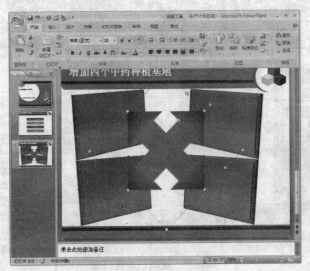

图 9-76　设置效果

步骤 **12**　在"形状"下拉菜单中单击椭圆 ◯ 菜单项，按住 Shift 键拖动鼠标在幻灯片中绘制一个圆形；打开"大小和位置"对话框，设置高度和宽度都为"6.56 厘米"；打开"设置形状格式"对话框，在"填充"选项卡中，选择"渐变填充"单选按钮，从"预设颜色"下拉列表中选择"雨后初晴"列表项，从"类型"下拉列表中选择"路径"列表项，设置光圈 1 和光圈 2 的 RGB 颜色为"白色，背景 1，深色 5%"，光圈 3 的 RGB 颜色为"0、153、0"，结束位置 100%；切换到"线条颜色"选项卡，选择"无线条"单选按钮，最后的设置效果如图 9-77 所示。

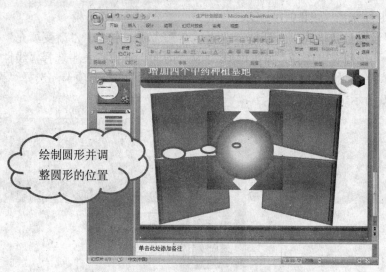

图 9-77　圆形设置效果

步骤 13　在四个矩形和一个圆形上分别单击鼠标右键，选择"编辑文字"选择"插入→文本框→水平"命令，分别在四个矩形和圆形上分别插入文本框，并输入相应的文本，设置字体为"经典粗黑简"，字号为"18"，字体颜色分别为"白色，背景 1"和"黑色，文字 1"，如图 9-78 所示，此幻灯片页面创建完毕，如图 9-78 所示。

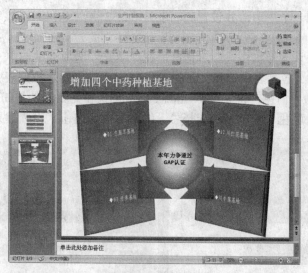

图 9-78　制作效果

9.2.5　制作有棱锥图的幻灯片

本节是通过图示功能插入棱锥图，并对其进行填充效果。三维样式等方面的设置，其具体的操作步骤如下。

步骤 1　新建一张"仅标题"版式的幻灯片，在"单击此处添加标题"文本框输入文本"新药品的研发"。

步骤 2　在幻灯片中绘制一个矩形，然后打开"大小和位置"对话框，设置其高度为"2.32

厘米"，宽度为"1.78 厘米"，如图 9-79 所示。

步骤3 打开"设置形状格式"对话框，在"填充"选项卡中选中"渐变填充"单选按钮，从"预设颜色"下拉列表中选择"茵茵绿原"，从"方向"下拉列表中选择"线性向左"，设置光圈 2 的 RGB 颜色值为"54、160、72"；切换到"线条颜色"选项卡，选择"无线条"单选按钮，如图 9-80 所示。

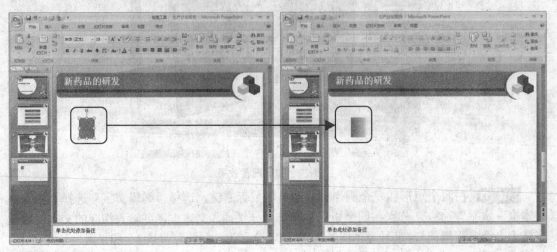

图 9-79　绘制矩形并设置大小　　　　　　　　图 9-80　设置矩形格式

步骤4 再绘制一个矩形，并设置其高度为"2.32 厘米"，宽度为"11.39 厘米"，如图 9-81 所示。

步骤5 打开"设置形状格式"对话框，在"填充"选项卡中选中"渐变填充"单选按钮，从"预设颜色"下拉列表中选择"雨后初晴"，从"方向"下拉列表中选择"线性向右"，设置光圈 1 的颜色为"白色，背景 1"，光圈 2、光圈 3 和光圈 4 的 RGB 值为"234、234、234"；切换到"线条颜色"选项卡，选择"无线条"单选按钮，设置效果如图 9-82 所示。

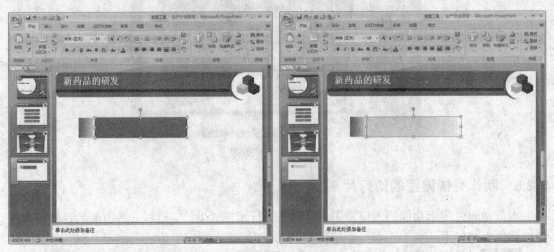

图 9-81　绘制矩形　　　　　　　　　　　　图 9-82　设置矩形格式

步骤6 调整这两个矩形的位置，然后复制三个相同的组合矩形，并调整各自的位置，如图 9-83 所示。

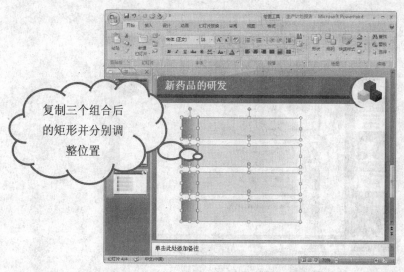

图 9-83　复制并组合图形

步骤 7　在比较大的矩形上单击鼠标右键，从快捷菜单中选择"编辑文字"命令，依次在四个矩形框中输入文本，设置字体为"仿宋-GB2312"，字号为"18"，字型为"加粗"，字体颜色的 RGB 值为"52、118、52"，对齐方式为"左对齐"，并将两个矩形分别组合，最后效果如图 9-84 所示。

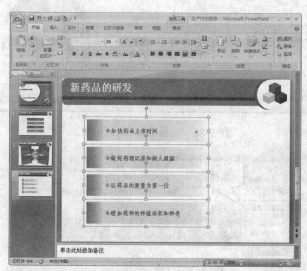

图 9-84　编辑文字并组合图形

步骤 8　切换到"插入"选项卡，单击"插图"功能区的"SmartArt"按钮，打开"选择 SmartArt 图形"对话框，在左侧的列表中选择"棱锥图"列表项，然后从右侧的列表中选择"基本棱锥图"，单击 确定 按钮插入棱锥图，如图 9-85 和图 9-86 所示。

步骤 9　选中插入的棱锥图的最上面一层，单击"添加形状"按钮，从下拉菜单中选择"在后面添加形状"菜单项，在棱锥图中添加一层。

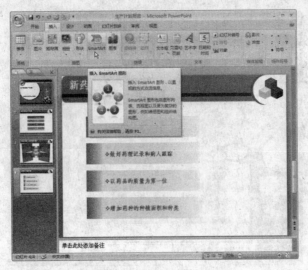

图 9-85　插入 SmartArt 图形

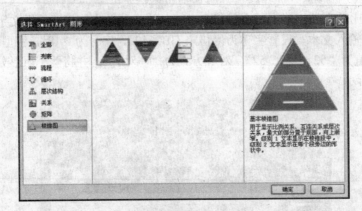

图 9-86　选择 SmartArt 图形

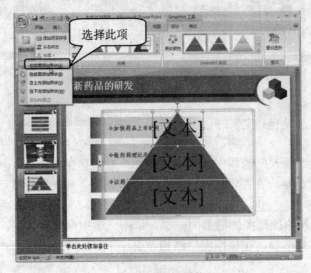

图 9-87　添加形状

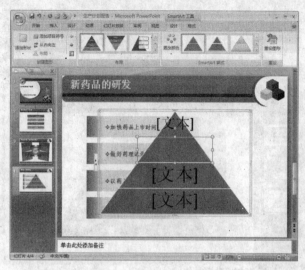

图 9-88 添加形状后的效果

步骤 ⑩ 将鼠标定位到"[文本]"框，从上到下依次输入文本"生产"、"临床试验"、"专家分析论证"、"中药的种植研发"，选择文字"中药的种植研发"，设置字体为"仿宋-GB2312"，字号为"18"，字体颜色为"白色，背景1"，如图 9-89 和图 9-90 所示。

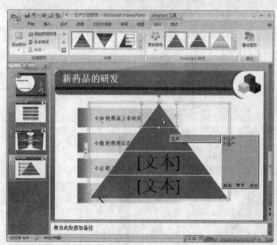

图 9-89 输入文本

图 9-90 设置文本格式

步骤 ⑪ 在棱锥图中的"中药的种植研发"区域单击鼠标右键，从弹出的菜单中选择"设置形状格式"菜单项打开"设置形状格式"对话框，在"填充"选项卡选择"渐变填充"单选按钮，然后从"预设颜色"下拉列表中选择"雨后初晴"列表项，设置光圈 1 和光圈 2 的 RGB 颜色为"54、160、72"，光圈 3 和光圈 4 的 RGB 值为"0、70、0"；切换到"线条颜色"选项卡，选择"无线条"单选按钮。最后的设置效果，如图 9-91 所示。

图 9-91　设置中药研发形状的格式

步骤 ⑫ 设置"专家分析论证"文本的字体样式与"中药种植研发"相同，然后在"专家分析论证"区域单击鼠标右键，从弹出的菜单中选择"设置形状格式"命令打开"设置形状格式"对话框，设置"雨后初晴"渐变填充的光圈 1 和光圈 2 的 RGB 值为"192、192、192"，光圈 3 和光圈 4 的 RGB 值为"89、89、89"；切换到"线条颜色"选项卡，选择"无线条"单选按钮，最后的设置后效果如图 9-92 所示。

图 9-92　设置专家分析论证形状格式

步骤 ⑬ 设置"临床试验"文本的字体为"仿宋-GB2312"，字号为"18"，字体颜色的 RGB 值为"52、118、52"；然后设置"线条颜色"为"无线条"，"渐变填充"的"预设颜色"为"雨后初晴"，光圈 1 和光圈 2 的颜色为"白色，背景 1"，光圈 3 和光圈 4 的 RGB 颜色值为"192、192、192"，完成设置后效果如图 9-93 所示。

图 9-93 设置临床试验形状格式

步骤 ⑭ 设置文本"生产"的字体为"仿宋-GB2312",字号 17,字体颜色的 RGB 值为"0、70、0";然后在"生产"区域打开"设置形状格式"对话框,设置"渐变填充"的"预设颜色"为"雨后初晴",光圈 1 和光圈 2 的颜色为"白色,背景 1",光圈 3 和光圈 4 的 RGB 值为"54、160、72";切换到"线条颜色"选项卡,选择"无线条"单选按钮,完成设置后效果如图 9-94 所示。

图 9-94 设置生产形状格式

步骤 ⑮ 选择整个棱锥,然后单击鼠标右键,从弹出的快捷菜单中选择"大小和位置"菜单项,打开"大小和位置"对话框。在"大小"选项卡中,设置高度和宽度分为"12.16厘米"和"13.19 厘米";打开"形状效果"下拉菜单,将鼠标指向其中的"三维旋转"菜单项,从级联菜单中选择"等轴右上"菜单项;再打开"形状效果"下拉菜单,将鼠标指向"棱台"菜单项,从级联菜单中选择"圆",如图 9-95 所示。

图 9-95　设置形状效果

步骤 ⑯ 按住 Ctrl 键分别选择棱锥中的各个区域，单击鼠标右键，从快捷菜单中选择"设置对象格式"菜单项，打开"设置形状格式"对话框。在"三维格式"选项卡中，设置"顶端"棱台的宽度为 0 磅，高度为 50 磅；"底端"棱台宽度为 1 磅；"深度"区域的"颜色"为 10 磅，表面效果区域的角度为 50°；在"三维旋转"选项卡中，设置 Y 轴的角度为 25°（如图 9-96 所示），最后的设置效果如图 9-97 所示。

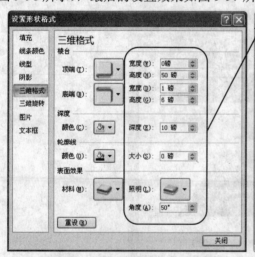

图 9-96　"设置形状格式"对话框

图 9-97　设置效果

　　棱台是应用于形状上边框或下边框的三维边缘效果，可以通过为形状的边缘添加高亮区来形成边缘凸起的外观。顶端是向形状顶部应用凸起的边缘，顾名思义，宽度是上边缘的宽度；高度是上边缘的高度；深度是形状与表面之间的距离；轮廓线是应用于形状的突起边框；表面效果是通过更改反光，使材料选项更改形状的外观。

9.2.6　创建表格绘制幻灯片

通过创建表格，然后对表格进行编辑并输入文本绘制药品产量的幻灯片，其操作步骤如下。

步骤① 打开"新建幻灯片"下拉菜单，从中选择"仅标题"版式新建一张幻灯片，在"单击此处添加标题"文本框输入文本"加大五种药品的产量"。

步骤② 切换到"插入"选项卡，单击"表格"按钮打开"插入表格"菜单项，拖动鼠标选择列数为"5"，行数为"6"，单击鼠标插入表格，如图 9-98 所示。

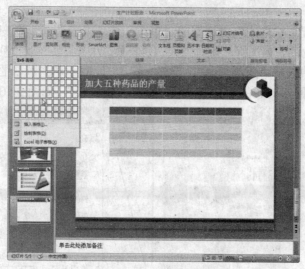

图 9-98　插入表格

步骤③ 将鼠标定位到表格，切换到"设计"选项卡打开"表格样式"下拉菜单，选择其中的"无样式 无网格"菜单项，如图 9-9 和图 9-100 所示。

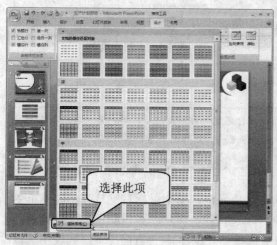

图 9-99　表格样式

图 9-100　设置样式后的效果

表格样式是不同格式选项的组合，将鼠标指针置于某个快速样式的缩略图上时，可以看到该样式对表格的影响。切换到"表格工具"，单击"清除表格"  按钮可以清除默认的表格样式。

步骤 ④ 选中第一行的五个单元格，单击"表格样式"功能区的"底纹"按钮，打开"底纹"下拉菜单，将鼠标指向其中的"渐变"菜单项，再选择级联菜单中的"其他渐变"菜单项，如图 9-101 所示。

步骤 ⑤ 在"设置形状格式"对话框的"填充"选项卡内选择"渐变填充"单选按钮，再从"预设颜色"下拉列表内选择"碧海青天"列表项，从"类型"下拉列表中选择"射线"，从"方向"下拉列表中选择"角部辐射"，设置光圈 1、光圈 2 和光圈 3 的颜色为"白色，背景 1，深色 15%"，光圈 4 的颜色的 RGB 值为"52、118、52"，如图 9-102 所示。

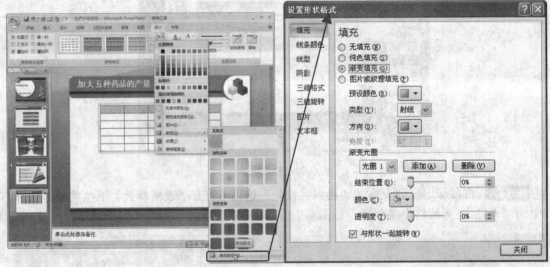

图 9-101　底纹下拉菜单　　　　　　　　　　　　图 9-102　渐变填充

渐变包括来自演示文稿的主题颜色的组合，因此当自定义一种渐变之后，再打开"底纹"下拉菜单后，"渐变"菜单所包含的内容就会根据最近一次应用而改变。选中欲设置的单元格，单击鼠标右键，从右键菜单中选择"设置形状格式"也可以设置形状底纹样式，二者作用完全一样。

步骤 ⑥ 选中表格第一列第二行至第六行的五个单元格，单击鼠标右键从弹出的菜单中选择"设置形状格式"对话框，选择"渐变填充"单选按钮，再从"预设颜色"下拉列表内选择"碧海青天"列表项，从"类型"下拉列表中选择"射线"，从"方向"下拉列表中选择"角部辐射"，设置光圈 1、光圈 2 和光圈 3 的颜色为"白色，背景 1，深色 15%"，光圈 4 的颜色的 RGB 值为"192、192、192"。

步骤 ⑦ 打开"底纹"下拉菜单，依次选择"渐变→线性向左"菜单项，最后的设置效果如图 9-104 所示。

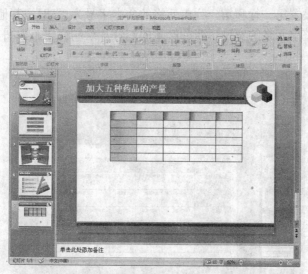

图 9-103　第一行和第一列设置效果

 小知识

　　要突出表格的第一行，选中"标题行"复选框；突出表格的最后一行，选择"汇总行"复选框；
产生交替带有条纹的行，选择"镶边行"复选框；突出表格第一列，选择"第一列"；突出表格最后一
列，选择"最后一列"；产生带有条纹的列，选择"镶边列"复选框。

　　步骤 8　选择表格中所有的单元格，切换到"布局"选项卡，在"对齐方式"功能区单
击"居中" ≡ 按钮，设置文本的最齐方式为居中，如图 9-104 所示。

　　步骤 9　切换回"设计"选项卡，将光标放置到第一行第一列的单元格中；打开"绘图
边框"功能区的"笔颜色"下拉列表，从中选择"黑色，文字 1"列表项；单击"表格样式"
功能区的"斜下框线" ＼ 按钮设置单元格的格式，如图 9-105 所示。

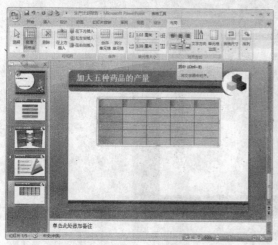

图 9-104　对齐文本

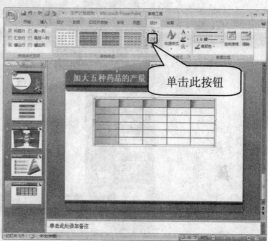

图 9-105　设置斜下框线

步骤⑩ 在表格的各单元格中分别输入相应的文本，并设置字体为"黑体"，字体颜色为"黑色，文字 1"，设置第一行和第一列单元格的文本字号为"18"，其他单元格中的文本字号为"14"，最后调整单元格的宽度，药品产量的幻灯片绘制完毕，如图 9-106 所示。

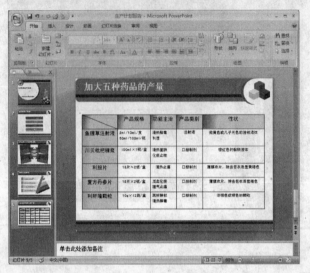

图 9-106 药品产量制作页面

9.2.7 插入图表创建幻灯片

通过插入图表，并设置图表中的各项参数创建药品生产比例图幻灯片，其操作步骤如下。

步骤① 插入第一张"仅标题"版式的幻灯片，在"单击此处添加标题"文本框输入文本"近年药品生产比例图"。

步骤② 切换到"插入"选项卡，单击"插图"功能区的"图表"按钮，打开如图 9-108 所示的"插入图表"对话框。从左侧的列表中选择"柱形图"列表项，从右侧的列表中选择"三维堆积柱形图"选项。

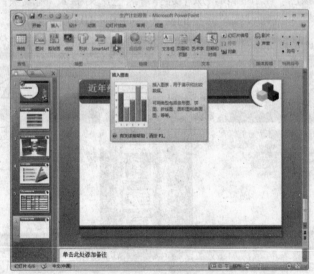

图 9-107 单击插图按钮

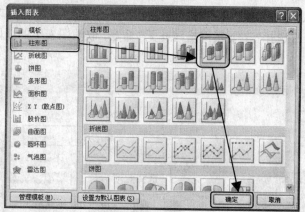

图 9-108　插入图表

步骤 ③ 单击"确定"按钮，即可将图表插入到幻灯片之中，同时还会打开"Microsoft Office PowerPoint 中的图表"应用程序，提示用户对数据进行编辑，如图 9-109 所示。

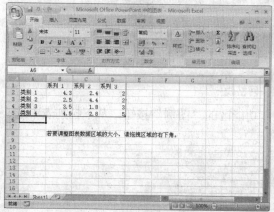

图 9-109　编辑前的数据

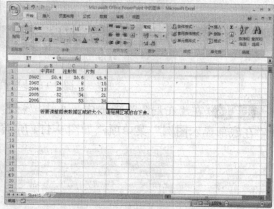

图 9-110　编辑后的数据

步骤 ④ 单击 Excel 表格右上角的 ✕ 按钮，关闭 Excel 表格，返回幻灯片即可发现图表数据已经发生了改变，如图 9-111 和图 9-112 所示。

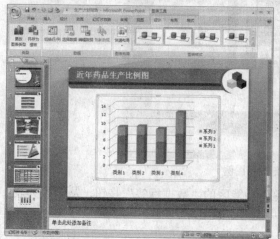

图 9-111　插入的表格

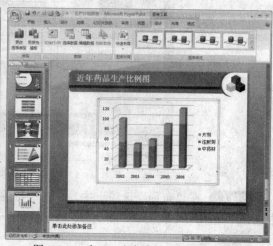

图 9-112　在 Excel 中编辑数据后的表格

步骤 ⑤ 选中插入的图表，切换到"布局"选项卡，单击"坐标轴"功能区的"网格线"按钮，从下拉菜单中依次选择"主要横网格线→无"命令，取消图表中的横网格线，如图 9-113 所示。

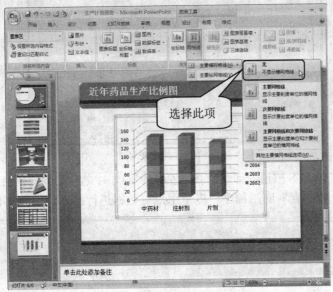

图 9-113 取消横网格线

步骤 ⑥ 在"布局"选项卡中，单击"标签"功能区的"图例"按钮，从下拉列表中选择"在底部显示图例"菜单项，如图 9-114 所示。

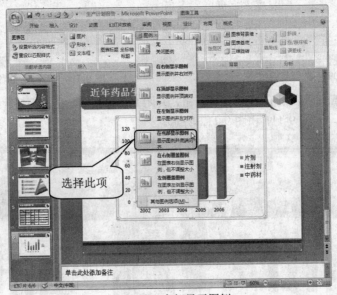

图 9-114 底部显示图例

步骤 ⑦ 在"布局"选项卡中，单击"标签"功能区的"数据标签"按钮，从下拉列表中选择"显示"菜单项，如图 9-115 所示。

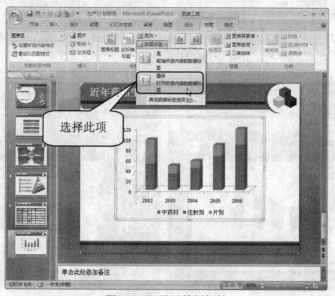

图 9-115　显示数据标签

步骤 8　在"布局"选项卡的"坐标轴"功能区，单击"坐标轴"按钮打开下拉菜单，将鼠标指向其中的"主要纵坐标轴"菜单项，再从级联菜单中选择"其他主要纵坐标轴选项"菜单项，如图 9-116 所示。

步骤 9　在"设置坐标轴格式"对话框的"坐标轴选项"选项卡中，选中"主要刻度单位"下的"固定"单选按钮，在其后的文本框中输入"10"；选中"次要刻度单位"下的"固定"单选按钮，在其后的文本框中输入"2"，如图 9-117 所示。

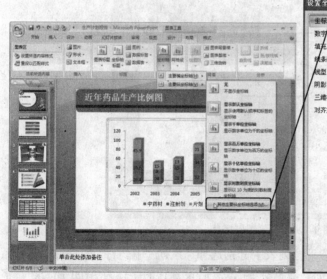

图 9-116　其他主要纵坐标轴选项

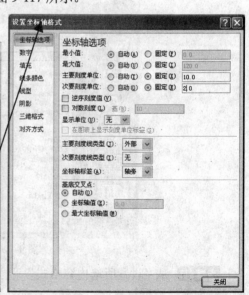

图 9-117　设置坐标轴格式

步骤 10　在"布局"选项卡中，打开"设置所选内容格式"下拉列表，从中选择"垂直（值）轴"列表项，然后切换到"开始"选项卡，设置字体为"Arial"，字型为"常规"，字号为"12"，颜色为"黑色，文字 1，淡色 15%"，如图 9-118 所示。

步骤 ⑪ 打开"设置所选内容格式"下拉列表，从中选择"水平（类别）轴"列表项，然后切换到"开始"选项卡，设置字体为"Arial"，字型为"常规"，字号为"12"，颜色为"黑色，文字1，淡色15%"，如图9-119所示。

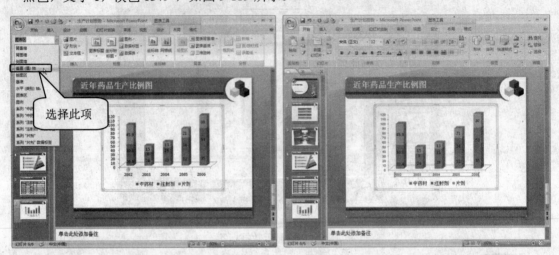

图 9-118　设置所选内容格式　　　　　　　　　图 9-119　设置坐标轴字体

步骤 ⑫ 选中图表区域下方的"图例"，然后切换回"开始"选项卡，设置字体为"黑体"，字号为"14"，颜色为"茶色，背景2，深色90%"，如图9-120所示。

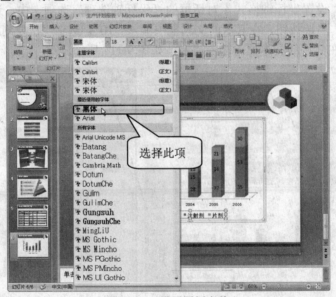

图 9-120　设置图例字体

步骤 ⑬ 从"设置所选内容格式"下拉列表中分别选择"系列'中药材'数据标签"、"系列'注射液'数据标签"、"系列'片剂'数据标签"，然后设置它们字体为Arial Black"，字号为"11"，颜色为颜色为"黑色，文字1，淡色15%"，如图9-121所示。

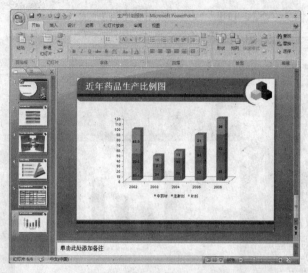

图 9-121　设置数据标签格式

步骤 ⑭ 从"设置所选内容格式"下拉列表中选择"系列'中药材'"列表项，然后切换到"格式"选项卡，打开"形状填充"下拉列表，依次选择其中的"渐变→其他渐变"菜单项，打开"设置数据系列格式"对话框，如图 9-122 所示。

步骤 ⑮ 切换到"填充"选项卡，选择"渐变填充"单选按钮，然后从"预设颜色"下拉列表中选择"铬色 II"列表项，从类型下拉列表中选择"路径"，如图 9-123 所示。

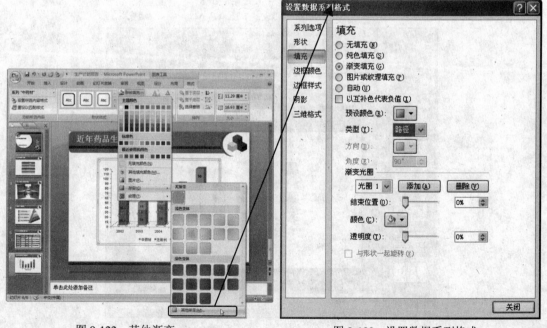

图 9-122　其他渐变　　　　　　　　　　　图 9-123　设置数据系列格式

步骤 ⑯ 从"设置所选内容格式"下拉列表中选择"系列'注射液'"列表项，然后打开"设置数据系列格式"对话框，在"填充"选项卡中设置"渐变填充"的"预设颜色"为"雨后初晴"，"角度"为 90°，光圈 3 和光圈 4 的颜色为"白色，背景 1，深色 35%"，光圈 1 和光圈 2 的 RGB 颜色值为 "52、118、52"，如图 9-124 所示。

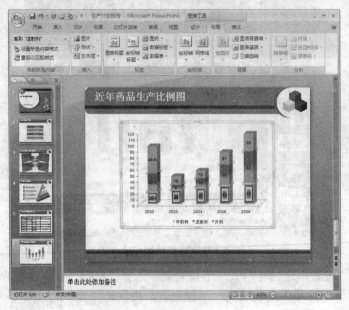

图 9-124　设置注射液图形格式

步骤 ⑰ 从 "设置所选内容格式" 下拉列表中选择 "系列 '片剂'" 列表项，然后打开 "设置数据系列格式" 对话框，在 "填充" 选项卡中打开 "预设颜色" 下拉列表选择 "雨后初晴" 列表项，最后设置效果如图 9-125 所示。

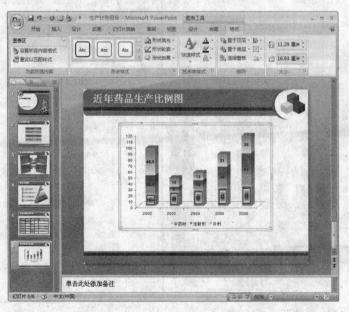

图 9-125　设置效果

步骤 ⑱ 在 "设计" 选项卡的 "背景" 功能区单击 "三维旋转" 按钮，打开 "设置图表区格式" 对话框，在 "三维旋转" 选项卡中设置 X、Y 的旋转角度均为 "10"，取消对 "直角坐标轴" 复选框的选中状态，设置 "深度（原始深度百分比）" 为 "200"，如图 9-126 所示。

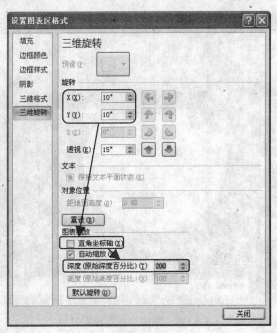

图 9-126 三维旋转

步骤 ⑲ 单击 [关闭] 按钮完成设置，调整绘图区的大小和位置，使其效果如图 9-127 所示，生产比例图幻灯片页面创建完毕。

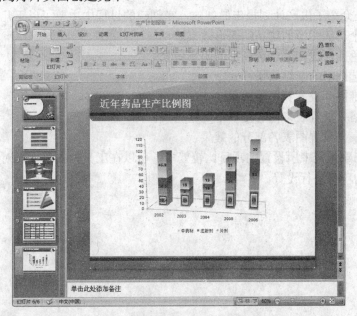

图 9-127 生产比例幻灯片设置效果

步骤 ⑳ 打开"新建幻灯片"下拉菜单，单击其中的"标题幻灯片"命令插入第七张幻灯片，在"单击此处添加标题"文本框中输入文本"谢谢各位！"，在"单击此处添加副标题"中输入文本"三维药业股份有限公司生产部"，如图 9-128 所示，结束页幻灯片设置完毕。

图 9-128　结束幻灯片设置效果

9.3　实例总结

本章主要是介绍了生产计划报告的创建，在创建的过程中主要了以下几个方面的内容。

- 组合多个自选图形创建新的图形效果。
- 通过颜色的深浅创建自选图形的阴影效果。
- 创建自选图形的三维效果样式。
- 创建棱锥图并设置其图形效果。
- 插入表格并设置表格内容及其单元格格式。
- 创建图表并设置图表各部分的效果。

对图表的创建过程中所设置的项目比较繁多，可以在工具栏的"图表对象"下拉列表中依次选择相应的项目进行设置。

第 10 章　房地产开发策划书

近年来随着房屋商品化和住房改革的力度加大，我国的房地产市场也日渐规范。对于房地产开发商来讲，在楼盘建设和销售初期，设计一套成功的楼盘策划尤为重要，那么本章就通过 PowerPoint 2007 介绍制作房地产开发策划书的幻灯片演示文稿。

10.1　案例分析

本实例是天籁国际集团营销策划部对楼盘的一份开发策划书，其具体内容包括营销策划的目的、项目优势、客户定位、推广策略以及费用预算等，完成后的幻灯片页面效果如图 10-1 所示。

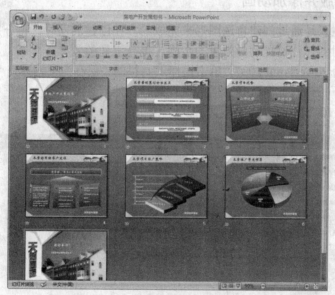

图 10-1　演示文稿页面效果

10.1.1　知识点

在本实例的制作中，创建标题母版主要是使用插入图片，并在母版和标题母版中创建自定义动画效果；各幻灯片的制作主要是创建组合自选图形、设置三维效果、插入图表等内容。

在实例的制作中主要用到了以下知识点。

- 通过插入图形创建标题母版。
- 设置母版和标题母版的动画效果以达到各页面中相同元素动画效果的统一。
- 通过绘制自选图形并对其编辑创建营销策划的出发点页面。
- 通过输入文本并设置相应的文本效果说明项目的优势以及目标客户的定位。

- 设置自选图形的三维效果创建推广策略演示文档。
- 通过插入图表并对图表对象进行编辑创建推广费用预算的页面文档。

10.1.2 设计思路

制作房地产开发策划书的幻灯片文稿时，按照一般策划的要求，首先应该讲述策划的目的，然后对楼盘项目的突出的优势和目标客户的定位进行详细的介绍，对楼盘的推广策略和费用估算最后也进行了介绍。

本幻灯片演示文稿页面根据内容依次是：首页→本案营销策划的出发点→本案项目优势→本案的目标客户定位→本案项目推广策略→本案推广费用预算→结束页。

10.2 案例制作

在案例制作的过程中，首先还是对母版和标题母版进行创建，并设置相应的动画效果然后再分别创建各个幻灯片页面。

10.2.1 设置母版并添加动画

母版的设置主要是通过创建自选图形来完成的，在创建的同时，再分别添加相应的动画效果，可以节省对幻灯片设置动画效果的步骤，提高工作的效率。

步骤① 启动 PowerPoint 2007，单击快捷工具栏的"保存"按钮打开"另存为"对话框，在"保存位置"下拉列表框中选择合适的保存路径，然后在文件名文本框中输入"房地产开发策划书"，如图 10-2 所示，单击 保存(S) 按钮。

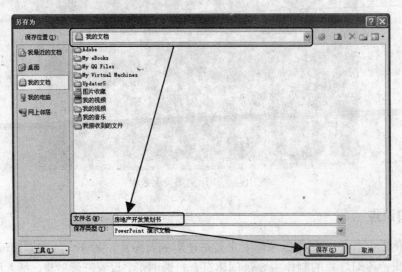

图 10-2 "另存为"对话框

步骤② 切换到"视图"选项卡，单击"演示文稿视图"功能区的"幻灯片母版"按钮，进入幻灯片母版设计视图，在左侧的导航面板中切换到"幻灯片母版"，然后删除所有的文本框，如图 10-3 所示。

步骤③ 切换到"插入"选项卡，单击"插图"功能区的"图片"按钮打开"插入图片"

对话框，在"查找范围"下拉列表框中选择路径为"光盘\第 10 章\images"文件夹下的 "pic09.png"图片文件，单击 插入(S) 按钮插入图片，如图 10-4 所示。

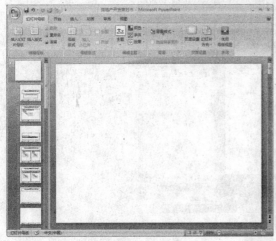

图 10-3　删除文本框

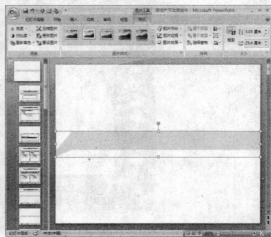

图 10-4　插入图片

步骤④ 用鼠标右键单击所插入的图片，从快捷菜单中选择"大小和位置"菜单项，打开"大小和位置"对话框，在"位置"选项卡中设置水平位置和垂直位置都为 0，单击 关闭 按钮返回幻灯片中，图片的位置如图 10-6 所示。

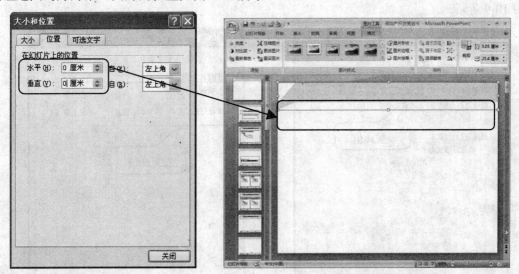

图 10-5　大小和位置　　　　　　　　　　图 10-6　插入图片的效果

步骤⑤ 切换到"动画"选项卡，单击"自定义动画"按钮打开"自定义动画"任务窗格，单击 添加效果 按钮，在弹出的菜单中选择"进入→飞入"命令，然后在"自定义动画"任务窗格中的"开始"、"方向"和"速度"下拉列表中分别选择"之后"、"自底部"和"快速"列表项，如图 10-7 所示。

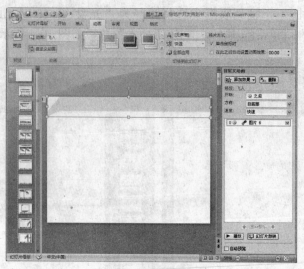

图 10-7 设置动画效果

步骤 ⑥ 切换到"开始"选项卡，打开"形状"下拉菜单并选择矩形□菜单项，拖动鼠标在幻灯片中绘制一个矩形，然后打开"大小和位置"对话框，在"大小"选项卡中设置高度为"16.89 厘米"，宽度为"25.41 厘米"；在"位置"选项卡中设置水平位置为 0，垂直位置为"2.18 厘米"；设置完毕之后，单击 关闭 按钮，关闭"大小和位置"对话框，如图 10-8 和图 10-9 所示。

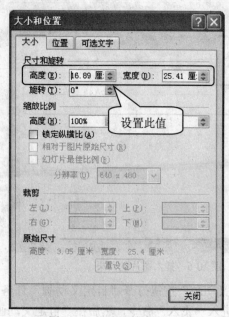

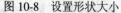

图 10-8 设置形状大小

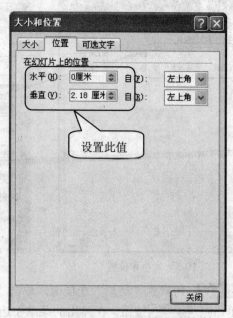

图 10-9 设置形状位置

步骤 ⑦ 用鼠标右键单击矩形，从快捷菜单中选择"设置形状格式"菜单项打开"设置形状格式"对话框；在"填充"选项卡中选中"纯色填充"单选按钮，然后打开"颜色"下拉列表选择"其他颜色"列表项，在打开的"颜色"对话框的"自定义"选项卡中，设置 RGB 值为"45、170、200"；切换到"线条颜色"选项卡，选择"无线条"单选按钮；返回幻灯片中，设置矩形的叠放次序为"置于底层"，最后效果如图 10-11 所示。

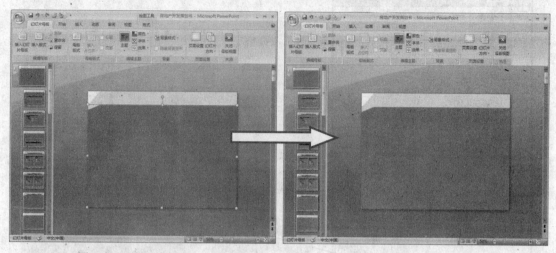

图 10-10　设置前效果　　　　　　　　　　　图 10-11　设置后效果

步骤 8 打开"自定义动画"任务窗格，设置矩形的动画效果为"随机线条"，在"自定义动画"任务窗格中的"开始"、"方向"和"速度"下拉列表中分别选择"之后"、"水平"和"快速"列表项，如图 10-12 所示。

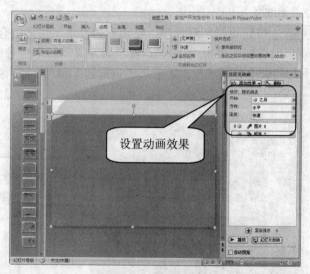

图 10-12　设置动画效果

步骤 9 打开"形状"下拉菜单，从下拉菜单中选择"基本形状→直角三角形"命令，拖动鼠标在幻灯片中绘制一个直角三角形，然后打开"大小和位置"对话框，在"大小"选项卡中设置高度为"1.92 厘米"、宽度为"2.7 厘米"，切换到"位置"选项卡，设置水平位置为 0，垂直位置为"17.13 厘米"，如图 10-13 所示。

步骤 10 打开"设置形状格式"对话框，在"填充"选项卡中选择"纯色填充"单选按钮，设置填充颜色的 RGB 值为"230、230、230"；切换到"线条颜色"选项卡，选择"无线条"单选按钮，直角三角形的最后效果如图 10-14 所示。

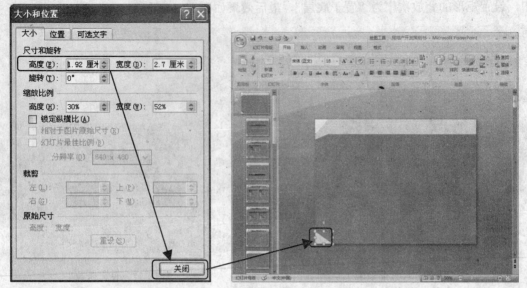

图 10-13 "设置大小和位置"对话框 图 10-14 设置效果

步骤 ⑪ 在幻灯片中绘制一个矩形,设置其高度"0.25 厘米"、宽度为"23.11 厘米",水平位置为"2.3 厘米",垂直位置为"18.8 厘米";"纯色填充"颜色的 RGB 值为"230、230、230","线条颜色"为"无线条"。

步骤 ⑫ 单击 确定 按钮返回幻灯片中,将矩形和直角三角形组合,打开"自定义动画"任务窗格,设置矩形的动画效果为"飞入",在"自定义动画"任务窗格中的"开始"、"方向"和"速度"下拉列表中分别选择"之后"、"自顶部"和"快速"列表项,如图 10-15 所示。

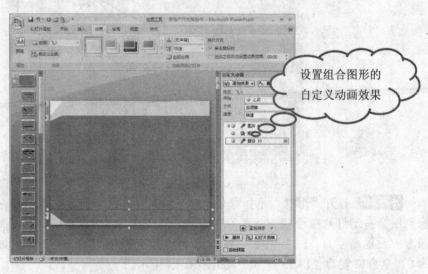

设置组合图形的自定义动画效果

图 10-15 设置动画效果

步骤 ⑬ 切换到"插入"选项卡,单击"插图"功能区的"图片"按钮打开"插入图片"对话框,在"查找范围"下拉列表框中选择路径为"光盘\第 10 章\images"文件夹下的"pic10.png"图片文件,如图 10-16 所示。

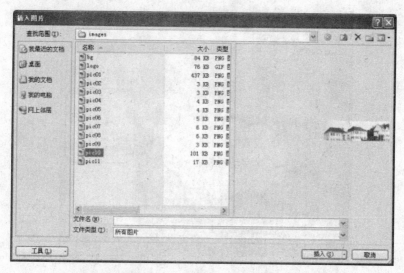

图 10-16 "插入图片"对话框

步骤 ⑭ 单击 插入(S) 按钮插入图片，然后用鼠标右键单击所插入的图片，从快捷菜单中选择"大小和位置"命令打开"大小和位置"对话框，在"位置"选项卡中设置水平位置为"7.9 厘米"，垂直位置为 0，如图 10-17 所示。

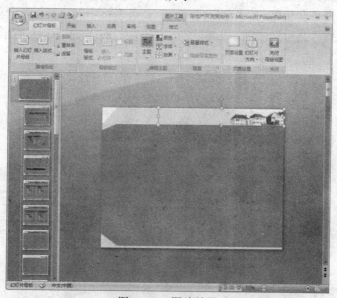

图 10-17 图片效果

步骤 ⑮ 打开"自定义动画"任务窗格，设置图片的动画效果为"百叶窗"，在"自定义动画"任务窗格中的"开始"、"方向"和"速度"下拉列表中分别选择"之后"、"水平"和"快速"列表项，如图 10-18 所示。

图 10-18 设置图片动画效果

步骤 16 切换到"插入"选项卡，依次选择"文本框→横排文本框"命令，拖动鼠标在幻灯片的右下脚插入文本框，并输入文本"天籁国际集团"，设置字体为"华文琥珀"，字号为"20"，字体颜色的 RGB 值为"230、230、230"，然后打开"自定义动画"任务窗格，设置文本的动画效果为"盒状"，在"自定义动画"任务窗格中的"开始"、"方向"和"速度"下拉列表中分别选择"之后"、"缩小"和"慢速"列表项，如图 10-19 所示。

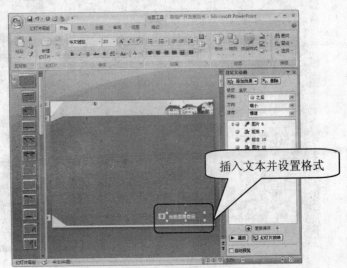

图 10-19 设置文本动画效果

步骤 17 切换回"幻灯片母版"选项卡，单击"母版版式"按钮打开"母版版式"对话框，选择"标题"和"文本"复选框，单击 确定 按钮返回幻灯片中，选择"单击此处编辑母版标题样式"文本框，设置字体为"华文新魏"，字号为"32"，字体颜色的 RGB 值为"17、66、92"，然后打开"自定义动画"任务窗格，设置文本的动画效果为"随机线条"，在"自定义动画"任务窗格中的"开始"、"方向"和"速度"下拉列表中分别选择"之后"、"垂直"和"快速"列表项，如图 10-20 所示。

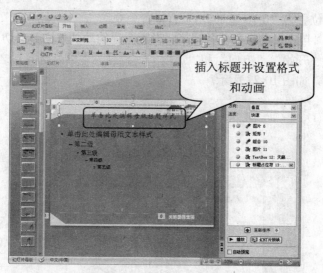

图 10-20　设置标题占位符

步骤 ⑱ 选择"单击此处编辑母版文本样式"文本框,设置字体为"黑体",字体颜色为"白色,背景 1",如图 10-21 所示,母版设置完毕。

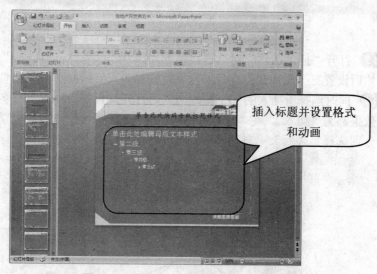

图 10-21　标题母版设置效果

10.2.2　创建标题母版并添加动画

设置完毕母版后,下面就介绍标题母版的创建以及动画效果的设置,其操作步骤如下。

步骤 ① 切换到"标题幻灯片",在"幻灯片母版"选项卡中选中"隐藏背景图形"复选框,然后删除标题母版中所有的文本框。

步骤 ② 切换到"插入"选项卡,单击"图片"按钮打开"插入图片"对话框,在"查找范围"下拉列表框中选择路径为"光盘\第 10 章\images"文件夹下的"pic02.png"图片文件。

步骤 ③ 用鼠标右键单击所插入的图片,打开"设置图片格式"对话框,切换到"位置"

选项卡，设置水平位置为"0.76 厘米"，垂直位置为 0。

步骤 ④ 打开"自定义动画"任务窗格，设置图片的动画效果为"切入"，在"自定义动画"任务窗格中的"开始"、"方向"和"速度"下拉列表中分别选择"之后"、"自顶部"和"非常快"列表项，如图 10-22 所示。

图 10-22 设置图形和动画

步骤 ⑤ 打开"插入图片"对话框，插入 "pic03.png"、"pic04.png" 和 "pic05.png" 图片文件，然后设置三个图片在幻灯片的水平位置都为 "5.3 厘米"，垂直位置都为 0，

步骤 ⑥ 同时选择所插入的三个图片，然后打开"自定义动画"任务窗格，设置三个图片的动画效果都为"切入"，在"自定义动画"任务窗格中的"开始"、"方向"和"速度"下拉列表中分别选择"之后"、"自顶部"和"非常快"，如图 10-23 所示。

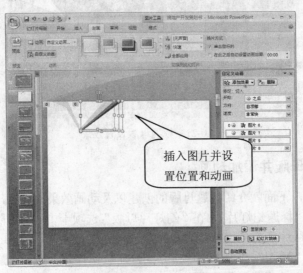

图 10-23 设置图片效果

步骤 ⑦ 在绘图工具栏中单击 ╲ 按钮绘制一条垂直的直线，选择所绘制的直线，打开"大小和位置"对话框，设置高度为 "8.69 厘米"，宽度为 0，水平位置为 "0.73 厘米"，垂直位

置为"8.71 厘米"，线条颜色的 RGB 值为"230、230、230"，粗细为"0.75 磅"。

步骤 ⑧ 打开"自定义动画"任务窗格，设置直线的动画效果为"飞入"，在"自定义动画"任务窗格中的"开始"、"方向"和"速度"下拉列表中分别选择"之后"、"自顶部"和"非常快"列表项，如图 10-24 所示。

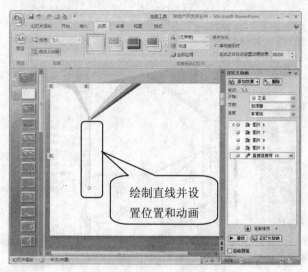

图 10-24　绘制线条并设置格式

步骤 ⑨ 打开"插入图片"对话框，插入"pic06.png"、"pic07.png"和"pic08.png"图片文件，然后设置三个图片在幻灯片的水平位置都为"5.3 厘米"，垂直位置都为"12.43 厘米"。

步骤 ⑩ 打开"自定义动画"任务窗格，设置三个图片的动画效果都为"切入"，在"自定义动画"任务窗格中的"开始"、"方向"和"速度"下拉列表中分别选择"之后"、"自底部"和"非常快"列表项，如图 10-25 所示。

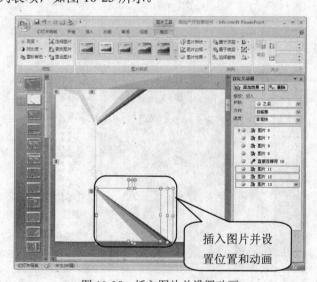

图 10-25　插入图片并设置动画

步骤 ⑪ 绘制一条垂直的直线，选择所绘制的直线，设置高度为"8.2 厘米"，宽度为 0，水平位置为"1.21 厘米"，垂直位置为"8.47 厘米"，线条颜色的 RGB 值为"45、170、200"，粗细为"0.75磅"。

步骤 ⑫ 打开"自定义动画"任务窗格，设置直线的动画效果为"飞入"，在"自定义动画"任务窗格中的"开始"、"方向"和"速度"下拉列表中分别选择"之后"、"自底部"和"非常快"列表项，如图10-26所示。

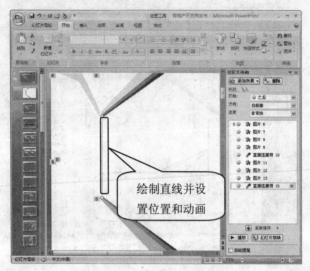

图 10-26　绘制直线并设置格式

步骤 ⑬ 打开"插入图片"对话框插入"bg.png"图片文件，设置水平位置为"5.32 厘米"，垂直位置为0，然后返回幻灯片中，设置图片叠放次序为"置于底层"。

步骤 ⑭ 打开"自定义动画"任务窗格，设置图片的动画效果为"向内溶解"，在"自定义动画"任务窗格中的"开始"和"速度"下拉列表中分别选择"之后"和"快速"，如图10-27所示。

图 10-27　插入图片并设置格式

步骤 ⑮ 打开"插入图片"对话框插入"pic01.png"图片文件，设置水平位置为"5.21 厘米"，垂直位置为0，然后返回幻灯片，打开"自定义动画"任务窗格，设置动画效果为"百叶窗"，在"自定义动画"任务窗格中的"开始"、"方向"和"速度"下拉列表中分别选择"之后"、"垂直"和"中速"列表项，如图 10-28 所示。

图 10-28　设置图片格式和动画

步骤 ⑯ 打开"插入图片"对话框插入"logo.png"图片文件，调整图片位置在幻灯片的左侧，然后打开"自定义动画"任务窗格，设置动画效果为"擦除"，在"自定义动画"任务窗格中的"开始"、"方向"和"速度"下拉列表中分别选择"之后"、"自顶部"和"中速"列表项，如图 10-29 所示。

图 10-29　插入 LOGO 并设置格式

步骤 ⑰ 返回"幻灯片母版"选项卡，在"母版板式"功能区选中"标题"复选框，然后打开"插入占位符"下拉列表，单击"文本"按钮，拖动鼠标插入一文本框。选择"单击此处编辑母版标题样式"文本框，设置字体为"华文新魏"，字号为"32"，字体颜色为"白色，背景 1"，然后打开"自定义动画"任务窗格，设置文本的动画效果为"随机线条"，在"自定义动画"任务窗格中的"开始"、"方向"和"速度"下拉列表中分别选择"之后"、"垂直"和"快速"列表项，如图10-30所示。

图 10-30　设置标题样式

步骤 18 选择"单击此处编辑母版文本样式"文本框，设置字体为"黑体"，字号为"16"，字体颜色为"白色，背景1"，如图10-31所示，母版设置完毕。

图 10-31　设置副标题样式

10.2.3　制作策划出发点幻灯片

设置完毕母版和标题母版，接下来就对"营销策划的出发点"幻灯片页面进行制作，其具体的操作步骤如下。

步骤 1 在"幻灯片母版"选项卡中，单击"关闭母版视图"按钮关闭母版视图，进入演示文稿。删除默认显示的"标题幻灯片"，然后打开"新建幻灯片"下拉菜单，选择"标题幻灯片"菜单项新建一张标题版式的幻灯片。在"单击此处添加标题"文本框中输入"房地产开发策划书"，在"单击此处添加副标题"文本框中输入文本"天籁国际集团营销策划部"，如图 10-32 所示。

图 10-32　设置标题

步骤② 打开"新建幻灯片"下拉菜单，选择其中的"仅标题"菜单项插入第二张幻灯片，然后在"单击此处添加标题"文本框中输入文本"本案营销策划的出发点"，如图 10-33 所示。

步骤③ 在幻灯片中绘制一个圆角矩形，用鼠标右键单击该矩形，从快捷菜单中选择"大小和位置"菜单项，打开"大小和位置"对话框，在"大小"选项卡中设置高度为"2.96 厘米"，宽度为"17.56 厘米"，如图 10-34 所示。

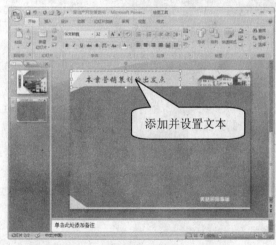

图 10-33　输入标题

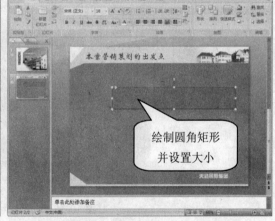

图 10-34　绘制圆角矩形并设置大小

步骤④ 用鼠标右键单击该圆角矩形，从弹出的快捷菜单中选择"设置形状格式"菜单项，打开"设置形状格式"对话框，在"填充"选项卡中选中"渐变填充"单选按钮，从"预设颜色"下拉列表中选择"雨后初晴"列表项；切换到"线条颜色"选项卡，选择"无线条"单选按钮，并调整图形位置如图 10-35 所示。

399

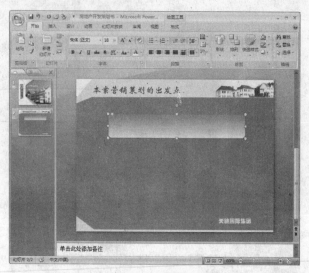

图 10-35　设置图形格式

步骤 ⑤　再绘制一个圆角矩形，打开"大小和位置"对话框，设置高度为"2.29 厘米"，宽度为"17.56 厘米"。

步骤 ⑥　打开"设置形状格式"对话框，在"填充"选项卡中，选择"纯色填充"单选按钮并设置填充颜色的 RGB 值为"127、177、233"，切换到"线条颜色"选项卡，选择"无线条"单选按钮，并调整位置到上一个圆角矩形的上方位置，如图 10-36 所示。

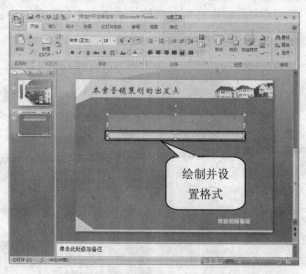

图 10-36　设置形状格式并调整位置

步骤 ⑦　再绘制一个圆角矩形，在"大小和位置"对话框中设置高度为"1.06 厘米"，宽度为"17.55 厘米"。

步骤 ⑧　在"设置形状格式"对话框的"填充"选项卡中，选择"渐变填充"单选按钮，在"预设颜色"下拉列表中选择"雨后初晴"列表项，更改"光圈 1"和光圈 3 的 RGB 颜色为"127、177、233"；"光圈 3"和"光圈 4"颜色的 RGB 值为"白色，背景 1"；切换到"线条颜色"选项卡，选择"无线条"单选按钮；完成设置后，调整位置到上一个圆角矩形的上方位置，如图 10-37 所示。

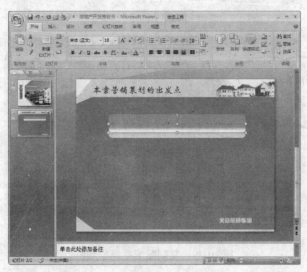

图 10-37 设置格式并调整位置

步骤 ⑨ 再绘制一个高度为"1.52 厘米"，宽度为"14.61 厘米"的圆角矩形，打开"设置形状格式"对话框，设置"纯色填充"颜色为"白色，背景 1"，在"线条颜色"选项卡选择"实线"单选按钮，设置 RGB 值为"164、199、238"，粗细为"3 磅"。

步骤 ⑩ 完成设置后，调整圆角矩形的位置，然后用鼠标右键单击圆角矩形，从快捷菜单中选择"编辑文字"菜单项输入文本，并设置字体为"宋体"，字号为"12"，字体颜色为"黑色"，如图 10-38 所示。

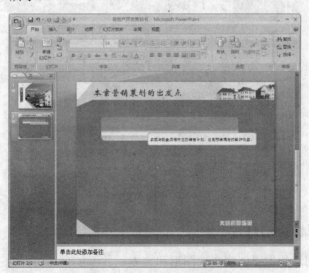

图 10-38 插入文本框并设置字体

步骤 ⑪ 将所绘制的四个圆角矩形复制两个，分别修改各自圆角矩形的填充颜色和文本内容，并分别将各个图形组合在一起，如图 10-39 所示。

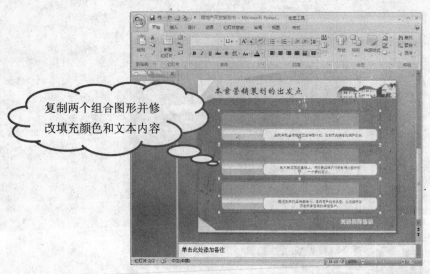

复制两个组合图形并修改填充颜色和文本内容

图 10-39　复制图形并调整颜色

步骤 ⑫ 切换到"插入"选项卡，单击"文本框→横排文本框"命令插入三个文本框，依次输入文本"销售目标"、"品牌目标"、"积累客户"，并设置字体为"楷体-GB2312"，字号为"16"，字体颜色为"白色，背景1"，如图 10-40 所示，策划出发点页面创建完毕。

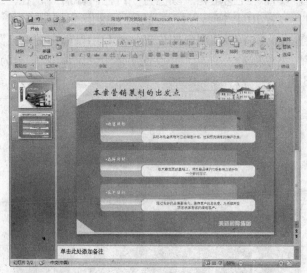

图 10-40　插入文本框

10.2.4　制作项目优势幻灯片

创建项目优势幻灯片主要创建自选图形和文本，并添加自选图形的三维效果。其具体的操作步骤如下。

步骤 ❶ 插入第三张版式为"仅标题"的幻灯片，然后在"单击此处添加标题"文本框中输入文本"本案项目优势"。

步骤 ❷ 打开"形状"下拉菜单选择矩形□菜单项，拖动鼠标在幻灯片中绘制一个矩形，然后用鼠标右键单击所绘制的矩形选择右键菜单中的"大小和位置"菜单项，打开"大小和位置"对话框，在"大小"选项卡中设置高度为"11.05 厘米"，宽度为"11.86 厘米"。

步骤 3 用鼠标右键单击所绘制的矩形选择右键菜单中的"设置形状格式"菜单项，打开"设置形状格式"对话框；在"填充"选项卡中，选择"渐变填充"单选按钮，从"预设颜色"下拉列表中选择"茵茵绿原"列表项，设置"光圈 1"的 RGB 颜色值为"127、177、233"；"光圈 2"的 RGB 颜色值为"22、67、116"，结束位置为100%；切换到"线条颜色"选项卡，选择"无线条"单选按钮。完成设置后，调整矩形的位置如图 10-41 所示。

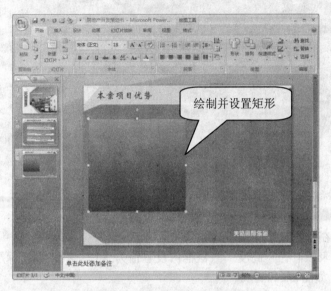

图 10-41　绘制矩形并调整位置

步骤 4 复制所绘制的矩形，并分别调整两个矩形的位置使其如图 10-42 所示。

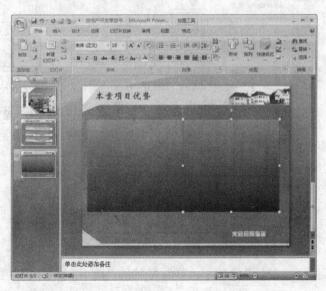

图 10-42　复制矩形并调整位置

步骤 5 选择左侧的矩形，然后打开"形状效果"下拉菜单，将鼠标指向其中的"三维旋转"菜单项，从级联菜单中选择"右向对比透视"菜单项，如图 10-43 所示。

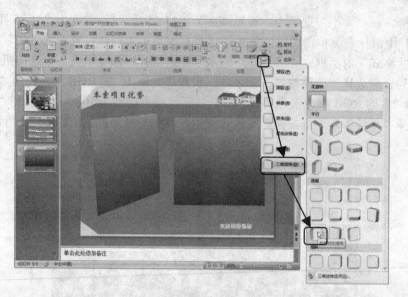

图 10-43　形状效果

步骤 6 用鼠标右键单击左侧的矩形，从快捷菜单中选择"设置形状格式"菜单项，打开"设置形状格式"对话框，切换到"三维格式"选项卡，打开"顶部"下拉列表，从中选择"圆"列表项，在"宽度"数值框内设置值为"12 磅"；打开"底部"下拉列表，从中选择"冷色斜面"列表项，在"高度"数值框内设置值为"12 磅"；在"深度"区域设置"深度"值为"3 磅"，如图 10-44 所示。

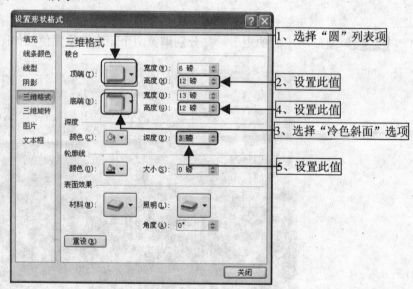

图 10-44　三维格式

步骤 7 切换到"三维旋转"选项卡，单击 Y 轴的"向下" 按钮设置其角度为"5.4°"，如图 10-45 所示。

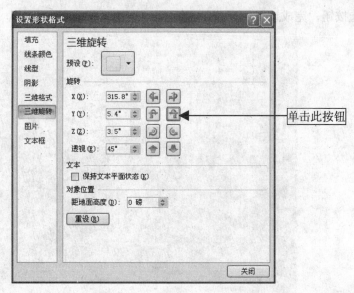

图 10-45 三维旋转

步骤 8 选择右侧的矩形，在"形状效果"下拉菜单中依次选择"三维旋转→左向对比透视"菜单项，然后打开"设置形状格式"对话框，在"三维格式"选项卡和"三维旋转"选项卡中，设置与左侧矩形相同的格式。设置完毕后的效果如图 10-46 所示。

图 10-46 三维效果样式

步骤 9 打开"形状"下拉菜单，从中选择"箭头总汇→左右箭头"命令，拖动鼠标在幻灯片中绘制一个左右箭头，然后打开"大小和位置"对话框，在"大小"选项卡中设置高度为"3.41 厘米"，宽度为"5.19 厘米"。

步骤 10 打开"设置形状格式"对话框，在"填充"选项卡中从"预设颜色"下拉列表中选择"茵茵绿原"列表项，设置"光圈 1"的 RGB 颜色为"229、195、212"；"光圈 2"的 RGB 颜色为"204、137、170"，结束位置为 100%；切换到"线条颜色"选项卡，选择"无线条"单选按钮，完成设置，调整左右箭头的位置如图 10-47 所示。

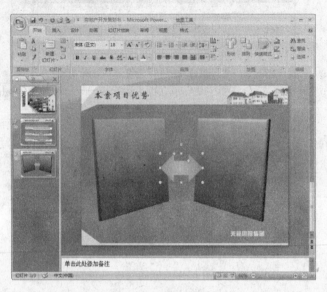

图 10-47 双向箭头设置效果

步骤 ⑪ 切换到"插入"选项卡，依次单击"文本框→横排文本框"命令在每个矩形上分别插入一个文本框，并依次输入文本"品牌优势"和"环境优势"，并设置字体为"楷体-GB2312，字号为"32"，字体颜色为"白色，背景 1"，调整文本框的位置如图 10-48 所示。

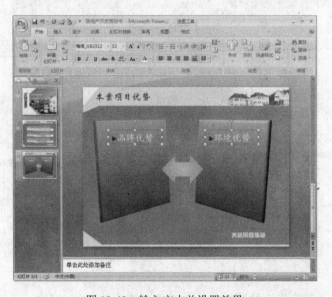

图 10-48 输入文本并设置效果

步骤 ⑫ 再插入两个文本框，分别输入关于品牌优势和环境优势的文本，并设置字体为"宋体"，字号为"16"，字体颜色为"白色，背景 1"，调整位置如图 10-49 所示，项目优势幻灯片设置完毕。

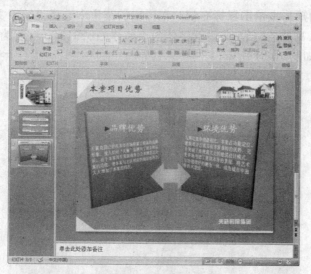

图 10-49　设置效果

10.2.5　创作客户定位幻灯片

设置完毕项目优势幻灯片后，接下来就对客户定位幻灯片进行创建，其操作步骤如下。

步骤 1　切换到"开始"选项卡，依次选择"新建幻灯片→仅标题"命令插入第四张幻灯片，在"单击此处添加标题"文本框输入文本"本案的目标客户定位"。

步骤 2　在幻灯片中绘制一个圆角矩形，设置其高度为"1.75 厘米"，宽度为"22.1 厘米"，如图 10-50 所示。

步骤 3　打开"设置形状格式"对话框；在"填充"选项卡中，从"预设颜色"下拉列表中选择"茵茵绿原"，设置"光圈 1"的 RGB 颜色为"127、177、233"，"光圈 2"的 RGB颜色为"29、91、159"；切换到"线条颜色"选项卡，选择"实线"单选按钮，然后设置颜色的 RGB 值为"137、207、232"；切换到"线型"选项卡，设置"宽度"为"6 磅"。

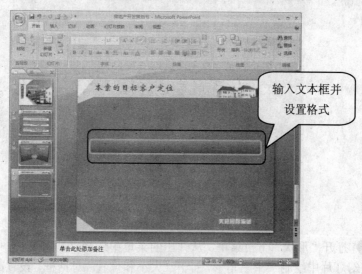

图 10-50　绘制矩形并设置格式

步骤 ④ 在圆角矩形上单击鼠标右键，在弹出的菜单中选择"编辑文字"命令，输入文本"写字楼、酒店公寓及住宅"，并设置字体为"楷体-GB2312"，字号为"24"，字体颜色为"白色，背景1"，如图 10-51 所示。

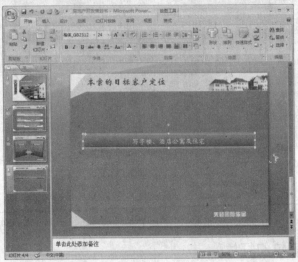

图 10-51　输入文本并设置格式

步骤 ⑤ 绘制一个矩形，并设置其高度为"7.34 厘米"，宽度为"7.88 厘米"。

步骤 ⑥ 打开"设置形状格式"对话框；在"填充"选项卡中选择"渐变填充"单选按钮，从"预设颜色"下拉列表中选择"茵茵绿原"列表项，设置"光圈 1"的 RGB 颜色为"127、177、233"，"光圈 2"的 RGB 颜色为"29、91、159"，结束位置为 100%；切换到"线条颜色"选项卡，选择"无线条"单选按钮；复制两个相同的矩形，并分别调整各自在幻灯片的位置，最后的效果如图 10-52 所示。

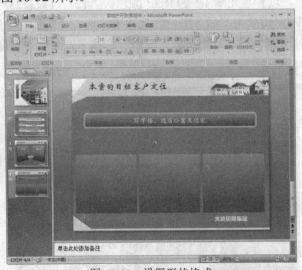

图 10-52　设置形状格式

步骤 ⑦ 打开"形状"下拉菜单，从弹出的菜单中选择"基本形状→等腰三角形"命令，拖动鼠标在幻灯片中绘制一个三角形，打开"大小和位置"对话框，设置高度为"1.87 厘米"，宽度为"16.88 厘米"。

步骤 8 打开"设置形状格式"对话框，在"填充"选项卡中，从"预设颜色"下拉列表中选择"茵茵绿原"，方向为"线性向上"，设置"光圈1"和"光圈2"的颜色 RGB 值均为"白色，背景1"，"光圈1"的"透明度"为 100%；切换到"线条颜色"选项卡，选择"无线条"单选按钮，完成设置后，调整三角形的位置如图 10-53 所示。

图 10-53　设置三角形格式

步骤 9 选择左侧的矩形，打开"形状效果"下拉菜单，依次选择"三维旋转→离轴 1 右"菜单项；打开"设置形状格式"对话框，在"三维格式"选项卡中，设置"顶端"棱台为"角度"，宽度为"12 磅"；设置"底端"棱台为"柔圆"，"高度"为"12 磅"；"表面材料"区域的"照明"为"寒冷"。

步骤 10 切换到"三维旋转"选项卡，设置 X 轴的角度为"313.7°"，Y 轴的角度为"358.8°"，Z 轴的角度为"2.3°"，如图 10-55 所示。

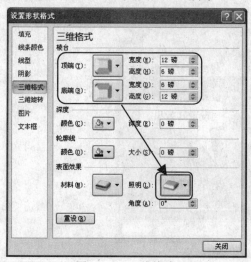

图 10-54　三维格式

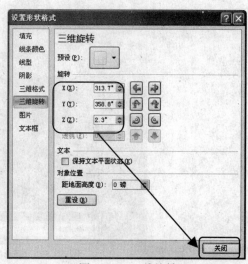

图 10-55　三维旋转

步骤 11 选中右侧的矩形，从"形状效果"下拉菜单中依次选择"三维旋转→离轴 1 左"菜单项；打开"设置形状格式"对话框，在"三维格式"选项卡中，设置"顶端"棱台为"角度"，宽度为"12磅"；设置"底端"棱台为"柔圆"，"高度"为"12磅"；"表面材料"区域的"照明"为"平衡"。

步骤⑫ 切换到"三维旋转"选项卡，设置X轴的角度为"36.9°"，Y轴的角度为"351.8°"，Z轴的角度为"359.5°"，最后的设置效果如图10-56所示。

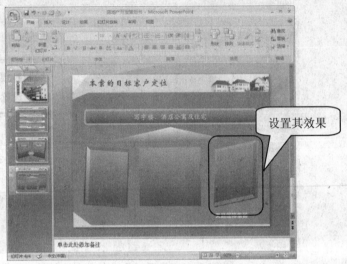

图10-56 设置矩形的三维效果

步骤⑬ 选择中间的矩形，打开"形状效果"下拉菜单，依次选择"三维旋转→适度宽松透视"菜单项；打开"设置形状格式"对话框，在"三维格式"选项卡中，设置"底端"棱台为"角度"，"高度"为"50磅"，"照明"为"对比"；在"三维旋转"选项卡中，设置Y轴角度为"339.8°"，"透视"为"5磅"；设置完毕之后，打开"大小和位置"对话框，调整中间矩形的"宽度"为"6.88厘米"，高度不变，最后设置效果如图10-57所示。

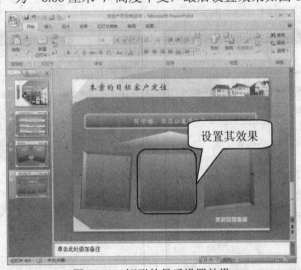

图10-57 矩形的最后设置效果

步骤⑭ 切入到"插入"选项卡，依次选择"文本框→横排文本框"命令，分别在每个矩形上插入一个文本框，输入文本并设置字体为"宋体"，字号为"14"，字体颜色为"白色，背景1"。至此，客户定位幻灯片创建完毕。

410

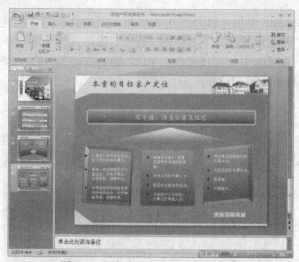

图 10-58　客户定位幻灯片设置效果

10.2.6　制作项目推广策略幻灯片

项目推广策略幻灯片主要是创建矩形和箭头，并对矩形设置三维效果样式，其操作步骤如下。

步骤❶ 在"开始"选项卡中，打开"新建幻灯片"下拉菜单，选择其中的"仅标题"命令插入第五张幻灯片，在"单击此处添加标题"文本框输入文本"本案项目推广策略"。

步骤❷ 在"绘图"工具栏中单击矩形□按钮，拖动鼠标在幻灯片中绘制一个矩形，并设置其高度为"1 厘米"，宽度为"10.7 厘米"。

步骤❸ 在矩形上单击鼠标右键，从快捷菜单中选择"设置形状格式"菜单项，打开"设置形状格式"对话框；在"填充"选项卡中，选择"渐变填充"单选按钮，然后从"预设颜色"下拉列表中选择"碧海青天"，从"方向"下拉列表中选择"路径"，设置光圈 1 和光圈 2 的 RGB 颜色值为"255、255、153"，光圈 3 的 RGB 颜色值为"242、255、96"，结束位置 100%；切换到"线条颜色"选项卡，选择"无线条"单选按钮，最后矩形效果如图 10-59 所示。

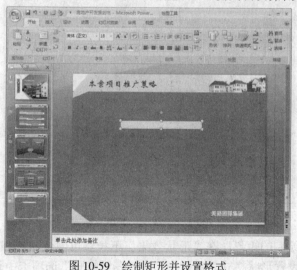

图 10-59　绘制矩形并设置格式

步骤 ④ 选择所绘制的矩形，打开"形状效果"下拉菜单，依次选择"三维旋转→离轴2上"菜单项；打开"设置形状格式"对话框，在"三维格式"选项卡中设置"深度"为"144磅"；在"三维旋转"选项卡中分别设置 X、Y、Z 轴的角度为 55º、25º、5º，三维效果样式设置完毕后，矩形的效果如图 10-60 所示。

图 10-60　矩形三维效果

步骤 ⑤ 绘制一个矩形，打开"设置形状格式"对话框，在"填充"选项卡中选择"纯色填充"单选按钮，在"预设颜色"项下选中"碧海青天"单选按钮，从"方向"下拉列表中选择"路径"，设置光圈 1 和光圈 2 的 RGB 颜色为"255、153、204"，光圈 3 的 RGB 值为"145、63、104"，结束位置为 100%；切换到"线条颜色"选项卡，选择"无线条"单选按钮，完成设置后，调整矩形的位置如图 10-61 所示。

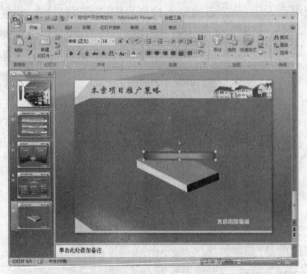

图 10-61　绘制矩形并设置格式

步骤 ⑥ 选择所绘制的矩形，在"形状效果"下拉菜单中依次选择"三维旋转→离轴 2上"菜单项；打开"设置形状格式"对话框，在"三维格式"选项卡中设置"深度"为"144

磅";在"三维旋转"选项卡中分别设置 X、Y、Z 轴的角度为 55°、25°、5°，三维效果样式设置完毕后，矩形的效果如图 10-62 所示。

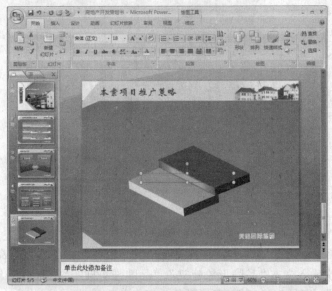

图 10-62　设置矩形三维样式

步骤 ⑦ 复制一个矩形，更改"渐变填充"中光圈 1 和光圈 2 的 RGB 颜色为"86、152、224"，光圈 3 的 RGB 颜色值为"32、101、176"，完成设置后，调整矩形的位置如图 10-63 所示。

图 10-63　复制图形并更改大小和光圈

步骤 ⑧ 再复制一个矩形，更改光圈 1 和光圈 2 的 RGB 颜色"51、204、51"，光圈 3 的 RGB 值为"0、102、0"，完成设置后，调整矩形的位置如图 10-64 所示。

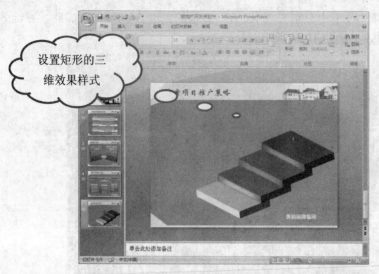

图 10-64　调整矩形位置

步骤 ⑨ 切换到"插入"选项卡，依次选择"文本框→横排文本框"命令在幻灯片中插入四个文本框，依次输入文本"品牌形象建立"、"品牌强势推广"、"品牌升华"、"品牌延续"，设置字体为"宋体"，字号为"18"，字体颜色为"白色"，如图 10-65 所示。

图 10-65　输入文本并设置字体

在矩形上单击鼠标右键，从弹出的快捷菜单中选择"编辑文字"命令也可以输入文本，但是由于图形被设置了旋转，所以输入的文字也会随图形而旋转，这样很容易导致文字的模糊、变形。

步骤 ⑩ 在"绘图"工具栏中单击直线 ╲ 按钮在幻灯片中绘制五条水平的直线，依次打开"设置形状格式"对话框，设置直线的宽度分别为"4.1 厘米"、"6.95 厘米"、"9.82 厘米"、

"12.75 厘米"、"16.8 厘米"，高度都为"0"，设置线条颜色为"白色，背景 1"，粗细为"0.75磅"，调整各自的位置如图 10-66 所示。

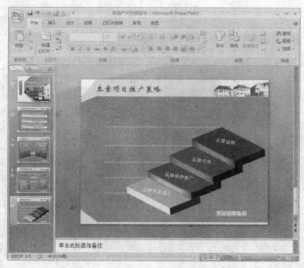

图 10-66　绘制直线并设置格式

步骤 ⑪ 在"绘图"工具栏中单击箭头 按钮，在所绘制的五条直线之间分别在绘制四个箭头，依次打开"设置形状格式"对话框，选择"尺寸"选项卡，设置直线的宽度分别为"2.43 厘米"、"2.2 厘米"、"2 厘米"、"2.83 厘米"，高度都为"0"，如图 10-67 所示。

步骤 ⑫ 打开"设置形状格式"对话框，切换到"线条颜色"选项卡，选择"实线"单选按钮，从"颜色"下拉列表中选择"白色，背景 1"；切换到"线型"选项卡，设置箭头的前端形状和后端形状都为"箭头"，前端大小为"左箭头 5"，后端大小为"右箭头 5"，如图 10-68 所示。

图 10-67　"设置形状格式"对话框

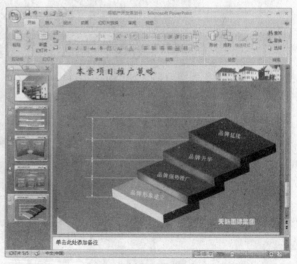

图 10-68　设置效果

步骤 ⑬ 切换到"插入"选项卡，单击"文本框"按钮打开下拉菜单，从中选择从"横排文本框"命令在幻灯片中插入四个文本框，依次输入文本"整体项目推广"、"第一轮推广"、

"第二轮推广"、"第三轮推广"，设置字体为"宋体"，字号为"14"，字体颜色为"白色，背景 1"，调整各文本框的位置使其如图 10-69 所示。

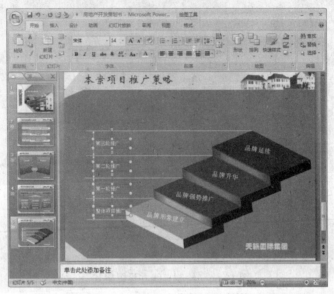

图 10-69　输入文本并设置字体

步骤 14　切换到"插入"选项卡，单击"插图"功能区的"图片"按钮打开"插入图片"对话框，选择路径为"光盘\第 10 章\images"文件夹下的"pic11.png"图片文件，单击 插入(S) 按钮插入图片，调整图片在幻灯片中的位置，项目推广策略幻灯片制作完毕。

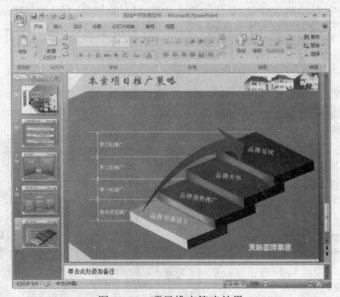

图 10-70　项目推广策略效果

10.2.7　设置推广费用预算幻灯片

推广费用预算幻灯片的设置主要是插入图表并对图表进行编辑，其具体的操作步骤如下。

步骤 1　插入一张"仅标题"版式的幻灯片，在"单击此处添加标题"文本框输入文本

"本案推广费用预算"。

步骤 ② 切换到"插入"选项卡，单击"插图"功能区的"图表"按钮打开如图 10-71 所示的"插入图表"对话框，在左侧列表中选择"饼图"，从右侧列表中选择"三维饼图"列表项。

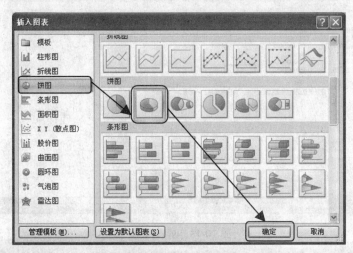

图 10-71　插入图表

步骤 ③ 单击 [确定] 按钮，即可将图表插入到幻灯片之中，同时还会打开一个用于编辑 PowerPoint 中图表数据的 Excel 窗口，如图 10-72 所示。

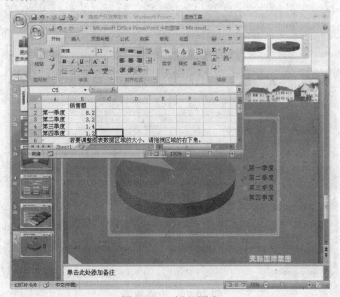

图 10-72　插入图表

步骤 ④ 在名为"Microsoft Office PowerPoint 中的图表"的 Excel 窗口中输入如图 10-73 所示的数据。

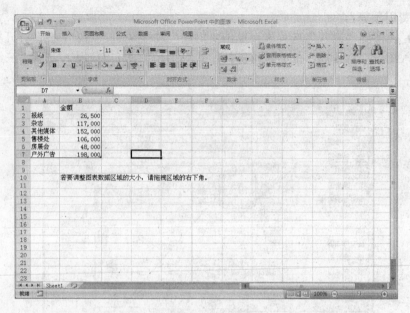

图 10-73　录入数据

步骤 5　关闭 Excel 表格，PowerPoint 中的图表即会根据 Excel 中的数据修改，表格效果如图 10-74 所示。

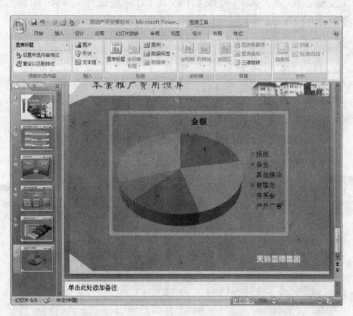

图 10-74　表格效果

步骤 6　在图表区域中单击鼠标右键，从弹出的菜单中选择"三维旋转"菜单项（如图 10-75 所示），打开"设置图表区格式"对话框，设置上下仰角为"40"，旋转为"90"，高度为"100%"如图 10-76 所示。

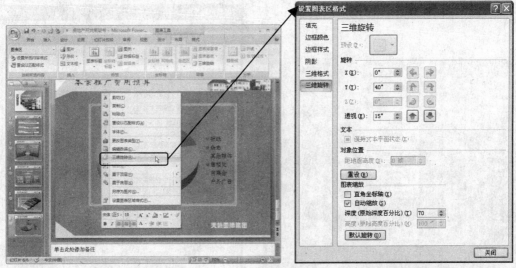

图 10-75　右键菜单　　　　　　　　　　　　图 10-76　三维旋转

步骤 ⑦ 切换到"布局"选项卡，从"设置所选内容格式"下拉列表中选择"图表标题"列表项，单击"标签"功能区的"图表标题"按钮，从下拉列表中选择"无"列表项，如图 10-77 所示。

步骤 ⑧ 从"设置所选内容格式"下拉列表中选择"图例"列表项，单击"标签"功能区的"图表标题"按钮，从下拉列表中选择"无"列表项，如图 10-78 所示。

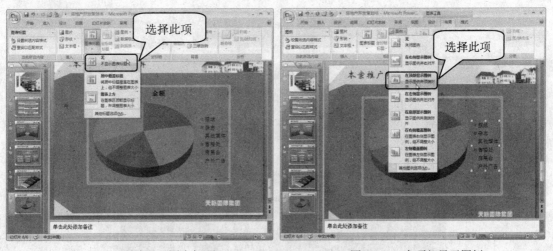

图 10-77　取消显示图表标题　　　　　　　图 10-78　在顶部显示图例

步骤 ⑨ 从"设置所选内容格式"下拉列表中选择"图表区"列表项，然后打开"标签"功能区的"数据标签"下拉列表，从中选择"其他数据标签选项"列表项，如图 10-79 所示。

步骤 ⑩ 在"设置数据标签格式"对话框下，选择"标签包括"区域的"值"和"百分比"复选框；从"标签位置"区域内选中"数据标签内"单选按钮；然后从"分隔符"下拉列表中选择"分行符"，如图 10-80 所示。

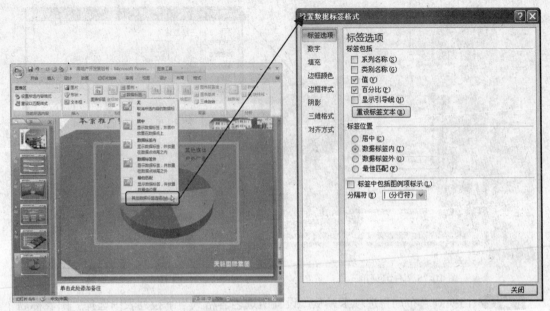

图 10-79　数据标签下拉列表　　　　　　　　图 10-80　设置数据标签格式

步骤 ⑪ 从"设置所选内容格式"下拉列表中选择"系列'金额'数据标签"列表项，切换回"开始"选项卡，设置字体为"Arial"，字号为"12"；然后再切换到"格式"选项卡，设置"文本轮廓"颜色为"金色"，如图 10-81 所示。

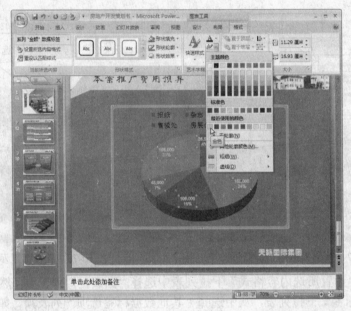

图 10-81　文本轮廓

步骤 ⑫ 从"设置所选内容格式"下拉列表中选择"图表区"列表项，然后单击鼠标右键，从弹出的菜单中选择"设置图表区格式"命令打开"设置图表区格式"对话框，在"边框颜色"选项卡中选择"无线条"单选按钮，如图 10-82 所示。

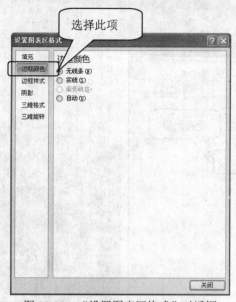

图 10-82　"设置图表区格式"对话框

步骤 ⑬　从"设置所选内容格式"下拉列表中选择"图例"列表项，从"图例"下拉列表从中选择"其他图例选项"列表项，打开"设置图例格式"对话框。在"填充"选项卡中，选择"纯色填充"单选按钮，从"颜色"下拉列表中选择"紫色"；在"边框颜色"选项卡中，选择"实线"单选按钮，从"颜色"下拉列表中选择"深绿"，如图 10-83 所示。

步骤 ⑭　切换到"开始"选项卡，设置字体为"Arial"，字号为"12"，颜色为"橙色"，如图 10-84 所示。

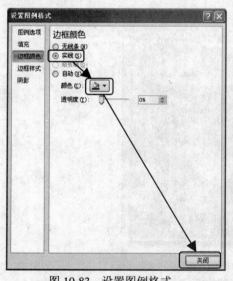

图 10-83　设置图例格式

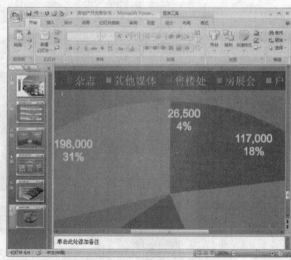

图 10-84　图例设置效果

步骤 ⑮　选择"其他媒体"所在的饼形区域，单击鼠标右键，在弹出的菜单中选择"设置数据点格式"命令打开"设置数据点格式"对话框，在"点爆炸型"区域设置设置不分离的百分比"10%"，如图 10-85 所示。

步骤 ⑯　然后切换到"填充"选项卡，选择"颜色"项下选中"渐变填充"单选按钮，从"预设置颜色"下拉列表中选择"雨后初晴"列表项，如图 10-86 所示。

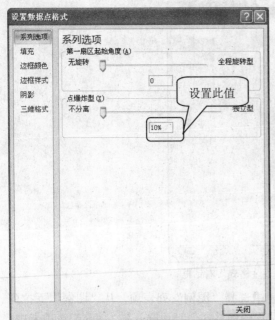

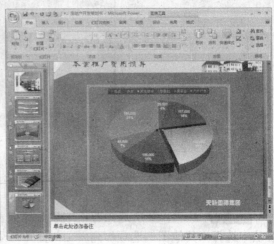

图 10-85　设置数据点格式　　　　　　　　　　图 10-86　设置效果

步骤 ⑰ 选择"杂志"所在的饼形区域，打开"设置数据点格式"对话框，设置"边框颜色"为"无线条"，然后切换到"填充"选项卡，从"预设颜色"下拉列表中"红日西斜"列表项，效果如图 10-87 所示。

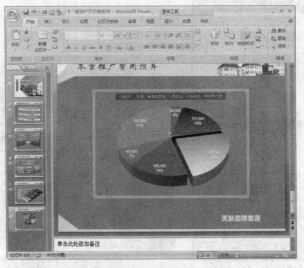

图 10-87　设置杂志区域效果

步骤 ⑱ 选择"报纸"所在的饼形区域，打开"设置数据点格式"对话框，在"填充"选项卡中选择"渐变填充"单选按钮，从"预设颜色"下拉列表中选择"碧海青天"列表项；切换到"边框颜色"选项卡，选择"无线条"单选按钮。按照同样的设置方法，依次设置"户外广告"、"房展会"、"售楼处"的"渐变颜色"为"茵茵绿原"、"麦浪滚滚"、"红木"、"蓝宝石"。设置完毕后，调整图表的位置和大小，完成推广费用预算幻灯片的设置，最后的设置效果如图 10-88 所示。

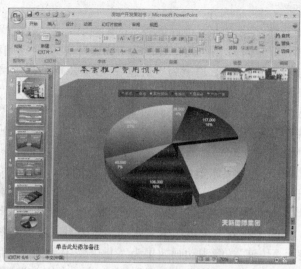

图 10-88　推广预算幻灯片设置效果

步骤 ⑲ 切换回"开始"选项卡，打开"新建幻灯片"下拉菜单并选择其中的"标题幻灯片"菜单项，插入第七张幻灯片。在"单击此处添加标题"文本框中输入文本"谢谢各位！"，在"单击此处添加文本"中输入"天籁国际集团营销策划部"。至此，演示文稿创建完毕。

图 10-89　结束页设置效果

10.2.8　制作动画效果

演示文稿创建完毕之后，需要为其设置动画效果，步骤如下。

步骤 ❶ 切换到"动画"选项卡，单击"自定义动画"按钮，打开"自定义动画"任务窗格。在第一张幻灯片中，从左侧窗口选择"天籁国际集团营销策划部"文本，在"自定义动画"任务窗格中设置其动画效果为"楔入"、开始为"之后"、速度"中速"。

步骤 ❷ 切换到第二张名为"本案营销策划的出发点"的幻灯片，设置三个组合图形的动画效果均为"阶梯状","开始"均为"之后","速度"均为"快速",方向分别为"右下"、"左下"和"右上"。

步骤 3 切换到第三张名为"本案项目优势"的幻灯片,依次设置双箭头的动画效果为"伸展"、开始为"之后"、方向为"跨越"、速度为"快速";左侧矩形的动画效果为"伸展"、开始为"之后",方向为"自右侧"、速度为"快速";右侧矩形动画效果为"伸展"、方向为"之后"、速度为"快速";左侧文本标题动画效果为"飞入"、开始为"之后"、方向为"自左侧"、速度为"非常快";右侧文本标题动画效果为"飞入"、开始为"之后"、方向为"自右侧"、速度为"非常快";左右两侧文本动画效果均为"随机线条"、开始为"之后"、方向为"垂直"、速度为"快速"。

步骤 4 切换到第四张名为"本案的目标客户定位"的幻灯片,依次设置中间矩形的动画效果为"楔入"、开始为"之后"、速度为"快速";左侧矩形动画效果为"飞入"、方向为"自左上部"、速度为"非常快";右侧矩形动画效果为"飞入"、方向为"自右上部"、速度为"非常快";左侧、中间、右侧三个矩形中文本动画效果为"随机线条"、开始为"之后"、方向为"垂直"、速度为"快速";箭头动画效果为"上升"、开始为"之后"、速度为"快速";圆角矩形的动画效果为"飞入"、开始为"之后"、方向为"自底部"、速度为"非常快"。

步骤 5 切换到第五张名为"本案项目推广策略"的幻灯片,依次设置四个矩形的动画效果为"飞入"、开始为"之后"、方向为"自左侧"、速度为"非常快";五条直线的动画效果为"伸展"、开始为"之后"、方向为"自右侧"、速度为"非常快";四个箭头的动画效果为"伸展"、开始为"之后"、方向为"自底部"、速度为"非常快";将四个推广阶段文本的动画效果设为"随机线条"、开始为"之后"、方向"垂直"、速度"非常快";将四个品牌文本的动画效果为"随机线条"、开始为"之后"、方向为"水平"、速度为"非常快";箭头动画效果为"上升"、开始为"之后"、速度为"快速"。

步骤 6 切换到第六张名为"本案推广费用预算"的幻灯片,设置三维饼图的动画效果为"楔入",开始为"之后",速度为"慢速"。

步骤 7 切换到第七张的结束幻灯片,设置副标题的动画效果为"飞入"、开始为"之后"、方向为"自左侧"、速度为"非常快"。

10.3 实例总结

本章主要是介绍了房地产开发策划书的制作,在创建的过程中主要了以下几个方面的内容。

- 在设置母版和标题母版时同时设置动画效果。
- 创建自选图形并进行组合编辑。
- 自定义自选图形的三维效果样式。
- 设置图形不同的填充效果。
- 插入三维饼状图表。
- 对饼状图表进行填充以及参数的设置。

在幻灯片母版和标题中设置自定义动画效果,可以节省对幻灯片页面各个相同元素设置动画效果的时间,提高工作效率。对于本章的幻灯片内容,读者还可以分别添加不同的幻灯片动画,使效果更加绚丽。

第 11 章　年终销售简报

为了使公司的主管部门对产品的销售情况有一定的了解，在各公司日常的行政工作中经常需要制作销售统计简报。在制作类似销售报告时，应该尽量使简报准确、直观和详尽，不要只是将大量的数据进行列举。本章就使用 PowerPoint 2007 介绍制作年终销售简报的幻灯片演示文稿。

11.1　案例分析

一份准确、生动和直观的销售简报能充分体现销售数据的价值，然而在制作传统的销售简报时，几乎都是大量数据表格的堆积，观看时感觉索然无趣。如果使用 PowerPoint 2007 制作简报，就可以使用生动的图表图像功能来替代数字和文本的表达形式，使简报更加生动直观。本章完成后的页面效果如图 11-1 所示。

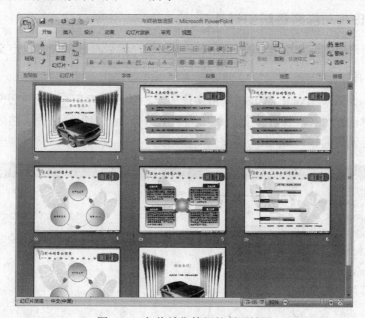

图 11-1　年终销售简报的页面效果

11.1.1　知识点

在本实例的制作过程中，通过创建母版和标题母版，并分别设置自定义动画效果。绘制各种自选图形创建幻灯片页面的各元素，并且通过设置透明度改变图形的显示效果。

在本章实例的制作中主要用到了以下知识点。

● 创建母版和标题母版并分别设置动画效果。

- 绘制自选图形并设置填充颜色的透明度。
- 插入图片并进行大小调整和旋转变形。
- 设置各幻灯片页面的自定义动画。
- 图表的插入和编辑。

11.1.2　设计思路

本实例是一家汽车制造销售公司创建的年终销售简报，首先对年度的销售统计进行了一个总结，然后分别对主要的销售车型和各分公司的销售情况都进行了详细的介绍，在最后的幻灯片页面使用了图表的形式介绍了主推车型的销量情况。

本幻灯片演示文稿页面根据内容依次是：首页→本年度销售统计→同竞争对手的销售对比→主要的销售车型→各分公司的销售业绩→前三季度主推车型销量表→影响销售的因素→结束页。

11.2　案例制作

在案例制作的过程中，首先还是对母版和标题母版进行创建，在创建的同时再设置相应的动画效果，然后分别创建各个幻灯片页面。

11.2.1　设置母版和标题母版幻灯片

母版和标题母版幻灯片主要是插入图片进行创建，然后再分别设置自定义动画效果。

1．设计母版

步骤 ❶ 启动 PowerPoint 2007，单击快捷工具栏的"保存" 🖫 按钮打开如图 11-2 所示的"另存为"对话框，在"保存位置"下拉列表中选择合适的保存路径，然后在文件名文本框中输入"年终销售简报"，单击　保存(S)　按钮。

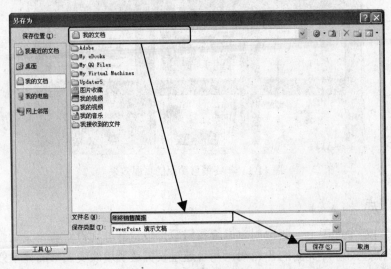

图 11-2　"另存为"对话框

步骤 ❷ 切换到"视图"选项卡，单击"演示文稿视图"功能区的"幻灯片母版"按钮，进入幻灯片母版设计视图并切换到母版幻灯片，然后删除所有的文本框。

步骤 ③ 在"开始"选项卡中，单击"形状"按钮打开"形状"下拉菜单，从中选择矩形□菜单项，拖动鼠标在幻灯片中绘制一个矩形。然后打开"大小和位置"对话框，在"大小"选项卡中设置矩形的高度为"0.64 厘米"，宽度为"25.41 厘米"；在"位置"选项卡中，设置水平位置和垂直位置均为 0。

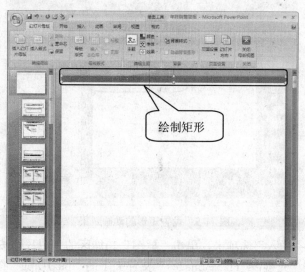

图 11-3　绘制矩形并设置大小

步骤 ④ 用鼠标右键单击矩形选择"设置形状格式"命令，打开"设置形状格式"对话框。在"填充"选项卡中选择"渐变填充"单选按钮，从"预设颜色"下拉列表中选择"茵茵绿原"列表项，从"方向"下拉列表中选择"线性向上"列表项。切换到"线条颜色"选项卡，选择"无线条"单选按钮，设置完毕之后的矩形效果如图 11-4 所示。

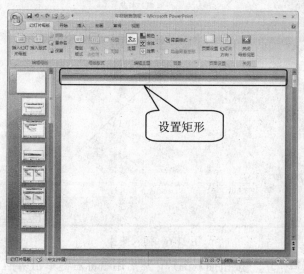

图 11-4　矩形设置效果

步骤 ⑤ 选中所绘制的矩形，切换到"动画"选项卡，单击"动画"区域的"自定义动画"按钮打开"自定义动画"任务窗格，单击 ☆ 添加效果 ▾ 按钮，从弹出的菜单中依次选择"进入→向内溶解"菜单项，然后在"自定义动画"任务窗格中的"开始"和"速度"下拉列表中分别选择"之后"和"快速"列表项。

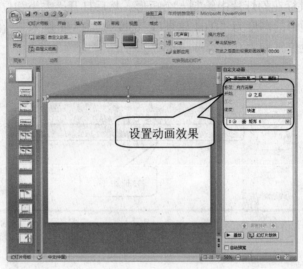

图 11-5　设置矩形的动画效果

步骤 ⑥ 切换到"插入"选项卡，单击"插图"功能区的"图片"按钮打开"插入图片"对话框，选择路径为"光盘\第 11 章\images"文件夹下的"pic01.jpg"图片文件，如图 11-6所示。

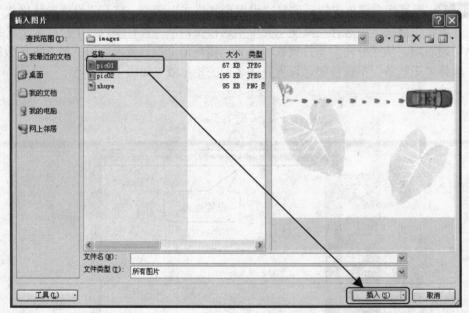

图 11-6　插入图片

步骤 ⑦ 单击 插入(S) 按钮插入图片，然后用鼠标右键单击所插入的图片，从快捷菜单中选择"设置形状格式"菜单项打开"设置形状格式"对话框，切换到"位置"选项卡，设置水平位置为 0，垂直位置为"0.64 厘米"，单击 确定 按钮返回幻灯片中，所插入图片的效果如图 11-7 所示。

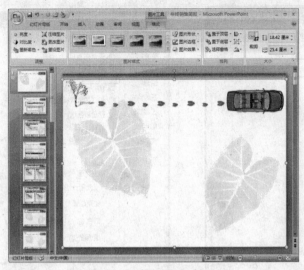

图 11-7 插入图片并调整位置

步骤 ⑧ 打开"自定义动画"任务窗格，设置插入图片的动画效果为"飞入"，在"自定义动画"任务窗格中的"开始"、"方向"和"速度"下拉列表中分别选择"之后"、"自左侧"和"快速"，如图 11-8 所示。

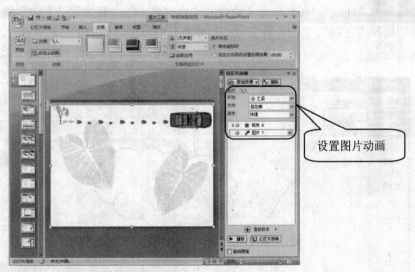

图 11-8 设置插入图片的动画效果

步骤 ⑨ 在幻灯片中绘制一个矩形，并打开"大小和位置"对话框，在"大小"选项卡中，设置高度为"0.64 厘米"，宽度为"25.41 厘米"；在"位置"选项卡中，设置水平位置为0，垂直位置为"18.42 厘米"。

步骤 ⑩ 打开"设置形状格式"对话框，在"填充"选项卡中选择"渐变填充"单选按钮，然后从"预设颜色"下拉列表中选择"茵茵绿原"列表项，从"方向"下拉列表中选择"线性向右"列表项，如图 11-10 所示。

图 11-9　大小和位置

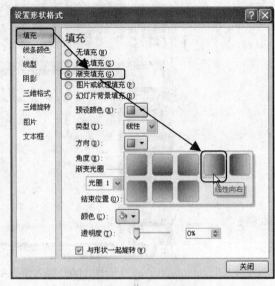

图 11-10　设置形状格式

步骤⑪ 切换到"线条颜色"选项卡，选择"无线条"单选按钮。

步骤⑫ 单击 关闭 按钮返回幻灯片中，打开"自定义动画"任务窗格，设置矩形的动画效果为"伸展"，在"自定义动画"任务窗格中的"开始"、"方向"和"速度"下拉列表中分别选择"之后"、"自右侧"和"非常速"列表项，如图 11-12 所示。

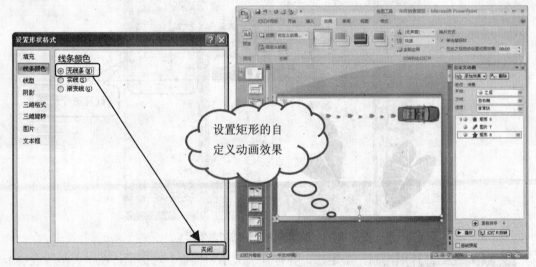

图 11-11　线条颜色

图 11-12　设置矩形的动画效果

步骤⑬ 在矩形上单击鼠标右键，在弹出的菜单中选择"编辑文字"命令，输入文本"宝特汽车集团（中国）有限公司"，设置字体为"宋体"，字号为"14"，单击右对齐 ≡ 按钮设置右对齐，再单击加粗 **B** 和倾斜 *I* 按钮设置字体为加粗和倾斜，其效果如图 11-13 所示。

步骤⑭ 在"幻灯片母版"选项卡中，单击"母版版式"按钮打开"母版版式"对话框，选择"标题"和"文本"复选框，单击 确定 按钮返回幻灯片中，选择"单击此处编辑母版标题样式"文本框，设置字体为"华文新魏"，字号为"32"，字体颜色的 RGB 值为"0、

128、0",单击"右对齐"≣按钮设置对齐方式为"右对齐"。

步骤⑮ 打开"自定义动画"任务窗格,设置文本的动画效果为"阶梯状",在"自定义动画"任务窗格中的"开始"、"方向"和"速度"下拉列表中分别选择"之后"、"右下"和"中速"列表项,如图 11-14 所示。

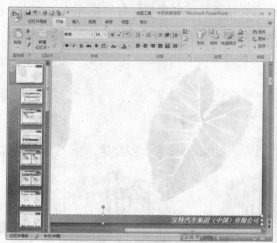

图 11-13 输入文本并设置字体

图 11-14 设置标题的格式和动画效果

步骤⑯ 选择"单击此处编辑母版文本样式"文本框,设置字体为"华文新魏",母版设置完毕,其效果如图 11-15 所示。

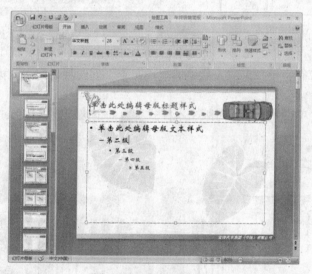

图 11-15 母版设置效果

2. 设计标题母版

设置标题母版幻灯片,其具体的操作步骤如下。

步骤① 在左侧的导航面板中单击"标题幻灯片",切换到标题幻灯片页面,在"幻灯片母版"选项卡中选择"背景"功能区的"隐藏背景图形"复选框,然后删除标题母版中所有的文本框和图形图片。

步骤 ② 切换到"插入"选项卡，单击"图片"按钮打开"插入图片"对话框，选择路径为"光盘\第 11 章\images"文件夹下的"pic02.jpg"图片文件。然后用鼠标右键单击所插入的图形，从快捷菜单中选择"大小和位置"命令打开"大小和位置"对话框，切换到"位置"选项卡，设置水平位置为 0，垂直位置为"1.27 厘米"，如图 11-16 所示。

步骤 ③ 切换到"动画"选项卡并打开"自定义动画"任务窗格，设置图片的动画效果为"向内溶解"，在"自定义动画"任务窗格中的"开始"和"速度"下拉列表中分别选择"之后"和"快速"列表项，如图 11-17 所示。

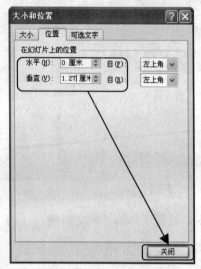

图 11-16　设置图片位置

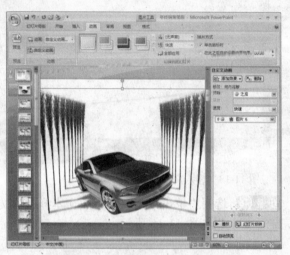

图 11-17　设置插入图片的动画效果

步骤 ④ 切换回"幻灯片母版"选项卡，在"母版版式"功能区选中"标题"复选框，然后打开"插入占位符"下拉菜单，从中选择"文本"列表项，拖动鼠标在幻灯片中插入一个文本框。

步骤 ⑤ 选中"单击此处编辑母版文本样式"内的下级标题，按 Del 键将其删除。

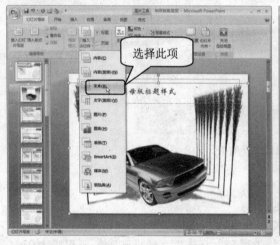

图 10-18　插入文本

图 10-19　删除文本

步骤 ⑥ 调整"单击此处编辑母版标题样式"文本框的位置，然后设置字体为"华文新魏",字号为"32",字体颜色的 RGB 值为"153、204、0"。

步骤 7 打开"自定义动画"任务窗格,打开"母版:标题"下拉列表从中选择"将效果复制到版式"列表项(如图 10-20 所示)。在左侧的窗口内选中"单击此处编辑母版标题样式"文本框,然后在"自定义动画窗格"中单击"删除"按钮,删除幻灯母版中对标题占位符设置的动画效果,如图 10-21 所示。

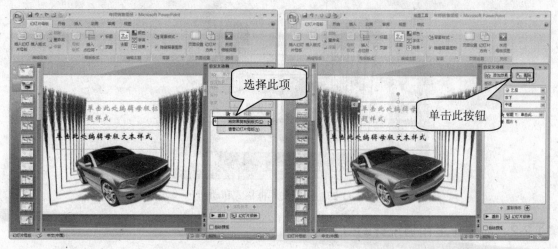

图 10-20　将效果复制到版式　　　　　图 10-21　删除动画效果

步骤 8 在左侧窗口中选择"单击此处编辑母版标题样式"文本框,在"自定义动画"窗格中设置其动画效果为"圆形扩展";在"自定义动画"任务窗格中的"开始"、"方向"和"速度"下拉列表中分别选择"之后"、"放大"和"中速"选项,如图 11-22 所示。

图 11-22　设置标题占位符动画

步骤 9 选择"单击此处编辑文本样式"文本框,调整其位置然后设置字体为"华文新魏",字号为"16",字体颜色为"黑色",并单击倾斜 *I* 按钮设置字体为倾斜。

步骤 10 打开"自定义动画"任务窗格,设置文本的动画效果为"擦除",在"自定义动画"任务窗格中的"开始"、"方向"和"速度"下拉列表中分别选择"之后"、"自左侧"和

"中速"列表项，如图 11-23 所示，标题母版创建完毕。

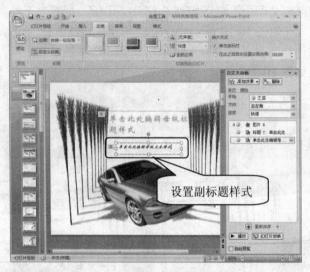

图 11-23　设置文本框格式和动画

11.2.2　创建年度销售统计幻灯片

年度销售统计页面主要是圆角矩形的自选图形和文本框组成，在设置圆角矩形的填充颜色时还要设置透明度。其具体的操作步骤如下。

步骤 ❶　在"幻灯片母版"选项卡中单击 关闭母版视图ⓒ 按钮关闭母版视图，进入幻灯片演示文稿。删除演示文稿默认保留的幻灯片，然后打开"新建幻灯片"下拉菜单，从中选择"标题幻灯片"菜单项创建一张标题版式的幻灯片。

步骤 ❷　在"单击此处添加标题"文本框中输入文本"2006 年宝特汽车中国销售简报"，在"单击此处添加文本"文本框中输入文本"宝特汽车（中国）有限公司销售部"，如图 11-24 所示。

图 11-24　添加标题和副标题

步骤 3 打开"新建幻灯片"下拉菜单，从中选择"仅标题"菜单项插入第二张幻灯片，然后在"单击此处添加标题"文本框中输入文本"本年度销售统计"，如图 11-25 所示。

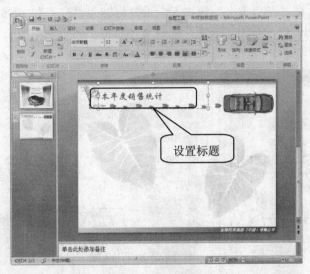

图 11-25　设置标题

步骤 4 在"开始"选项卡中打开"形状"下拉菜单，从中选择选择"矩形→圆角矩形"命令，拖动鼠标在幻灯片中绘制一个圆角矩形；然后打开"大小和位置"对话框，在"大小"选项卡中设置圆角矩形置高度为"1.94 厘米"，宽度为"20.64 厘米"；在"位置"选项卡中，设置平位置为"1.9 厘米"，垂直位置为"5.53 厘米"，如图 11-26 所示。

步骤 5 打开"设置形状格式"对话框，在"填充"选项卡中选择"渐变填充"单选按钮，从"预设颜色"下拉列表中选择"茵茵绿原"列表项，从"方向"下拉列表中选择"线性向左"列表项，更改"光圈 3"的 RGB 颜色值为"153、204、0"；切换到"线条颜色"选项卡，选择"无线条"单选按钮，如图 11-27 所示。

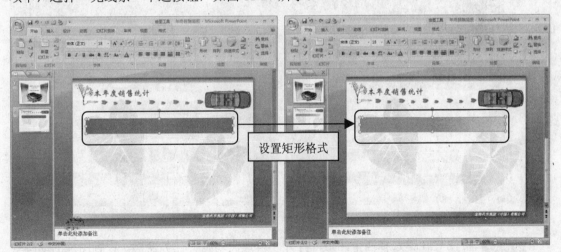

图 11-26　设置形状大小和位置　　　　　　图 11-27　设置形状格式

步骤 6 切换到"插入"选项卡，单击"插图"功能区的"图片"按钮打开"插入图片"对话框，选择"光盘\第 11 章\images"文件夹下的"shuye.png"图片文件，单击 插入(S) ▪

按钮插入图片，如图 11-28 所示。

步骤 ⑦ 用鼠标右键单击所插入的图片，从快捷菜单中选择"大小和位置"菜单项打开"大小和位置"对话框，在"大小"选项卡中设置旋转为"310°"，缩放比例都为"10%"，单击 关闭 按钮返回幻灯片中，调整图片的位置使其位于圆角矩形的左上方，如图 11-29 所示。

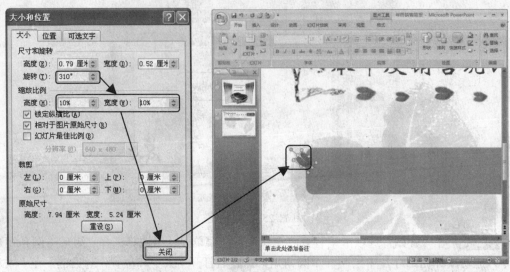

图 11-28　设置图片旋转和缩放　　　　　　图 11-29　设置图片位置

步骤 ⑧ 同时选择图片和圆角矩形，单击鼠标右键，从弹出的菜单中选择"组合→组合"命令将其组合（如图 11-30 所示），然后将组合后的图形复制三个，并分别调整位置使其如图 11-31 所示。

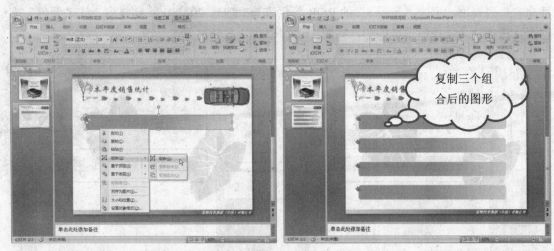

图 11-30　组合图形　　　　　　　　　　图 11-31　复制图形并调整位置

步骤 ⑨ 按住 Ctrl 键选择四个图形，打开"自定义动画"任务窗格，设置图片的动画效果为"伸展"，在"自定义动画"任务窗格中的"开始"、"方向"和"速度"下拉列表中分别选择"之后"、"自左侧"和"非常快"列表项，如图 11-32 所示。

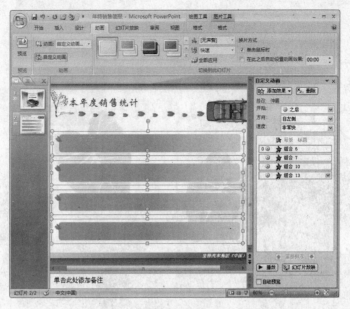

图 11-32　设置四个图形的动画效果

步骤 ⑩ 切换到"插入"选项卡，执行"文本框→横排文本框"命令插入四个文本框，分别输入文本"1."、"2."、"3."、"4."，设置字体为"Verdana"，字号为"20"，文本颜色为"黑色，文字 1"，单击加粗 **B** 按钮设置字体为加粗，分别调整文本框的位置，如图 11-33 所示。

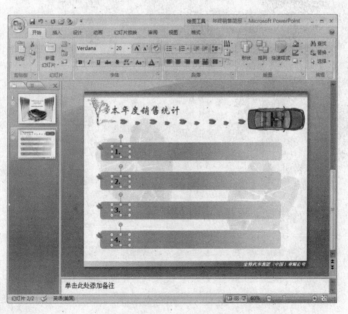

图 11-33　输入文本并设置效果

步骤 ⑪ 再插入四个文本框，分别输入相应的文本，设置字体为"宋体"，字号为"14"，文本颜色为"黑色"，分别调整文本框的位置，如图 11-34 所示。

437

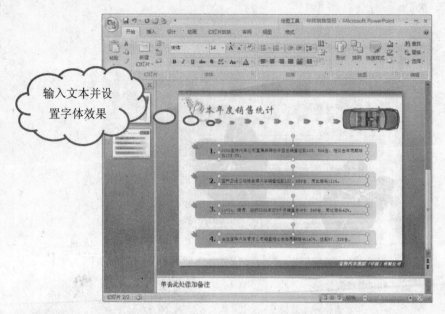

图 11-34　插入文本框并设置格式

步骤 12 按住 Shift 键将圆角矩形上的两个文本框选中，然后打开"排列"下拉菜单，从中选择"组合"菜单项，将两个文本框组合在一起。依次执行此操作，将四个圆角矩形上的文本框分别组合，如图 11-35 所示。

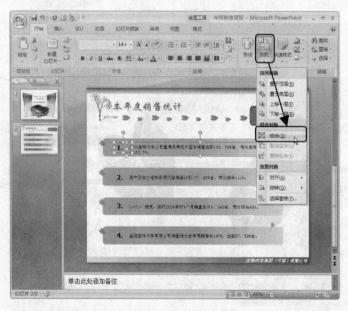

图 11-35　组合文本框

步骤 13 按住 Shift 键分别选中四个组合后的文本框，打开"自定义动画"任务窗格，设置文本框的动画效果为"阶梯状"，在"自定义动画"任务窗格中的"开始"、"方向"和"速度"下拉列表中分别选择"之后"、"左下"和"快速"列表项，如图 11-36 所示。

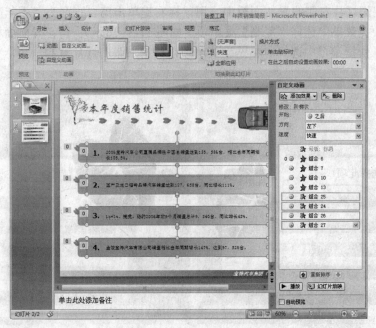

图 11-36　设置组合后的文本框效果

步骤⑭ 年度销售幻灯片创建完毕，幻灯片其效果如图 11-37 所示。

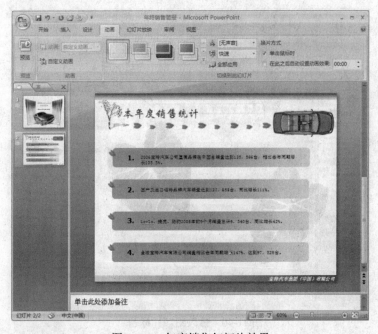

图 11-37　年度销售幻灯片效果

11.2.3　同竞争对手的销售对比幻灯片

同竞争对手的销售对比幻灯片的制作同年度销售统计幻灯片相似，其具体的操作步骤如下。

步骤 1 在幻灯片左侧的导航面板中，用鼠标右键单击第二张名为"本年度销售统计"的幻灯片，从快捷菜单中选择"复制"菜单项（如图 11-38 所示）；再在导航面板的空白处单击鼠标右键，从快捷菜单中选择"粘贴"菜单项，将第二张幻灯片复制一个，如图 11-39 所示。

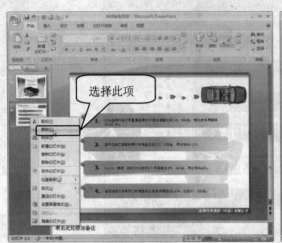 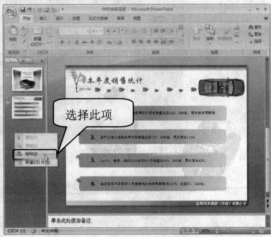

图 11-38　复制幻灯片　　　　　　　　　　图 11-39　粘贴幻灯片

步骤 2 选择标题文本，然后输入文本"同竞争对手的销售对比"，如图 11-40 所示。

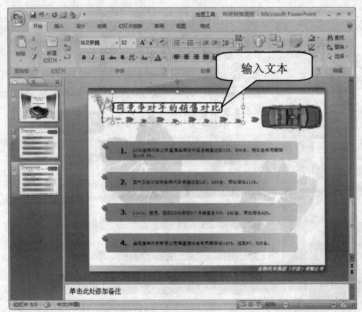

图 11-40　修改幻灯片标题

步骤 3 分别将各文本框中的文本进行修改，其效果如图 11-41 所示，同竞争对手的销售对比幻灯片制作完毕。

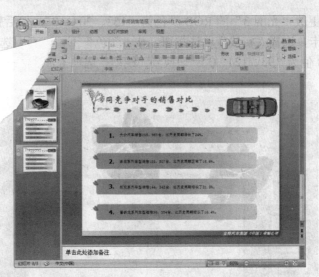

图 11-41　同竞争对手的销售对比幻灯片

11.2.4　制作主要的销售车型幻灯片

创建完毕年度销售统计幻灯片页面后，下面就要制作主要的销售车型幻灯片页面。其操作步骤如下。

步骤① 打开"新建幻灯片"下拉菜单，选择其中的"仅标题"菜单项插入第四张幻灯片，然后在"单击此处添加标题"文本框中输入文本"主要的销售车型"。

步骤② 在"形状"下拉列表中选择○列表项，按住 Shift 键拖动鼠标在幻灯片中绘制一个圆形；打开"大小和位置"对话框，在"大小"选项卡中设置其高度和宽度为"5.51 厘米"；在"位置"选项卡中设置水平位置为"10 厘米"，垂直位置为"4.42 厘米"，如图 11-41 所示。

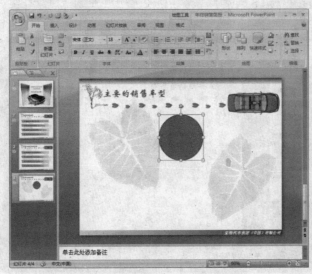

图 11-42　设置大小和位置

步骤③ 打开"设置形状格式"对话框，在"填充"选项卡中选择"渐变填充"单选按钮，从"预设颜色"下拉列表中选择"茵茵绿原"列表项，从"方向"下拉列表中选择"线性向上"列表项，更改"光圈 3"的 RGB 颜色为"153、204、0"，然后删除光圈 2；切换到"线条颜色"选项卡，选择"实线"单选按钮，从"颜色"下拉列表中选择"其他颜色"，设置线条颜色的 RGB 值为"93、124、0"；切换到"线型"选项卡，设置"宽度"为"2.25 磅"，如图 11-43 所示。

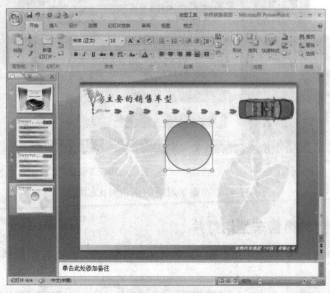

图 11-43　设置形状格式

步骤 ④　在所绘制的圆形上单击鼠标右键，从快捷菜单中选择"编辑文字"命令在幻灯片中插入文本框，并输入文本"宝特欧迪蒙"，设置字体为"仿宋-GB2312"，字号为"18"，字体颜色为"黑色，文字 1"，如图 11-44 所示。

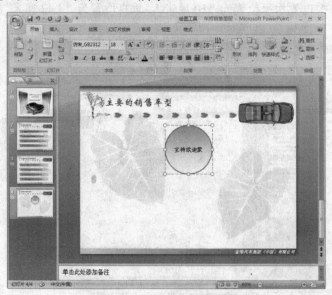

图 11-44　输入文本并设置字体

步骤 ⑤　选中圆形，然后打开"自定义动画"任务窗格，设置图形的动画效果为"圆形扩展"，在"自定义动画"任务窗格中的"开始"、"方向"和"速度"下拉列表中分别选择"之后"、"放大"和"快速"列表项，如图 11-45 所示。

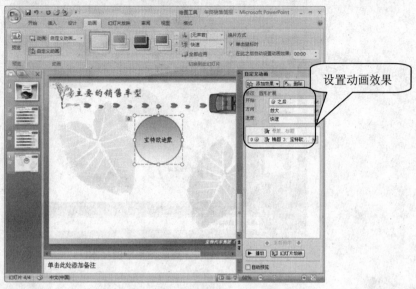

图 11-45　设置动画效果

步骤 **6** 复制所绘制的圆形，然后打开"大小和位置"对话框，在"位置"选项卡中设置其水平和垂直位置分别为"4.7 厘米"和"11.62 厘米"；打开"设置形状格式"对话框，在"填充"选项卡中打开"方向"下拉列表，选择"线性向左"列表项，如图 11-46 所示。

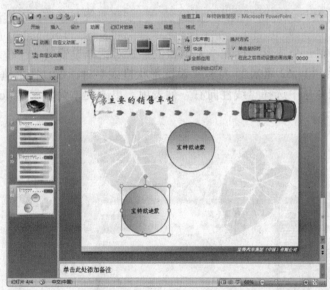

图 11-46　复制图形并设置格式

步骤 **7** 将鼠标光标定位到圆形中，更改文本"宝特欧迪蒙"为"宝特宝克斯"，如图 11-47 所示。

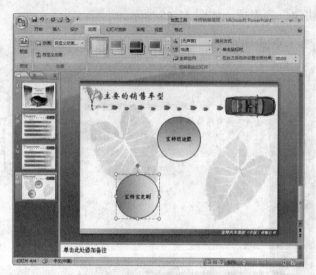

图 11-47　更改图形中的文本

 小知识

　　由于对图形的复制会连同原图形的动画效果一并复制，所以如果欲为两个图形设置相同的动画效果则不必重新设置动画；如果欲为两个图形设置不同的动画效果，则需要先删除原来的动画效果，再设置新的动画效果。

步骤 8　再复制一个圆形，打开"大小和位置"对话框设置其水平位置和垂直位置分别为"15.31 厘米"和"11.62 厘米"；打开"设置形状格式"对话框，在"填充"选项卡中打开"方向"下拉列表并从中选择"线性向右"列表项。更改文本为"宝特 lovlo"，最后的设置效果如图 11-48 所示。

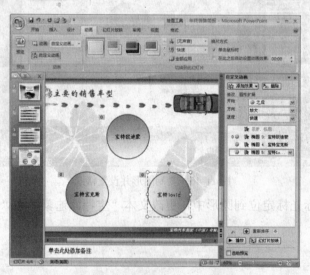

图 11-48　复制图形并更改格式

步骤 ⑨ 在幻灯片中绘制一个圆形，打开"大小和位置"对话框，在"大小"选项卡中设置高度和宽度为"9.74 厘米"（如图 11-49 所示）；在"位置"选项卡中，设置水平和垂直位置都为"7.8 厘米"，如图 11-50 所示。

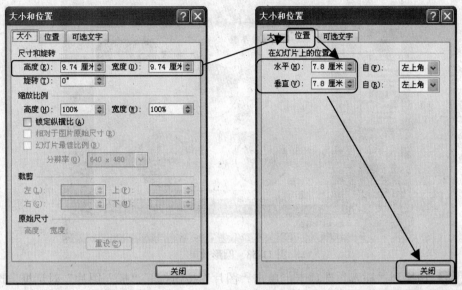

图 11-49 设置形状大小   图 11-50 设置形状位置

步骤 ⑩ 打开"设置形状格式"对话框，在"填充"选项卡中选择"无填充"单选按钮（如图 11-51 所示）；切换到"线条颜色"选项卡，选择"实线"单选按钮，然后从"颜色"下拉列表中选择"其他颜色"列表项，设置颜色的 RGB 值为"153、204、0"；切换到"线型"选项卡设置"宽度"为 3 磅，"短画线类型"为"圆点"，如图 11-52 所示。

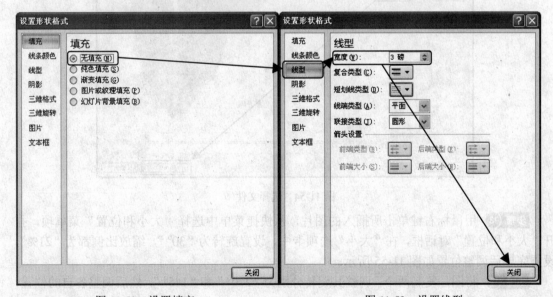

图 11-52 设置填充   图 11-53 设置线型

步骤 ⑪ 单击 ┌ 关闭 ┐ 按钮返回幻灯片中，所绘制的圆形效果如图 11-53 所示。

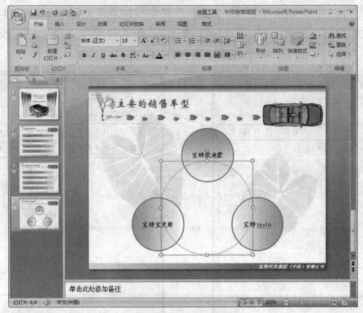

图 11-53　圆形效果

步骤 12 切换到"插入"选项卡，单击"图片"按钮打开"插入图片"对话框，选择路径为"光盘\第 11 章\images"文件夹下的"shuye.png"图片文件，如图 11-54 所示。

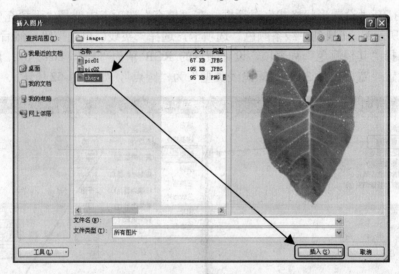

图 11-54　选择文件

步骤 13 用鼠标右键单击所插入的图片，从快捷菜单中选择"大小和位置"菜单项，打开"大小和位置"对话框，在"大小"选项卡中，设置旋转为"30°"，缩放比例都为"21%"，设置完毕后调整位置如图 11-55 所示。

步骤 14 将图片复制两个，调整其旋转分别为"270°"和"145°"，然后调整各自的位置，如图 11-56 所示。

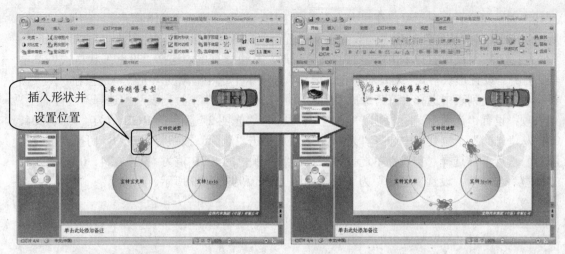

图 11-55　设置图形格式　　　　　　　　　图 11-56　复制图形并更改格式

步骤⑮ 将这三张图片同刚才所绘制的圆形组合，然后打开"自定义动画"任务窗格，设置组合后图形的动画效果为"轮子"，并分别从"开始"、"辐射状"和"速度"下拉列表中选择"之后"、"1"和"中速"列表项，至此，销售车型幻灯片制作完毕，如图 11-57 所示。

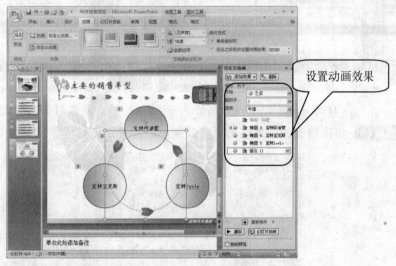

图 11-57　设置组合图形的动画效果

11.2.5　设置分公司销售业绩幻灯片

制作完毕主要的销售车型幻灯片页面后，下面就要设置分公司销售业绩幻灯片页面。其操作步骤如下。

步骤❶ 打开"新建幻灯片"下拉菜单，选择其中的"仅标题"菜单项新建第五张幻灯片，然后在"单击此处添加标题"文本框中输入文本"各分公司销售业绩"。

步骤❷ 在"开始"选项卡打开"形状"下拉菜单，从中选择"矩形→圆角矩形"命令，拖动鼠标在幻灯片中绘制一个圆角矩形。

步骤❸ 用鼠标右键单击所绘制的圆角矩形，从快捷菜单中选择"大小和位置"菜单项，打开"大小和位置"对话框，在"大小"选项卡中，设置高度为"5.16厘米"，宽度为"8.92厘米"；切换到"位置"选项卡，设置水平位置为"1.78厘米"，垂直位置为"5.27厘米"。

步骤④ 用鼠标右键单击所绘制的圆角矩形，从快捷菜单中选择"设置形状格式"菜单项，打开"设置形状格式"对话框；在"填充"选项卡中选中"渐变填充"单选按钮，从"预设颜色"下拉列表中选择"茵茵绿原"列表项，打开"方向"下拉列表从中选择"线性向上"列表项；设置"光圈1"的颜色为"白色，背景1"，"光圈2"颜色的RGB值为"153、204、0"，从"光圈"下拉列表中选择"光圈3"，然后单击"删除"按钮将其删除；切换到"线条颜色"选项卡，选择"实线"单选按钮，设置线条颜色的RGB值为"93、124、0"；切换到"线型"选项卡，设置"宽度"为2磅，如图11-58和图11-59所示。

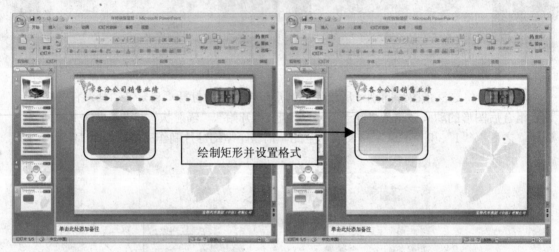

图11-58 设置矩形大小和位置　　　　　　图11-59 设置矩形格式

步骤⑤ 将所绘制的圆角矩形再复制三个，并分别调整位置，如图11-60所示。

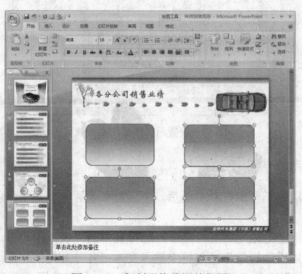

图11-60 复制形状并调整位置

步骤⑥ 在各个圆角矩形上单击鼠标右键，从弹出的快捷菜单中选择"编辑文字"菜单项，分别在各个圆角矩形上输入文本，并设置字体为"宋体"，字号为"14"，字体颜色为"黑色，文字 1"，对齐方式为左对齐，如图 11-61 所示。

步骤 7 选择四个组合图形，然后打开"自定义动画"任务窗格，设置图形的动画效果为"圆形扩展"，在"自定义动画"任务窗格中的"开始"、"方向"和"速度"下拉列表中分别选择"之后"、"放大"和"快速"列表项，如图 11-62 所示。

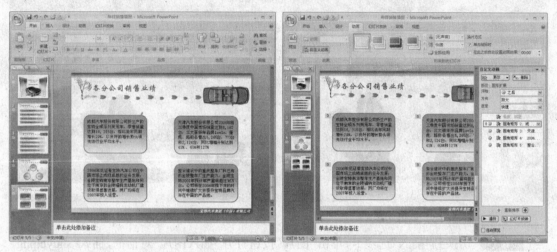

图 11-61　编辑文字　　　　　　　　　　　　图 11-62　设置矩形动画效果

步骤 8 在幻灯片中绘制一个圆角矩形，并设置其高度和宽度分别为"1.27 厘米"和"4.87 厘米"；水平位置和垂直位置分别为"1.69 厘米"和"4.54 厘米"，如图 11-63 所示。

步骤 9 打开"设置形状格式"对话框，在"填充"选项卡中选择"渐变填充"单选按钮，再从"预设颜色"下拉列表中选择"茵茵绿原"，从"类型"下拉列表中选择"矩形"，然后从"方向"下拉列表中选择"中心辐射"，并设置光圈 1 和光圈 3 的 RGB 颜色值为"0、128、0"和"0、78、0"，删除光圈 2；切换到"线条颜色"选项卡，选择"无线条"单选按钮，如图 11-64 所示。

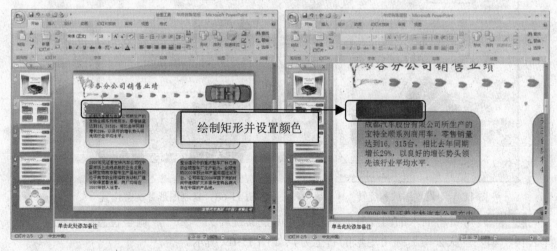

图 11-63　设置矩形大小和位置　　　　　　　　图 11-64　设置矩形格式

步骤 10 在圆角矩形上单击鼠标右键，在弹出的菜单中选择"编辑文字"命令，输入文本"成都公司"，设置字体为"Gulim"，字号为"18"，字体颜色为"白色，背景 1"（如图

11-66 所示）；将所绘制的圆角矩形复制三个，分别更改文本为"天津公司"、"金陵公司"、"重庆公司"，调整各自的位置如图 11-66 所示。

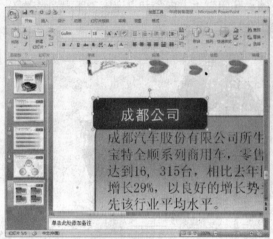

图 11-65　编辑文字

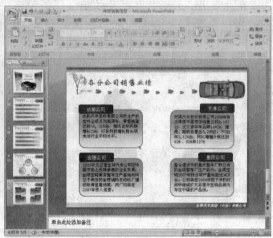

图 11-66　复制图形

步骤 11 切换到"插入"选项卡，单击"图片"按钮打开"插入图片"对话框，插入"shuye.png"图片文件，然后打开"大小和位置"选项卡，设置其旋转为"315º"，缩放比例都为"10%"，如图 11-67 所示。

步骤 12 单击 关闭 按钮返回幻灯片中，复制一个所插入的图片，调整位置使其位于"成都公司"和"金陵公司"圆角矩形的左上方，如图 11-68 所示。

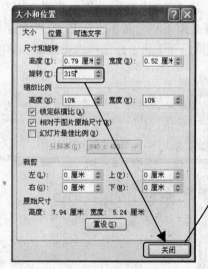

图 11-67　设置缩放和旋转

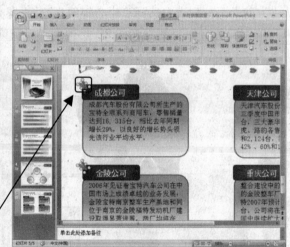

图 11-68　复制图形并调整位置

步骤 13 再将所插入的图片复制两个，并调整其旋转为"55º"，调整位置使其位于"天津公司"和"重庆公司"圆角矩形的右上方，如图 11-69 所示。

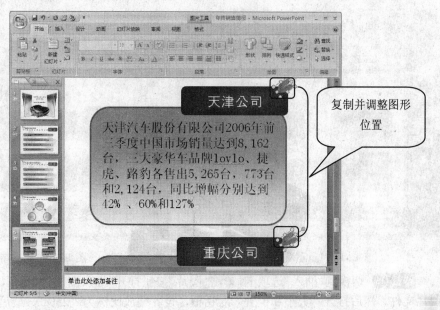

图 11-69　复制图形

步骤 ⑭ 分别组合各圆角矩形和上方的插入图片，然后打开"自定义动画"任务窗格，设置图形的动画效果为"向内溶解"，在"自定义动画"任务窗格中的"开始"和"速度"下拉列表中分别选择"之后"和"快速"列表项，如图 11-70 所示。

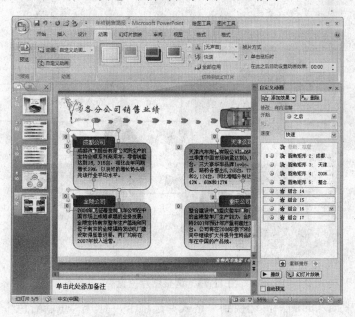

图 11-70　设置组合图形动画效果

步骤 ⑮ 在左侧窗口内选中"成都公司"矩形框，然后单击"自定义动画"窗格内的 ⬆ 按钮，将该动画效果重新排序至介绍成都分公司的圆角矩形框之上（如图 11-71 所示）。然后依次选择"天津公司"、"金陵公司"、"重庆公司"，将它们分别排序至相应的介绍文本之前，最后效果如图 11-72 所示。

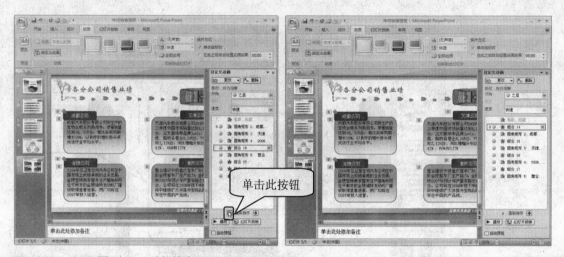

图 11-71　重新排序　　　　　　　　　　　　图 11-72　排序结果

步骤 ⑯ 切换到"插入"选项卡，单击"图片"按钮打开"插入图片"对话框，选择"shuye.png"图片文件，然后打开"大小和位置"对话框，设置缩放比例为"25%"，最后复制 3 张所插入的图片，并设置四张图片的旋转为"45°"、"135°"、"215°"、"305°"，调整图片的位置如图 11-73 所示。

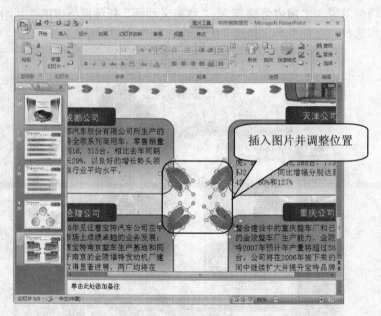

图 11-73　调整图片位置

步骤 ⑰ 选中插入的图片，切换到"格式"选项卡，打开"重新着色"下拉菜单，从下拉列表中选择"文本颜色 2 深色"菜单项，将插入图片变为灰度模式，如图 11-74 所示。

452

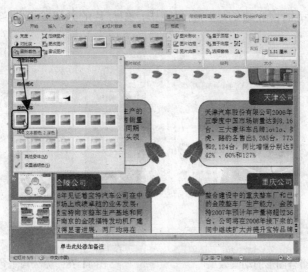

图 11-74　重新着色

步骤 ⑱ 在"开始"选项卡中打开"形状"下拉菜单并选择椭圆 ⬭ 菜单项，按住 Shift 键拖动鼠标在幻灯片中绘制一个圆形，并设置其高度和宽度均为"4.4 厘米"，如图 11-75 所示。

步骤 ⑲ 打开"设置形状格式"对话框，在"填充"选项卡中选择"渐变填充"单选按钮，从"预设颜色"下拉列表中选择"茵茵绿原"列表项，从"类型"下拉列表中选择"射线"列表项，从"方向"下拉列表中选择"中心辐射"，设置"光圈 1"的颜色为"白色，背景 1"，设置"光圈 2"颜色的 RGB 值为"153、204、0"，"光圈 3"颜色的 RGB 值为"93、124、0"，光圈 3 的透明度为 100%；切换到"线条颜色"选项卡，选择"实线"单选按钮，并从"颜色"下拉列表中选择"白色，背景 1"；切换到"线型"选项卡，设置"宽度"为"2 磅"，如图 11-76 所示。

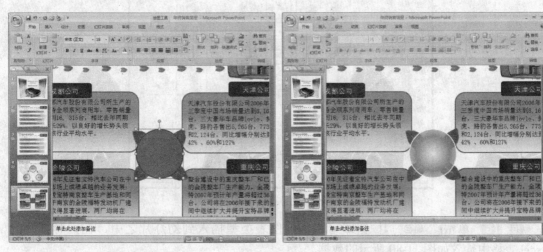

图 11-75　设置圆形大小　　　　　　　　图 11-76　设置圆形格式

步骤 ⑳ 将圆形和前面设置灰度的四张图片组合，然后打开"自定义动画"任务窗格，设置图形的动画效果为"轮子"，在"自定义动画"任务窗格中的"开始"、"辐射状"和"速度"下拉列表中分别选择"之后"、"1"和"中速"列表项，如图 11-77 所示。

步骤 21 各分公司销售业绩幻灯片创建完毕，幻灯片的效果如图 11-78 所示。

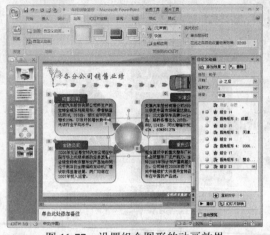

图 11-77　设置组合图形的动画效果

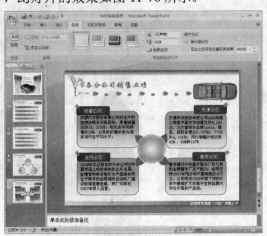

图 11-78　分公司销售业绩设置效果

11.2.6　创建销量表幻灯片

通过插入图表，并设置图表中的各项参数创建主推车型销量幻灯片，其操作步骤如下。

步骤 1 打开"新建幻灯片"下拉菜单，从中选择"仅标题"菜单项在演示文稿中插入第六张幻灯片，在"单击此处添加标题"文本框输入文本"前三季度主推车型销量表"。

步骤 2 切换到"插入"选项卡，在"插图"功能区单击"图表"按钮，打开如图 11-79 所示的"插入图表"对话框。从左侧的列表中选择"条形图"列表项，在右侧的列表中选择"堆积条形图"列表项。

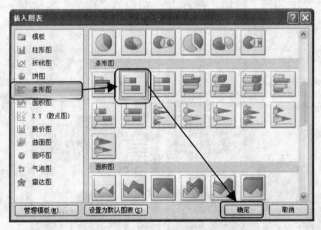

图 11-79　插入图表

步骤 3 单击 确定 按钮即可将所选图表类型插入到幻灯片之中，在同时打开的 Excel 表格中输入如图 11-80 所示的数据。

步骤 4 切换到"布局"选项卡，在"坐标轴"区域单击"网格线"按钮打开"网格线"下拉菜单，依次选择"主要纵网格线→无"菜单项，如图 11-81 所示。

步骤 5 在"标签"功能区单击"图例"按钮打开"图例"下拉菜单，从中选择"在顶部显示图例"菜单项，如图 11-82 所示。

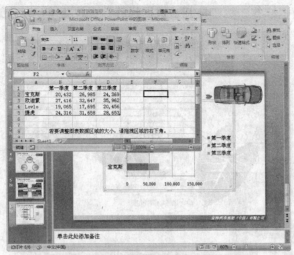

图 11-80　在数据表中录入数据

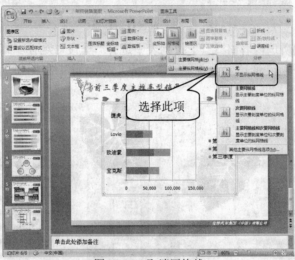

图 11-81　取消网格线

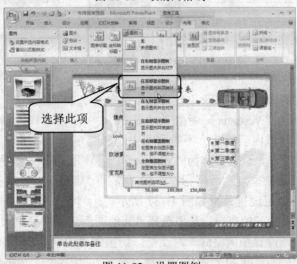

图 11-82　设置图例

步骤 6 单击"数据标签"按钮打开"数据标签"下拉菜单，从中选择"数据标签内"菜单项，如图 11-83 所示。

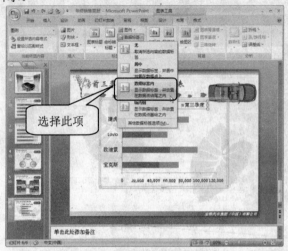

图 11-83　设置数据标签

步骤 7 从"设置所选内容格式"下拉列表中选择"垂直（类别）轴"列表项（如图 11-84 所示），然后切换回"开始"选项卡设置字体格式为"Verdana"，字型为"加粗"，字号为"12"，如图 11-85 所示。

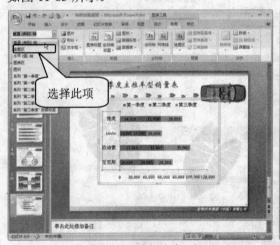

图 11-84　选择内容

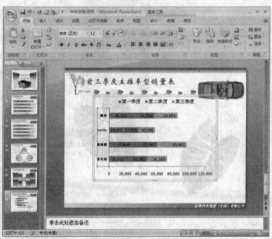

图 11-85　设置字体

步骤 8 从"设置所选内容格式"下拉列表中选择"水平（值）轴"列表项，切换回"开始"选项卡并设置字体为"Verdana"，字型为"加粗"，字号为"12"，如图 11-86 所示。

步骤 9 从"设置所选内容格式"下拉列表中选择"系列'第一季度'数据标签"列表项，切换回"开始"选项卡，设置字体为"Verdana"，字号为"11"，颜色为"白色，背景 1"；然后分别设置"系列'第二季度'数据标签"和"系列'第三季度'数据标签"的字体格式与之相同，数据标签的最后设置效果如图 11-87 所示。

步骤 10 打开"图例"下拉菜单，从中选择"其他图例选项"菜单项（如图 11-88 所示），打开如图 11-89 所示的"设置图例格式"对话框。切换到"边框颜色"选项卡，选中"实线"单选按钮，然后打开"颜色"下拉列表从中选择"橙色"；切换到"边框样式"选项卡，设置

"宽度"为 1 磅。

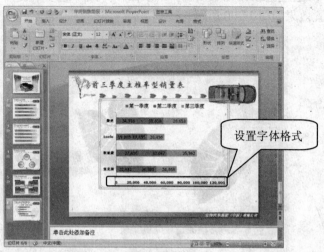

图 11-86　设置水平轴格式

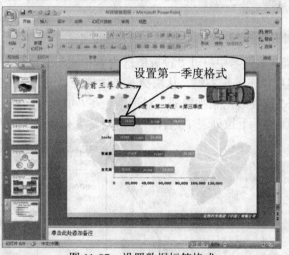

图 11-87　设置数据标签格式

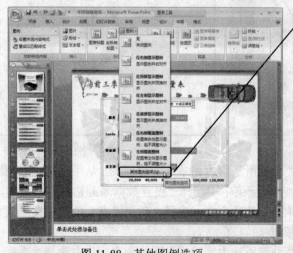

图 11-88　其他图例选项

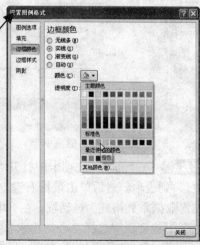

图 11-89　设置图例格式

步骤⑪ 单击 [关闭] 按钮完成设置，切换回"开始"选项卡设置字体为"Verdana"，字号为"12"，设置效果如图 11-90 所示。

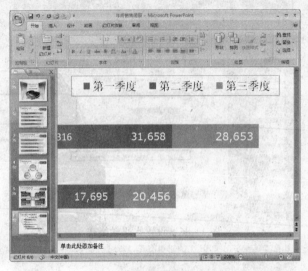

图 11-90 设置图例格式

步骤⑫ 在"布局"选项卡中打开"设置所选内容格式"下拉列表，从中选择"系列'第一季度'"列表项，然后单击鼠标右键，从快捷菜单中选择"设置数据系列格式"菜单项（如图 11-91 所示），打开"设置数据系列格式"对话框。在"填充"选项卡中，选择"渐变填充"单选按钮，从"预设颜色"下拉列表中选择"红日西斜"列表项，如图 11-92 所示。

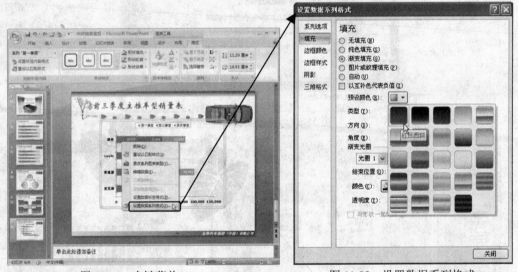

图 11-91 右键菜单   图 11-92 设置数据系列格式

步骤⑬ 在"布局"选项卡中打开"设置所选内容格式"下拉列表，从中选择"系列'第一季度'"列表项，然后单击鼠标右键，从快捷菜单中选择"设置数据系列格式"菜单项，打开"设置数据系列格式"对话框。在"填充"选项卡中，选择"渐变填充"单选按钮，从"预设颜色"下拉列表中选择"心如止水"列表项。

步骤⑭ 在"布局"选项卡中打开"设置所选内容格式"下拉列表，从中选择"系列'第一季度'"列表项，然后单击鼠标右键，从快捷菜单中选择"设置数据系列格式"菜单项，打开"设置数据系列格式"对话框。在"填充"选项卡中，选择"渐变填充"单选按钮，从"预设颜色"下拉列表中选择"熊熊火焰"列表项，最后的设置效果如图11-93所示。

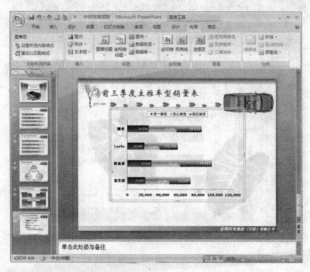

图 11-93　设置条形图的填充颜色

步骤⑮ 在"布局"选项卡中打开"设置所选内容格式"下拉列表，从中选择"绘图区"列表项，然后单击鼠标右键，从快捷菜单中选择"设置绘图区格式"菜单项，打开如图11-94所示的"设置绘图区格式"对话框。在"边框颜色"选项卡中，选择"无线条"单选按钮。

步骤⑯ 单击 关闭 按钮完成设置，返回幻灯片中打开"自定义动画"任务窗格，设置图表的动画效果为"棋盘"，在"自定义动画"任务窗格中的"开始"、"方向"和"速度"下拉列表中分别选择"之后"、"跨越"和"中速"，如图11-95所示。

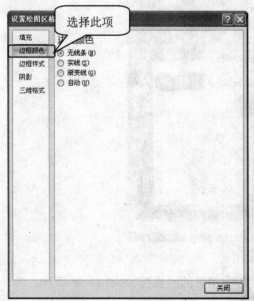

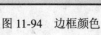

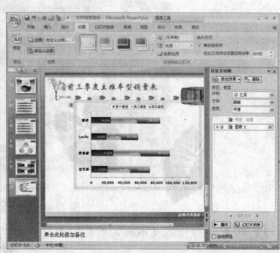

图 11-94　边框颜色　　　　　　　图 11-95　自定义动画

459

步骤 17 调整图表区域的大小和位置，完成主推车型销量表幻灯片设置完毕，其最终效果如图 11-96 所示。

图 11-96　销量幻灯片设置效果

11.2.7　影响销售因素幻灯片

影响销售的因素幻灯片的制作同主要的销售车型幻灯片相似，其具体的操作步骤如下。

步骤 1 选择主要的销售车型幻灯片，在左侧的导航面板中单击鼠标右键选择"复制"菜单项，然后再在空白处单击鼠标右键选择"粘贴"命令，将第四个幻灯片复制一个，如图 11-97 所示。

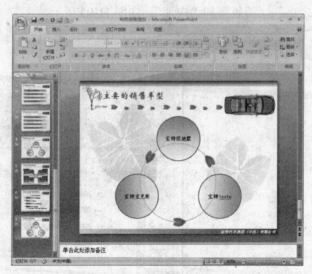

图 11-97　复制幻灯片

步骤 2 选择标题文本框，然后更改文本为"影响销售的因素"，如图 11-98 所示。

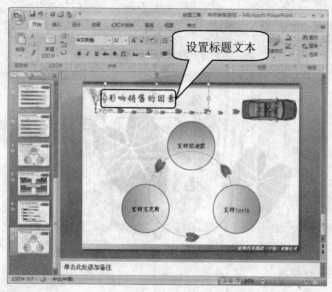

图 11-98　更改标题

步骤 ③ 分别将各文本框中的文本进行修改，其效果如图 11-99 所示，影响销售的因素幻灯片制作完毕。

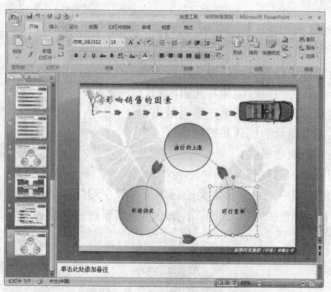

图 11-99　影响销售幻灯片效果

步骤 ④ 打开"新建幻灯片"下拉菜单，选择其中的"标题幻灯片"菜单项，新建第八张幻灯片，在"单击此处添加标题"文本框中输入文本"谢谢各位！"，在"单击此处添加副标题"中输入文本"宝特汽车（中国）有限公司销售部"，如图 11-100 所示，结束页幻灯片设置完毕。

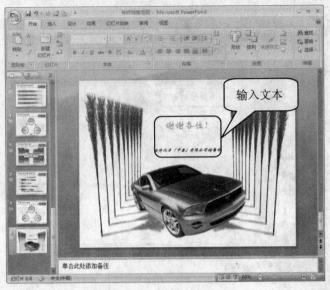

图 11-100　结束幻灯片效果

11.3　实例总结

　　本章主要是对年终汽车销售简报幻灯片进行了制作，在创建的过程中主要了以下几个方面的内容。

- 在设置母版和标题母版的同时设置动画效果。
- 在制作每个幻灯片的同时创建各元素的幻灯片效果。
- 设置透明度填充自选图形的填充颜色效果。
- 插入图片并调整图片的旋转和缩放。
- 设置插入图片的灰度模式。
- 堆积条形图图表的创建和编辑。

　　在幻灯片的创建过程中，对于自定义动画效果可以在幻灯片创建完毕后设置，也可以在创建页面元素时设置动画效果，读者可以根据不同的需要进行创建和设置。